Technische Bildung

Technische Bildung

Ansätze und Perspektiven

Herausgegeben von
Gabriele Graube
Walter E. Theuerkauf

PETER LANG

Frankfurt am Main · Berlin · Bern · Bruxelles · New York · Oxford · Wien

Die Deutsche Bibliothek - CIP-Einheitsaufnahme

Technische Bildung : Ansätze und Perspektiven / Gabriele
Graube ; Walter E. Theuerkauf (Hrsg.). - Frankfurt am Main ;
Berlin ; Bern ; Bruxelles ; New York ; Oxford ; Wien : Lang, 2002
ISBN 3-631-38548-X

Gedruckt auf alterungsbeständigem,
säurefreiem Papier.

Gefördert vom

 bmb+f

Bundesministerium für Bildung und Forschung

ISBN 3-631-38548-X

© Peter Lang GmbH
Europäischer Verlag der Wissenschaften
Frankfurt am Main 2002
Alle Rechte vorbehalten.

Printed in Germany 1 2 3 4 5 6 7

www.peterlang.de

Inhaltsverzeichnis

Inhaltsverzeichnis

Vorwort

Gabriele Graube, Walter E. Theuerkauf

Das Buch über den Stand und die Perspektiven Technischer Bildung entstand aus einer Auswahl von Vorträgen, die auf der internationalen Konferenz zu diesem Thema an der Technischen Universität Braunschweig im September 2000 gehalten wurden.

Es stellt daher internationale und nationale Konzepte zur Vermittlung einer technischen Bildung an allgemeinbildenden Schulen vor und geht speziell auf Erfahrungen ein, die bei der Implementierung und Umsetzung dieser Konzepte in verschiedenen Ländern gemacht wurden.

Das Buch ermöglicht dem Leser[1] einen Blick über die nationalen Grenzen, um dabei u. a. unterschiedliche in die Länderspezifika eingebettete curriculare Vorstellungen der Vermittlung einer Technischen Bildung kennen zu lernen und zu bewerten. Der Schwerpunkt der einzelnen Beiträge konzentriert sich dabei auf die technische Bildung in der Sekundarstufe I und II. Das Buch soll all denen Impulse für ihre Arbeit geben, die mit dieser Thematik einerseits in Forschung und Lehre involviert sind oder andererseits die technische Bildung bei deren Verankerung in der allgemeinbildenden Schule unterstützen.

Die Forderung nach der Vermittlung technischer Inhalte wird weltweit von allen gesellschaftlichen Gruppierungen sowohl in den Industrienationen als auch in den Entwicklungsländern vehement gefordert. Diese Forderung geht einher mit der Problematik der Auswahl der Unterrichtsinhalte der technischen Bildung in der allgemeinbildenden Schule und der Einbettung dieser Inhalte in den zeitlichen Rahmen, der generell von den traditionellen Fächer beansprucht wird. In den Beiträgen wird der Versuch unternommen, auf diese Problematik Antworten aus verschiedenen Sichtweisen heraus zu geben.

Das Unterrichtsfach Technik hat sich in vielen Ländern, wie auch in der Bundesrepublik, aus dem Unterrichtsfach Werken bzw. der Arbeitsschulbewegung entwickelt. Aufgrund einer originären Ausrichtung auf handwerkliche Produktion im Werken bzw. Arbeitsschule war der Schritt zum Unterrichtsfach Technik durch veränderte Produktionsbedingungen zwingend. Insofern ist zwar kein völlig neues Unterrichtsfach entstanden, jedoch ein Fach mit einer geänderten curricularen Zielsetzung, nämlich der Vermittlung einer technischen Bildung in einer in allen Lebenssituationen zunehmend technisch bestimmten Welt.

---

[1] Wenn im Beitrag nur die männliche Form gewählt wurde, so soll darunter im Sinne eines besseren Leseflusses auch immer die weibliche Form verstanden werden.

Verbunden mit dieser Zielsetzung stellt sich die Frage nach dem eigentlichen Kern von Technik und auch Technologie. Die Beantwortung dieser Frage ist bedeutsam, um bei der Vermittlung von Technischer Bildung grundsätzliche Mißverständnisse zu vermeiden. Historisch gesehen haben sich in den letzten zwei Jahrzehnten, insbesondere in der Bundesrepublik, sehr unterschiedliche Vorstellungen zur Technischen Bildung für allgemeinbildende Schulen aber auch zum Ausbildungsangebot für die Berufsausbildung entwickelt. Es werden daher in den Beiträgen diese Vorstellungen, auch unter internationalem Blickwinkel verdeutlicht.

Ausgehend von diesen unterschiedlichen Vorstellungen ist es nur konsequent, Standards für die technische Bildung an allgemeinbildenden Schulen zu definieren. Die pädagogische Zielsetzung von Standards, generell gesehen, besteht darin, schulische Bedingungen zu schaffen, so dass sich Schüler zu allseitig gebildeten Persönlichkeiten entwickeln können. Schule hat dabei ein Haus des Lernens zu sein, das einerseits den Schülern hilft, in der jeweiligen Gesellschaft lebensfähig zu sein und andererseits ihre Individualentwicklung zulässt. Der Einzelne kann so seinen Platz in der Gesellschaft finden und seinen Beitrag für die Gesellschaft leisten. In diesem Sinne verstandene Standards einer technischen Bildung tragen zur technologischen Entwicklungsfähigkeit der Gesellschaft bei. Einige Beiträge beleuchten in diesem Zusammenhang unter demographischen und soziologischen Aspekten die Bedeutung einer technischen Bildung innerhalb der Gesellschaft.

Um Standards zur technischen Bildung zu definieren, ist weiterhin die besondere Rolle der technischen Bildung im Bildungskanon der allgemeinbildenden Schule zu berücksichtigen. Diese Besonderheit ergibt sich aus dem technischen Wandel, der eine stetige Veränderung der von Technik beeinflussten Lebenswirklichkeit zu Folge hat und damit auch des Bildungsgegenstandes. Es sind also Standards zu definieren, die oberhalb einer rein technisch/technologischen Ebene liegen müssen. Diese Standards können als Kernkompetenzen technischer Bildung verstanden werden und beziehen sich auf die Bewältigung von durch Technik geprägten Lebenssituationen.

Diese Überlegungen führen konsequenterweise zum Kern technischen Handelns mit seinen unterschiedlichen Facetten. Deren Spektrum wird in den einzelnen internationalen Ansätzen, u. a. von Großbritannien, den USA oder auch Frankreich, aufgezeigt. Die gemeinsame Grundlage dieser Facetten, oder anders formuliert der Kern technischen Handelns, ist im Erkennen, Beschreiben und Lösen technischer Probleme aus einer ganzheitlichen Sichtweise heraus zu sehen.

In den Beiträgen werden konkrete unterrichtliche Konzepte vorgestellt und über die Erfahrungen bei deren Implementierung berichtet. Es wird herausgestellt, welcher curriculare Entwicklungsstand dieses Unterrichtsfach in den letzten Jahren erreicht hat und welchen Beitrag technische Bildung für die Persönlichkeitsentwicklung der Schüler und die Erschließung der Lebenswirklichkeit leistet. Unter Berücksichtigung der verschiedenen Kulturen geben diese Ansätze und Konzepte auch eine wegweisende Richtung an, wie technische Bildung in einer neuen Schule die Leistungsbereitschaft erhöhen kann.

Allgemeinbildende Schule hat mit ihren Schnittstellen zur Berufsausbildung und zum Studium eine besondere Verantwortung für zukünftige Lebensbereiche der Schüler. Diese Verantwortung liegt vor allem in der Entwicklung der Berufs- und Studierfähigkeit. Das bedeutet nicht die partielle Vorwegnahme der Berufsausbildung oder des Studiums. Es bedeutet vielmehr die Vermittlung grundlegender Kenntnisse und die Entwicklung von Grundbefähigungen, um späteren Anforderungen, sei es in der Berufsausbildung, im Studium oder im Beruf, gerecht werden zu können. Gleichzeitig soll allgemeinbildende Schule einen Einblick in die Berufswelt und dessen Anforderungen und Entwicklungsmöglichkeiten geben. Gerade hier hat die technische Bildung auf Grund ihrer inhaltlichen Nähe zur Produktion und Dienstleistung eine herausgehobene Stellung.

Um die Schnittstelle zur gewerblich-technischen Berufsausbildung transparent werden zu lassen, werden neue Konzepte der Ausbildung vorgestellt. Dabei werden auf die damit verbundenen Anforderungen an die allgemeinbildende Schule insgesamt und an die technische Bildung im speziellen eingegangen. Darüber hinaus werden die Möglichkeiten in dem Zusammenwirken von Schule, Unternehmen und Universität zur Vermittlung von technischer Bildung aufgezeigt, wobei einerseits authentisches technisches Handeln an konkreten Problemen erlebt und andererseits eine veränderte Einstellung zu technischen Berufen bewirkt werden kann.

Der Erfolg der Implementierung technischer Bildung an allgemeinbildenden Schulen ist letztendlich an fachlich ausgebildete Lehrer gebunden. Nur so kann gewährleistet werden, dass technische Bildung seinen Stellenwert neben den tradierten Fächern einnehmen kann. Weltweit ist jedoch ein gravierender Mangel an ausgebildeten Lehrern festzustellen, den es gilt, vor allem durch eine verstärkte Aus- und Weiterbildung zu beheben. Das E-Learning als neue Form des Lernens bietet hervorragende Möglichkeiten für den Einsatz sowohl in Aus- und Weiterbildung als auch für den Einsatz im Unterricht selbst. In einem Beitrag werden die Möglichkeiten multimedialer Datenbanken in Verbindung mit E-Learning aufgezeigt. Eine Verbesserung der Qualität des Lehrens und Lernens ist dabei ein wesentlicher Effekt.

Unter Berücksichtigung des technischen Wandels und veränderter Standards technischer Bildung an allgemeinbildenden Schulen, ist über die derzeitigen Studiengänge im Lehramt Technik intensiv nachzudenken. Diese Veränderungen müssen sich auch in der Aus- und Weiterbildung der Lehrer widerspiegeln.

Neue Schlüsseltechnologien, wie die Informations- und Kommunikationstechnologie, besitzen einen herausgehobenen Stellenwert für die Gesellschaft. Auf Grund der Komplexität und Vernetztheit mit anderen Fachdisziplinen erfordern sie neue ganzheitliche Erschließungsmethoden. In die Konzepte der Lehrerausbildung für das Fach Technik sind daher neue Lernorte, wie Unternehmen (Industrie, Handwerk, Dienstleistung) und öffentliche Verwaltung, einzubeziehen. Die einzelnen Beiträge versuchen ansatzweise, eine Antwort auf die damit verbundenen Probleme zu geben.

Die Herausgeber möchten allen, die bei der Erstellung dieses Buches mitgewirkt haben, Dank sagen. Die Arbeit von Frau Dipl.-Ing. Bettina Kleemeyer, Frau Jessika Ganz bei der redaktionellen Gestaltung des Buches und Frau Dipl.-Fachübersetzerin Ulrike Baedicker-Zimmermann soll in besonderer Weise hervorgehoben werden.

Braunschweig, im Juni 2001

Gabriele Graube

Walter E. Theuerkauf

Naturwissenschaftliche und Technische Bildung

Jochen Litterst

Naturwissenschaftlicher und technischer Unterricht werden heute als Grundlage für die technische und wirtschaftliche Entwicklung in einer enger zusammenwachsenden Welt erachtet. Bereits vor einigen Jahren haben viele Universitäten auf ein nachlassendes Interesse am Studium von Natur- und Ingenieurwissenschaften und die daraus zu erwartenden Folgen hingewiesen. Dies war und ist kein typisch deutsches, sondern ein praktisch in allen Industrienationen beobachtbares Phänomen. Diese Warnungen wurden leider weder von Wirtschaft noch Politik rechtzeitig ernst genommen. Der heute bereits spürbare Mangel an Hochschulabsolventen - die Nachfrage der Wirtschaft, aber auch der Bedarf im Bereich des wissenschaftlichen Nachwuchses können bei weitem nicht gedeckt werden - hat zu vielfältigen Überlegungen über die Ursachen dieser Entwicklung geführt. Analysen zur wachsenden Technik-Skepsis in unserer Gesellschaft sind nicht einfach, jedoch richten sich sicher berechtigte Fragen auf Art und Qualität des Unterrichts an unseren Schulen, insbesondere in Mathematik und den Naturwissenschaften. Gerade hier sollte ja das grundlegende Verständnis für naturwissenschaftliche Zusammenhänge und technische Anwendungen geweckt werden.

Der Themenkreis dieser Tagung ist noch weiter gespannt: Welche Rolle kann und soll naturwissenschaftlicher und technischer Unterricht auch aus Sicht der Universität spielen? Wie kann die Brücke Schule - Universität - Wirtschaft geschlagen werden, eine allgemeine Befähigung zur erfolgreichen Berufstätigkeit möglichst effektiv erreicht werden? Daß dies auch als politischer Auftrag an Schulen und Universitäten aufgefaßt wird, kann an den vielfältigen Bemühungen unserer Niedersächsischen Landesregierung ersehen werden, die auf eine verbesserte Ausbildung in diesen Bereichen hinwirken und auch unsere Jugendlichen stärker motivieren will.

Vielleicht darf ich gleich an dieser Stelle auf ein meines Erachtens häufiges Mißverständnis hinweisen, wenn nämlich technologische Innovation mit einer deutlich verstärkten Zahl von Arbeitsplätzen mit technischer Spezialausbildung in dem betreffenden Bereich gleichgesetzt wird. Zumeist wird die Zahl der Arbeitsplätze in der Tat erhöht, allerdings als Sekundäreffekt in damit verbundenen Dienstleistungsbereichen (siehe z.B. Telekommunikation). Oft wird eine verbesserte wissenschaftliche und technische Ausbildung gleichgesetzt mit einem frühzeitig erhöhten Grad der Spezialisierung. Daß dies aber einer vielseitigen Einsatzfähigkeit nach Abschluß der Ausbildung entgegenwirkt, ist offenkundig.

Die oft zitierte Kurzlebigkeit des erworbenen Wissens wird dadurch besonders offenbar.

Welche Ziele sollten wissenschaftliche und technische Bildung anstreben?

Zum ersten dürfte unbestritten sein, daß nicht nur ein gewisses Maß an naturwissenschaftlichem Wissen (Physik, Chemie, Biologie), sondern auch des technischen Wissens ein wichtiger Teil der Bildung in unserer Kultur geworden ist – und dies nicht nur für künftige Techniker und Ingenieure! Diese Bildung ist einfach notwendig, um sich in einer stark technisch geprägten Umgebung zurechtzufinden. Dies könnte so klingen, als ergäbe sich daraus ein Vorrang der technischen Bildung verglichen z.b. mit geistes- und sozialwissenschaftlichen Inhalten. Im Gegenteil, gerade im Bereich der Ingenieurausbildung werden neben soliden Grundfähigkeiten im eigenen Fach heute zusätzliche Kompetenzen gefordert und dementsprechend auch an unserer Technischen Universität angeboten: Personalführung, Organisationsmethoden, Sprachfähigkeiten, Fremdsprachenkenntnisse, etc. Diese zusätzlichen Angebote wurden angestoßen durch die Erkenntnis, daß nur eine ausreichend breite Bildung in vielen Bereichen eine Berufsfähigkeit eröffnet, die sich auch den sich rasch verändernden Arbeitsbedingungen anpassen läßt. Ähnliches gilt (natürlich mutatis mutandis) für die nicht-technischen Berufsbilder. Genau genommen sollten wir uns freuen: Die Schmalspurspezialisierung wird zurückgedrängt zugunsten einer breiteren Bildung. In gewisser Weise sind wir auf einem Weg „zurück" zu alten Bildungsidealen. Dieser Weg wird unterstützt durch verstärkte Forderungen der Wirtschaft: Wichtiger als manches Detailwissen, das im Augenblick sehr nützlich sein mag, aber rascher „Alterung" unterliegt, wird das Wissen um Zusammenhänge unterschiedlicher Fachsparten untereinander. Insofern werden zumindest an der Universität die Grenzen zwischen Fachgebieten stärker geöffnet, was zwar in der Forschung bereits seit vielen Jahren praktiziert wird, weniger jedoch in der Lehre. Wie sich Naturwissenschaften in vielen Bereichen kaum trennen lassen (z.B. Physik, Chemie) gilt dies um so mehr im Technikbereich, wo etwa Elektronik, Maschinenbau und Naturwissenschaften zusammenfließen („Mechatronik"), oder in den Medienwissenschaften, wo Technik und Sozialwissenschaften verknüpft sind.

Erlauben Sie mir einen kurzen Blick auf die schulische Ausbildung. Technische Aspekte werden üblicherweise in den naturwissenschaftlichen Unterricht (Chemie, Physik) integriert. Dies führt leicht zu einer dominierenden Rolle der Naturwissenschaften. Die Naturwissenschaft wird als treibender Teil in dieser Partnerschaft empfunden. Die fruchtbare Rückkopplung seitens der Technik mit ihren Anfragen an die Naturwissenschaft wird dadurch zu gering gewichtet. Dringend zu wünschen wäre hier eine engere Koordination der Curricula der Naturwissenschaften untereinander und einer eigenständigen Technik-Ausbildung.

Formal abgestimmte Curricula sind notwendig, aber nicht hinreichend - der Idealfall wäre eine direkte Absprache zwischen den Lehrenden der einzelnen Disziplinen, ein Ineinandergreifen des Unterrichts.

Welche Inhalte sollte nun der Technik-Unterricht der Schulen bereitstellen? Ich sagte bereits: Kein zu spezialisiertes Wissen mit bekanntermaßen kurzer Alterungszeit. Dies kann und soll nicht bedeuten, daß man sich auf oberflächliche, allgemeine Betrachtungen beschränkt! Ein Vorteil der herkömmlichen naturwissenschaftlichen Ausbildung an Schulen und Universitäten ist zweifellos, daß ein großes Gewicht auf bleibende Grundlagen gelegt wird, dies ist ein Handwerkszeug auf Dauer. Wenngleich exemplarisch einzelne Bereiche und Verfahren herausgegriffen werden, sollten die wesentlichen Denkweisen und die Methodik aufgezeigt werden, die allen Ingenieurwissenschaften zu eigen sind. Zu diesen Grundlagen gehören: Prinzipien der Konstruktion, Produktion, Wissen über Werkzeuge, Werkstoffe und Arbeitsabläufe, aber auch Problemlösungsstrategien.

Medienwissenschaften und Kommunikationstechnologie sind gerade in letzter Zeit als Musterbeispiele für wirtschaftlich erwünschte und politisch entsprechend unterstützte Bereiche mit hohem Entwicklungspotential hervorgehoben worden. Versäumnisse werden hier im schulischen Unterricht, aber auch bei der nicht zeitgemäßen Ausstattung der Schulen gesehen. Allerdings muß in diesem Zusammenhang auf eine sinnvolle Gewichtung der Inhalte geachtet werden. Zwar ist die Handhabung von Geräten und das Wissen um die Funktion der Medien wichtig, im Vordergrund muß aber die Verarbeitung, der Umgang mit Wissen stehen. Was taugt der Zugang zum Internet, wenn die Fülle der angebotenen Informationen nicht in sinnvolles Wissen umgesetzt werden kann, wenn nicht zwischen richtig und falsch, wichtig und nebensächlich unterschieden werden kann!

Dringend nötig ist meines Erachtens sowohl für den naturwissenschaftlichen wie den technischen Unterricht eine stärkere Betonung des Wissens um geschichtliche Entwicklung, insbesondere der Technik-Gesellschafts-Beziehungen. Eine klarere und kritische Sicht für künftige Technikentwicklungen und ihrer Nebenwirkungen sollte vor allem zu einem unverkrampfteren Umgang mit neuen Entwicklungen und einem Abbau der oft skeptischen Einstellung dazu in unserer Gesellschaft führen. Ähnliche Anforderungen gelten verstärkt für die universitäre Ausbildung.

Sie werden fragen, wo wir denn Freiräume erhalten, um diese Verbreiterung des Ausbildungsspektrums zu erreichen. Ich glaube, die lassen sich schaffen, wenn die engere Absprache zwischen Natur- und Technikwissenschaften stattfindet (man muß sich oft wundern, welcher Grad der Spezialisierung im Schulunter-

richt angeboten wird, der letztlich für den größten Teil der angestrebten beruflichen Tätigkeit unnötig ist).

Ich habe bis jetzt nur über Universitäten und Schulen gesprochen. Die Fragen
der Technik sind naturgemäß an der Entwicklung unserer Industrie/Wirtschaft
gekoppelt. Auf Grund der Ausbildungsdauer, unabhängig davon, ob sie über
Grund- und Hauptschule oder Gymnasium und Hochschulen führt, wird immer
eine endliche Zeitkonstante als Barriere auftreten. Um so wichtiger sind enge
Kopplungen zwischen Praxis und Schule/Universität. Zumindest an den Universitäten versuchen wir heute in direkten Gesprächen mit den zukünftigen Arbeitgebern unserer Studierenden die Inhalte und die Strukturen unserer Studienpläne
so anzupassen, daß ein effektiver Übergang ins Berufsleben möglich wird. Ideal
sind dual gestaltete Konzepte, die Teile der Ausbildung in die Industrie verlagern. Die gerade an Technischen Universitäten gepflegten intensiven Beziehungen zur Industrie im Forschungsbereich sollten als Brückenfunktion auch zu den
Schulen dienen. Einfachste Maßnahmen sind Praktika-Angebote für Schüler und
Studierende, gemeinsame Projekte zwischen Schülern, Studierenden an Universität und/oder Industrie (Beispiele werden auf dieser Tagung präsentiert).

Ein zentraler Bereich ist der der Rückkopplung zwischen der aktuellen technischen Praxis und den Lehrenden. Neben einer modernen, möglichst dualen Lehrerausbildung muß Weiterbildung garantiert werden. Wie kann eine effektive
Weiterbildung gestaltet werden? Aus meiner Sicht der sinnvollste Weg ist im
Rahmen von Projekten gemeinsam mit Industrie und Universitäten unter Nutzung moderner Medien. Es wäre vor allem wünschenswert, Weiterbildungsprogramme für Lehrende zu entwickeln, die auch internationale Kooperationen vor-
sehen: die moderne Berufswelt ist international, global geprägt, ob wir dies
wollen oder nicht.

Wirtschaft, Industrie, aber mehr und mehr auch die politischen Kräfte haben die
Wichtigkeit technischer und naturwissenschaftlicher Bildung in den Vordergrund gerückt. Die korrekte Balance zwischen Naturwissenschaften und Technikwissenschaften einerseits und gegenüber allen anderen Bildungsinhalten andererseits zu finden, ist in erster Linie unsere Aufgabe, d.h. die Universitäten
sollten in enger Zusammenarbeit mit den Praktikern (dazu zähle ich auch die
Lehrer) Modelle für neue Curricula, aber auch für Lehrerbildung und Weiterbildung entwerfen und auch deren Umsetzung vorantreiben.

Wir sind dies den kommenden Generationen schuldig!

Technische Bildung und ihre Bedeutung für die Gesellschaft

Peter Meyer-Dohm

Der Titel, der über diesem Beitrag steht - „Technische Bildung und ihre Bedeutung für die Gesellschaft" - ist von einer solchen Allgemeinheit, dass ein Buchautor ihn in mindestens zwölf gedankenschwere und umfangreiche Kapitel gliedern würde. Diesem fiktiven Buchautor, der natürlich ein Spezialist der Technischen Bildung ist, soll und kann von einem Nichtspezialisten auf diesem Gebiete keine Konkurrenz gemacht werden.

Dem Hintergrund dieses Beitrags bilden die Erfahrungen eines akademischen Bildungsökonomen und betrieblichen Bildungspraktikers. Bildungsökonomen denken bekanntlich darüber nach, wie wirtschaftliches Wachstum und wirtschaftlicher Erfolg durch Lernen gefördert werden kann und welcher wirtschaftlichen Grundlagen die Bildungsarbeit bedarf; betriebliche Bildungsverantwortliche haben als Praktiker die für das Unternehmen strategisch notwendigen Kompetenzen der Mitarbeiter im Blick. Diese Erfahrungsbereiche und Perspektiven grenzen das allgemeine Thema ein.

Lerngesellschaft – Informationsgesellschaft – Wissensgesellschaft

Immer wieder ist versucht worden, prägende Merkmale der Gesellschaft durch schlagwortartige Etikettierungen hervorzuheben. So leben wir in einer „Konsumgesellschaft", einer „Postindustriellen Gesellschaft", einer „Risikogesellschaft" und was der Labels mehr sind. Es finden sich in dieser Sammlung von Etiketten auch solche, die in breit verstandenem Sinne auf Bildung hinweisen, was mich natürlich besonders anspricht. So ist das Etikett „Wissensgesellschaft" en vogue, vorher war es die „Informationsgesellschaft" und noch früher die „Lerngesellschaft". Es lohnt sich, die so etikettierten Inhalte, die sich aus meiner Sicht ergänzen, etwas näher anzusehen und nach ihrer Beziehung zur Technischen Bildung zu fragen.

Das Etikett „Lerngesellschaft" sollte den Prozeß einer „éducation permanente" betonen, der schon in der ersten Hälfte der 50er Jahre von Jean Fourastié beschworen wurde. Angesichts der wissenschaftlich-technischen Fortschritte sah er als wesentliche Überlebenschance moderner Gesellschaften ihre Transformation in Lerngesellschaften an. Zwanzig Jahre später bekam „lifelong education" durch UNESCO-Programme Prominenz; und die OECD vertrat mit der „recurrant education" das Konzept eines Intervall-Lernens, das sich mit Phasen der Berufsarbeit ablöst. Allen Konzepten ging es neben der bildungsbiografischen Sicht im wesentlichen um drei Fragen, die auch heute noch unverändert aktuell sind (Schmitz 1980, S. 286):

- Wie soll sich das organisierte Lernen auf den Lebenszyklus verteilen? Hier ist an den Deutschen Bildungsrat zu erinnern, der anfangs der 70er Jahre die Bedeutung der Weiterbildung, definiert als „Wiederaufnahme organisierten Lernens nach Abschluss einer ersten Bildungsphase", als „vierte Säule" des Bildungssystems hervorhob. Das hatte bekanntlich in den Bundesländern Initiativen zu Weiterbildungsgesetzen zur Folge und führte zum Ausbau der Erwachsenenbildungsforschung an den Hochschulen.
- Wie kann eine Verbindung von Lernen und Praxis hergestellt werden? Das meint das Zurückdrängen schulischen Lernens zu Gunsten von Lernformen der Lebenspraxis.
- Welche Inhalte sind für die einzelnen Phasen der Biografie bedeutsam?

Der Begriff „Lerngesellschaft" wurde anfänglich als Herausforderung an das Lehren verstanden und so interpretiert, dass man im Laufe eines Lebens immer wieder „auf die Schulbank zurück" müsse - eine Perspektive, die von der Branche der Pädagogen mit Frohlocken als günstige Konjunkturaussicht begrüßt wurde. Mit der Zeit änderte sich aber die Devise: Weg vom Lernenden als Objekt der Belehrung und hin zum Lernenden als Subjekt des Lernens - eine Devise, die dann in der Mitte der 90er Jahre die Forderung auslöst, Schule müsse zu einem „Haus des Lernens" werden (Meyer-Dohm 1997, S. 27ff). Und dem „Subjekt des Lernens" haben sich inzwischen die technischen Perspektiven der "Informationsgesellschaft" eröffnet.

„Informationsgesellschaft" ist das Etikett, das unter dem Eindruck der rasanten Entwicklung von IuK-Techniken die weltweite Verfügbarkeit von Wissen und die kommunikative Vernetzung betont. Während viele institutionelle Bildungsangebote orts- und curriculumgebunden sind und schon deswegen in der Regel das Publikum ihres jeweiligen Einzugsbereichs ansprechen - hierin liegt ein wichtiger Teil ihrer regionalen Aufgabe - sind die Inhalte der neuen Medien ubiquitär oder ortsungebunden. Der Zugang zu den Informationen und die Kommunikationsmöglichkeiten sind zwar an den Zugriff auf Hard- und Software geknüpft, aber nicht an einen bestimmten Ort gebunden, wo z.B. ein Kurs stattfindet. Darüber hinaus wird der Zugang zu einem (theoretisch) weltweiten Angebot eröffnet. Per Mausklick ist im Internet Entgrenzung beim Lernen möglich. Unter dem Etikett „Informationsgesellschaft" geht es in erster Linie darum, die IuK-Techniken als Kommunikationsformen beherrschbar zu machen. Das „Informationswissen" ist dabei Teil eines Verfügungswissens, das jedes instrumentelle Wissen umfaßt, welches Ursachen, Wirkungen und Mittel zur Erreichung von Zielen verfügbar macht. Es versteht sich von selbst, dass die IuK-Techniken und die damit ausgelöste Revolution auch zu einem Zentralthema für die Technische Bildung geworden ist (Back 1997, S. 41 ff).

Wenn nun „Wissensgesellschaft", das vieldefinierte aktuelle Etikett, ein begrifflicher Fortschritt sein soll und nicht nur die modische Bezeichnung für eine entstehende Gesellschaft, „in der das Wissen für eine Reihe von Aufgaben und Funktionen immer zentraler wird", wobei „die Produktivkräfte Arbeit und Kapital an Bedeutung verlieren, während Wissen an Bedeutung stark zunimmt" (Kuwan / Waschbüsch (1998, S.5), müssen die Konzepte von lebenslangem Lernen und technischer Informationsverfügbarkeit aufgenommen und durch Orientierungswissen ergänzt werden.

Im Abschlussbericht zum „Bildungs-Delphi" 1996/98 wird das so ausgedrückt: „Anders als der Begriff „Informationsgesellschaft" beinhaltet der Begriff „Wissensgesellschaft" die Vorstellung der Aneignung und Verarbeitung von Informationen zu Wissen durch Personen. Dieses Begriffsverständnis stellt implizit auch einen Bezug zum Bildungssystem her, in dem Aneignung und Erschließung von Wissen vermittelt wird" (Kuwan / Waschbüsch 1998, S.5). Es geht um die selbst organisierte und wertorientierte Bewältigung von Problemen. Wissen wird damit im Sinne von Kompetenzen verstanden; es umfaßt auch neue Verhaltensweisen, neue Wertvorstellungen und die Neubewertung von Erfahrungen.

Mit anderen Worten: Eine neue Lernkultur entsteht, für die die Technische Bildung, insbesondere die informationstechnische, in weiten Bereichen einen unverzichtbaren Beitrag zu leisten hat. Zugleich wird erkennbar, dass Technische Bildung ein Bildungsfeld ist, das mit anderen Bildungsfeldern in engem Zusammenhang steht. Auf die Wandlung der Lernkultur in Unternehmen und die Kompetenzentwicklung wird noch einzugehen sein.

Im Etikett „Wissensgesellschaft" spiegeln sich einige Fakten und beobachtbare Trends, die kurz zu skizzieren sind. In der Wirtschaft weitet sich der Anteil der qualifizierten Beschäftigten schneller aus als die Beschäftigung insgesamt - ein Hinweis auf die stark wachsende Wissensintensität der Arbeit. Wie die Arbeitsverwaltung immer wieder bestätigt, haben gering Qualifizierte deutlich schlechtere Chancen, einen Arbeitsplatz zu bekommen. Dieses würde aber noch nicht ausreichen, von einer „Wissensgesellschaft" zu sprechen. Dazu berechtigt neben der Tatsache, dass Wissen der wichtigste „Rohstoff" der (wie immer definierten) postindustriellen Gesellschaft ist, eher die damit verbundene Entwicklung eines neuen Arbeitskräftetypus im Zuge der Informatisierung der Arbeit: Die „Wissensarbeiterinnen und -arbeiter", die über den Umgang mit Symbolen Problemlösungs-, Identifizierungs- und strategische Vermittlungstätigkeiten ausüben. Diese Kompetenz beschränkt sich nicht auf hochqualifizierte Wissenschaftlerinnen und Wissenschaftler; Facharbeiterinnen und Facharbeiter in der Instandhaltung oder in der Produktion, die Maschinen programmieren, zählen ebenso dazu wie Industriekaufleute oder Kundenberaterinnen und -berater einer Bank. Eine der zahlreichen Analysen, die sich mit den zukünftigen Kompeten-

zen auseinandersetzen, die eine Wissensgesellschaft verlangt, nennt fünf Basisqualifikationen, die neben den spezifischen Fachqualifikationen bzw. integriert
in sie grundlegende Anforderungen an „Wissensarbeiterinnen und -arbeiter"
darstellen (Zukunftskommission 1998, S.190):

- Abstraktionsfähigkeit: Sie bedeutet nicht nur die Fähigkeit der Handhabung
  von Symbolen und Informationen, sondern auch deren Neuordnung, kreative
  Anwendung sowie die Fähigkeit, mit abstrakten Symbolen konkrete soziale
  Inhalte zu verbinden;
- Systemdenken als Fähigkeit, in einer immer komplexer werdenden Welt, Zusammenhänge, Wechselbeziehungen und Ursachen zu erkennen und zu ver-
  arbeiten;
- Offenheit und intellektuelle Flexibilität, die gegeben sein müssen für die Aneignung neuen Wissens und um es schnell auf unterschiedliche Anforderungen und wechselnde Situationen beziehen zu können;
- Kooperationsfähigkeit, an die besondere Anforderungen durch die Notwendigkeit gestellt wird, Überzeugungskraft für zunehmend abstrakte Konzepte zu entwickeln und virtuell und persönlich in Teams arbeiten zu können;
- Globalisierungsfähigkeit, die in der Nutzung weltweit verfügbaren Wissens
  besteht, was die Beherrschung von Sprachen und Verständnis fremder Kulturen einschließt.

Es ist unmittelbar einsichtig, dass aus dieser Liste der Anforderungen die ersten
zwei Positionen, nämlich „Abstraktionsfähigkeit" und „Systemdenken" Ziele
sind, zu denen die Technische Bildung viel beitragen kann.

Die Wissensgesellschaft, für die in einem lebenslangen Lernprozeß qualifiziert
werden soll, wird gekennzeichnet sein durch neue Formen des Lernens, durch
sich immer weiter entwickelnde Informationstechniken, weltweit verfügbare
Informationen und die wirtschaftlich und gesellschaftlich prägende Rolle des
Wissens. Damit soll die Ebene der Definitionen verlassen und die mehr praktische Seite der Qualifizierung und des lebenslangen Lernens aus der Sicht eines
Bildungsökonomen und betrieblichen Praktikers aufgeschlagen werden. Zuvor
ist aber die Frage zu beantworten, was unsere Zeit und auch die Zukunft grundlegend von der Vergangenheit unterscheidet und welchen Herausforderungen
sich Unternehmungen - und nicht nur sie! - gegenüber sehen.

Beschleunigung des Wandels und zunehmende Komplexität

Wenn man in modernen Unternehmungen die Diskussion über die Anforderungen der Zukunft verfolgt, stellt man fest, dass den betrieblichen Lernprozessen und dem Lernen allgemein eine immer wichtigere Rolle beigemessen
wird. Man folgt zunehmend dem Leitbild einer "Lernenden Unternehmung",
worüber später noch kurz etwas zu sagen ist. Warum findet Lernen heute eine

solche Betonung, wo doch Unternehmen schon immer mit mehr oder weniger Erfolg gelernt haben, auf die Herausforderungen sich wandelnder Marktbedingungen zu antworten?

Wenn sich die Märkte stabil erwiesen und die Konkurrenzverhältnisse es zuließen, haben Unternehmungen manchmal das Lernen eingestellt und Routine walten lassen - mittel- oder langfristig meist mit bösen Folgen, denn man hält nicht ungestraft im Lernen inne. Aber auch eine über lange Zeit anhaltende Expansion hat negative Lerneffekte, denn sie begünstigt ein einseitiges Repertoire an Antworten, dass dann in der Krise versagt, in der bekanntlich „alles anders ist". Es ist eben nicht gut, immer Antworten oder Rezepte parat zu haben; klüger ist es, das, was man weiß, immer wieder in Frage zu stellen, um zu einer neuen Sicht der Dinge vorzudringen.

Seitdem Krisen sich häufen und Rezepte versagen, wächst auf den Vorstandsetagen der Unternehmen die Einsicht, dass es sich nicht um vorübergehende Turbulenzen handelt, sondern dass auch die absehbare Zukunft keine durchgängig ruhigeren Zeiten mehr bringen wird. Für diese Erwartung wird eine Fülle von Argumenten vorgetragen, die sich aber auf zwei miteinander verbundene Tatsachen reduzieren lassen, die - ob wir wollen oder nicht - auf lange Sicht Dauergeltung haben werden, nämlich die Beschleunigung des Wandels und die zunehmende Komplexität.

Zur Illustration der Beschleunigung des Wandels der Welt, in der wir leben, könnte ich eine Fülle von Beispielen aufzählen werden. Da es sich aber inzwischen um eine bekannte lebensweltliche Erfahrung handelt, kann hier darauf verzichtet werden. Aus der Bildungssicht bedeutet Wandel einerseits neues Wissen, andererseits die Obsoleszenz bestimmter Wissensbestände, wobei eine Beschleunigung festzustellen ist.

In diesen dynamischen Zusammmmenhang gehört auch der andere bereits erwähnte Begriff: Komplexität. Darunter versteht die moderne Systemtheorie (prinzipielle) Unüberschaubarkeit. Wenn Systeme - etwa Gesellschaften, Branchen, Unternehmen, Wissenschaften - zu groß und vielfältig werden und sich ständig wandeln, werden sie immer komplexer. Und diese Komplexität verlangt eben ein anderes Verhalten als jenes, das sich auf eine übersichtliche, eine planbare Zeit mit kontrollierbaren Abläufen bezieht. Insbesondere Großorganisationen haben es schwer in einer Welt der Dynamik und der Komplexität; sie sind in der Regel zu inflexibel. Daher ist auch der Untergang des "real existierenden Sozialismus" als unregierbar komplexes System ein Menetekel an der Wand der Vorstandsetagen von Großunternehmen.
Natürlich muß man nach den Gründen fragen, warum sich denn der Wandel beschleunigt und warum denn die Komplexität zunimmt. Die bekannte Antwort besteht in zwei allseits bekannten Fakten: Wir erleben eine fast explosionsartige

Vermehrung des Wissens und leben in einer offenen Gesellschaft und Wirtschaft, in der sich dieses Wissen schnell verbreitet. Das ist übrigens auch eine Herausforderung an unsere Fähigkeit, bei anderen „abzukupfern" - die Japaner sind da viel besser als wir.

Konsequenzen für das Beschäftigungssystem

Es ist evident, daß eine solche dynamische Entwicklung von entscheidender Bedeutung für das zukünftige Beschäftigungssystem ist. Das wird besonders deutlich in jenen Bereichen, in denen durch den Einsatz moderner Informationsverarbeitung rasante Produktivitätsfortschritte erzielt werden, was vom Verlust von Arbeitsplätzen begleitet ist.

Wenn wir die Struktur der Beschäftigung z.B. in den OECD-Ländern betrachten, fällt der erhebliche Rückgang von Normarbeitsverhältnissen ins Auge, worunter die unbefristeten und arbeits- und sozialrechtlich abgesicherten Vollzeitbeschäftigungen verstanden werden. Zugleich steigt die Zahl der Nicht-Normarbeitsverhältnisse, zu denen sozialversicherte Teilzeitarbeit, geringfügige Beschäftigung, Leiharbeit, Kurz- und Heimarbeit sowie abhängig Selbständige zählen.

Diese Entwicklung ist Ausdruck der durch die ständigen Veränderungen erzwungenen Flexibilisierung. Damit wird eine ganze Reihe von Fragen für den Wechsel von der Schule ins Berufsleben und die weitere Qualifizierung aufgeworfen. Offensichtlich sind die Zeiten vorbei, in denen auf der Schwelle zum Beschäftigungssystem ein Beruf gewählt wurde, von dem man mehr oder weniger sicher sein konnte, daß er ein Erwerbsleben lang ausgeübt werden würde. Alles das hat Konsequenzen für die Unternehmungen und das Lernen ihrer Mitarbeiter.

Änderung der Lernkultur

Unternehmungen, die unter Konkurrenzdruck stehen, müssen in einer Welt, die durch ständigen Wandel und Komplexität gekennzeichnet ist, Antworten finden, die über die üblichen Anpassungen an Marktveränderungen hinausgehen. Mit anderen Worten: Sie müssen ihre Lernkultur ändern. Viele der von Unternehmensberatern und Autoren angebotenen Rezepte dafür enthalten angelsächsische, manchmal auch japanische Vokabeln, die in allen Ländern inzwischen vertraut klingen, man denke etwa an Kaizen oder Business Reengineering und Lean Production. In das Leitbild der "Lernenden Unternehmung" (learning company) oder der "Lernenden Organisation" geht Vieles davon ein. Der Begriff "Lernen" in diesem Leitbild betont die zentrale Rolle der Menschen in einer Unternehmung als Agenten der ständigen Veränderung und der Innovation. Veränderungen und Innovationen sind Ergebnisse von Lernprozessen, in die möglichst alle Mitarbeiter einer Unternehmung eingebunden sein sollten, was neue Wege des Lernens erfordert.

Auf dem Hintergrund ständigen Wandels und der Komplexität gewinnt die Flexibilität der Unternehmung lebenswichtige Bedeutung; da wird es notwendig, dass auf allen ihren Eben gelernt - und das heißt: verändert - wird und nicht nur oben in der Hierarchie, von der dann die Änderungsanweisungen nach unten gehen.

Was aber heißt in diesem Zusammenhang „lernen" im unteren Bereich der Hierarchie? Es ist zu einem großen Teil Lernen durch immer wiederholte Reflexion des eigenen Tuns im Kontext des betrieblichen Zusammenhanges, der über die Abteilungsgrenzen hinausgeht. Solch arbeitsintegriertes Lernen bedarf der Handlungsspielräume, und auch die Arbeit selbst kann lernhaltig sein, wie es z.B. bei Einzelfertigung, bestimmten Formen der Gruppenarbeit und Projektarbeit der Fall ist (Grünewald et al. 1998, S. 90). Es gehört aber auch zu den oft großen Überraschungen, dass bei Mitarbeitern, die z.B. in der Montage eine nicht oder nur gering lernhaltige, nämlich repetitive Arbeit verrichteten, erhebliche Potentiale entdeckt werden, wenn man sie - z.B. zumindest in Qualitätszirkeln - „lernen" und Einfluß nehmen läßt auf ihre eigenen Arbeitssituation (Frei 1989, S. 148).

Ergebnisse des Lernens von Einzelnen und Teams sind Veränderungen, die als Verbesserungen angesehen werden. Wenn möglichst viele, prinzipiell alle Mitarbeiter in solche Lernprozesse einbezogen werden, ergeben sich daraus auf allen Ebenen kontinuierliche Verbesserungsprozesse. Sie unterscheiden sich wesentlich von den nur schubweise auftretenden Veränderungen, die auch bei rigiden Unternehmensstrukturen notwendig sind und großen Umrüstaktionen ähneln. Da Lernprozesse erst durch das Tun abgeschlossen sind, also durch die Veränderung selbst, ist nicht nur das Erkennen besserer, den Herausforderungen angemessenerer Lösungen wichtig, sondern das schnelle Durchsetzen, das selbstorganisierte Verändern. Wer sich schneller verändert und verbessert, hat Vorteile im Wettbewerb. In "lernenden Unternehmungen" kommen also zwei Dinge zusammen: Der Lernprozeß der Individuen und Gruppen und in deren Gefolge die Veränderungen der Organisation.

In diesem Zusammenhang soll kurz auf eine Unterscheidung des in solchen Lernprozessen an der Schnittstelle Mensch-Technik relevanten Wissens in Nutzungs- und Konstruktionswissen hingewiesen werden. Diese aus der Konsumforschung stammende Unterscheidung (Meyer-Dohm 1965, S. 200ff.) versteht unter dem Nutzungswissen ein technisches Wissen, das sich darauf beschränkt, technische Geräte zu handhaben oder zu bedienen, verbunden mit einem gewissen Verständnis ihrer Leistungsfähigkeit und Arbeitsweise. Insofern handelt es sich um ein typisches „Konsumentenwissen". Das Konstruktionswissen dagegen ist typisches „Produzentenwissen", weil für die Herstellung der Geräte unerlässlich. In der betrieblichen Praxis ist nun zu beobachten, dass das Nutzungswissen zunehmend als unzureichend betrachtet und durch Elemente des Konstruktionswissens ergänzt wird, um z.b. Reparaturen schnell selbst durchführen und eventuell konstruktive Veränderungen etc. verwirklichen zu können. Damit steigt die Bedeutung technischen Wissens für die Mitarbeiter.

Dafür ein bekanntes Beispiel: Während der Maschinenbediener, meist eine angelernte Kraft, neben dem Nutzungswissen nur über ein geringes, meist aus der beruflichen Erfahrung stammendes Konstruktionswissen verfügt, ist der Anlagenführer, der ihn inzwischen vielfach abgelöst hat, ein Facharbeiter mit solidem technischen oder Prozesswissen.

Nun kann es nicht um eine ins Einzelne gehende Analyse der „lernenden Unternehmung" gehen. Es ist nur anzumerken, das hier naturgemäß das arbeitsintegrierte Lernen einen Bedeutungszuwachs zu verzeichnen hat, auch wenn sich dieser zur Zeit statistisch nicht eindeutig nachweisen läßt. Es ist aber wichtig, kurz auf einige Vorbedingungen effektiven Lernens einzugehen.

Felix Frei hat m.E. zu Recht festgestellt, dass in der betrieblichen Qualifizierungsthematik „eigentlich nur ein Punkt hieb- und stichfest belegt ist, und das ist das, was wir ... als ‚Matthäus-Prinzip' bezeichnet haben – nämlich: ‚Wer hat, dem wird gegeben'. Es gilt, wer schon qualifizierter ist, der hat es auch sehr viel leichter, neue Qualifizierungschancen zu erhalten, diese zu nutzen und umzusetzen" (Frei 1989, S. 148). Es hängt also von der (fachlichen) Adäquanz, dem Umfang und der Qualität des Wissens der Mitarbeiter ab, ob und wieviel sie lernen. Und das bedeutet natürlich, dass in manchen Fällen durch die betriebliche Weiterbildung systematisch ein fachliches Grundwissen vermittelt werden muß, um Weiterlernen on-the-job zu ermöglichen. Dass dabei die Frage nach der ökonomischen Sinnhaftigkeit solcher Bildungsinvestitionen gestellt werden muss, versteht sich von selbst.

Notwendigkeit der Kompetenzentwicklung

In der Diskussion um Neue Produktionskonzepte wie das der Lean Production ist oft eine Voraussetzung ihres Funktionierens übersehen worden, die Womack et al. (1990) in ihrer Darstellung der Konsequenzen der berühmten weltweiten MIT-Studie der Automobilindustrie in einer kurzen Bemerkung angesprochen haben: „Lean production calls for learning far more professional skills and applying these creatively in a team setting rather than in a rigid hierarchy" (Womack et al. 1990, S. 14). In diesem Zitat ist von „professional skills" die Rede, was mit „berufliche Kompetenzen" zu übersetzen ist, die zu entwickeln sind.

Was wird unter Kompetenzentwicklung verstanden? Die Antwort stützt sich auf die Ausführungen von John Erpenbeck, der sich, ausgehend von selbst gesteuertem und selbst organisiertem Lernen, um ein tieferes Verständnis von Kompetenz bemüht hat (Erpenbeck 1997, S. 311).

Nach Erpenbeck sind Kompetenzen Dispositionsbestimmungen im Unterschied zu traditionellen Lernzielen, die Positionsbestimmungen sind. Kompetenzen kann man nicht direkt prüfen; man muß sie aus der Realisierung der Dispositionen erschließen und evaluieren. Kompetenzen, und das ist wichtig, umfassen immer auch notwendiges, z.b. technisches Wissen, das sich z.b. abprüfen läßt und das man als Qualifikation bezeichnen kann. Kompetenzen aber sind in diesem Verständnis mehr als Qualifikationen, indem sie das Wissen in verfügungs- und handlungsrelevante Beziehungen einschließen.

Die Komponenten jeder Kompetenz sind

- die Verfügbarkeit von Wissen,
- die selektive Bewertung von Wissen und seine Einordnung in umfassendere Wertbezüge,
- die wertgesteuerte Interpolationsfähigkeit, um über Wissenslücken und Nichtwissen hinweg zu Handlungsentscheidungen zu gelangen,
- die Handlungsorientierung und Handlungsfähigkeit als Zielpunkt von Kompetenzentwicklung,
- die Integration all dessen zur kompetenten Persönlichkeit,
- die soziale Bestätigung personaler Kompetenz im Rahmen von Kommunikationsprozessen als sozialfunktional sinnvolle, aktualisierbare Handlungsdisposition, und schließlich
- die Abschätzung der entwickelbaren und sich entwickelnden Dispositionen im Sinne von Leistungsstufen der Kompetenzentwicklung.

„Kompetenz bringt im Unterschied zu anderen Konstrukten wie Können, Fertigkeiten, Fähigkeiten, Qualifikation usw. die als Disposition vorhandene Selbstorganisationsfähigkeit des konkreten Individuums auf den Begriff" (Erpenbeck 1990, S. 312). Selbstorganisationsfähigkeit ist in einer Wissensgesellschaft von zentraler Bedeutung.

Kompetenz und damit die Selbstorganisationsfähigkeit von konkreten Individuen ist nicht direkt beobachtbar, läßt sich aber über ihre Manifestation in Handlungen erschließen. Im Zusammenhang mit Arbeitsorganisationen ist solches Handeln grundsätzlich kooperatives Handeln in Gruppen und Organisationen.

Die Kompetenz von Gruppen erweist sich in der Qualität des Zustandekommens von Gruppenprozessen, in denen die folgenden Faktoren zusammenspielen: Selbstbild der Gruppe, Gruppenwerte und -normen, Gruppenziele und -

standards, Gruppenerfahrungen, Kommunikationsmuster (Jutzi/ Delbrouck/ Baitsch 1998, S. 8). Es sind nicht die konkreten Ergebnisse der Gruppenprozesse, in denen sich die Kompetenz von Gruppen zeigt, sondern die Art und Weise der Handlungen der Gruppenmitglieder. Hierbei können sich durch erfolgreichen Ablauf Handlungsroutinen dauerhaft etablieren bzw. verbessern: Kompetenzentwicklung von Gruppen.

Die Kompetenz von Organisationen ist die Qualität des Zustandekommens organisationaler Handlungen in zwei Formen: (1) Das Handeln von Menschen als Träger organisationaler Funktionen und (2) vergegenständlicht in quasi geronnener, von aktuell handelnden Menschen abgelöster Form als Strategien, Leitbilder, Strukturen, Führungsinstrumente (Baitsch 1993). Die Kompetenz von Organisationen zeigt sich darin, wie sie Vergegenständlichungen solcher Art hervorbringen und verändern (Jutzi/ Delbrouck/ Baitsch 1998, S. 8).

Wichtig ist die Mehrdimensionalität der Kompetenz als Selbstorganisationsfähigkeit - Individuum, Gruppe, Organisation - und die grundsätzliche Bindung der Kompetenzentwicklung an Arbeitszusammenhänge bzw. Tätigkeiten, was das arbeitsintegrierte Lernen und das Lernen in der sozialen Umwelt als konkrete Forschungsfelder in Erscheinung treten läßt.

Da die „Verfügbarkeit von Wissen" nach Erpenbeck zu den Komponenten von Kompetenz zählt, ist es logisch, daß Kompetenzentwicklung nicht die organisierte Weiterbildung ersetzen kann oder soll, die in der Vermittlung von Können, Fertigkeiten, Fähigkeiten, Qualifikation eine ohne Zweifel wichtige, oft unverzichtbare Rolle spielt. Aber jeder, der sich in dieser Weiterbildung mit der bereits erwähnten Problematik des Transfers des Gelernten in die Praxis auseinandersetzen mußte, kennt die Unterschiede zwischen dem vermittelten Wissensstand und der anschließenden tatsächlichen Anwendbarkeit des Wissens im beruflichen Alltag. Natürlich weiß der Weiterbildner um Mittel und Wege, wie solche Transferverluste zumindest zu minimieren sind und damit auch in gewisser Weise Kompetenzentwicklung zu betreiben ist, aber es ist die eigentliche Tätigkeit, der Arbeitsprozeß, der die Kompetenzen in ihren verschiedenen Komponenten entstehen läßt. Das Plädoyer für die Kompetenzentwicklung als wichtige Aufgabe ist also keine grundsätzlich antiinstitutionelle Position, sondern soll die Bedeutung einer Lerndimension und eines Lernfeldes unterstreichen.

Schule als Vorbereitungsphase lebenslangen Lernens

Wenn über lebenslanges Lernen gesprochen wird, dessen Bedeutung unter Aspekten des Beschäftigungssystems und der Unternehmen unterstrichen wurde, geht es meist um die Zeit der Erwerbstätigkeit. Das ist aber aus bildungsbiographischer Sicht eigentlich eine unzulässige Verkürzung - weniger um die nachberufliche als um die vorberufliche Phase, insbesondere die Schulzeit. Warum Schule in diesem Zusammenhang vernachlässigt wird, hängt einerseits damit zusammen, dass lebenslanges Lernen (von Erwachsenen) als ein quantitatives Problem gesehen wird: Die zeitlichen, personellen und materiellen Aufwendungen für das Lernen während der Erwerbszeit steigen. Bei Führungskräften in Großbetrieben rechnet man bereits mit 25 Prozent der Arbeitszeit und mehr. Zum anderen konzentriert man sich auf die aktuellen Herausforderungen, die an das lebenslange Lernen gestellt werden, wo die Erwachsenen aus der Schule sind und mit den Anforderungen an ihre Kompetenzen Schritt halten müssen. Das macht es umso notwendiger, im Zusammenhang mit lebenslangem Lernen Gedanken darauf zu verwenden, wie denn Schule aussehen müsste, um für die Wissensgesellschaft zu qualifizieren. Nun ist das ein sicherlich umfanggreiches Thema, das hier nur kurz angerissen werden kann; aber man kann nicht über Technische Bildung und ihre Bedeutung für die Gesellschaft sprechen, ohne die notwendigen Entwicklungslinien für Schulen zu skizzieren.

Wohin die Entwicklung der Schule gehen muß, kann nur aus einer bildungsbiografischen Sicht, also mit Blick auf den lebenslangen Bildungsprozess, abgeleitet werden. Das bedeutet, neben der Schule auch alle anderen bildend wirkenden Angebote mit in den Blick zu nehmen. Sie sollen, von der Schule ausgehend, als deren Umwelt bezeichnet werden. Schule versteht sich dann als Lern- und Lebensraum, der nicht gegen diese Umwelt abgekapselt ist, sondern sich ihr öffnet bzw. sie in die pädagogischen Bemühungen als unverzichtbare Ergänzung einbezieht. Einbettung in die Kommune und Region bedeutet auch deren verantwortliches Mitreden in der Schule. Konsequenter Weise hat der Bildungsrat beim Ministerpräsidenten des Landes Niedersachsen die Entwicklung von „Regionen des Lernens" empfohlen, in denen sich regionale Lernkulturen herausbilden können (Bildungsrat 2000).

Im Mittelpunkt der schulischen Bemühungen muß aus bildungsbiografischer Sicht die Entwicklung von Lernkompetenz stehen. Das ist die Kompetenz, Lernprozesse selbst zu steuern und zu organisieren. Eine Schule, die der Entwicklung von Lernkompetenz eine zentrale Stellung einräumt, betont damit keineswegs eine Kompetenz zu Lasten von Inhalten etwa in dem Sinne, dass Lernkompetenz an mehr oder weniger beliebigen Gegenständen entwickelt werden kann. Aber sie wird zu überprüfen haben, welche Inhalte im Blick auf lebenslanges Lernen zur "Grundausstattung" zählen sollen.

Die Schule der Zukunft wird das bereits eingangs zitierte "Haus des Lernens" sein müssen. Diese Bezeichnung betont, dass der Erwerb von Lernkompetenz, das selbständige Lernen-Können, in das Zentrum schulischer Bemühungen gehört. Das "Haus des Lernens" ist aber auch ein gemeinsamer Ort des Lernens, ein Lern- und Lebensraum. Dass die Forderung eines "Hauses des Lernens" eine tiefgreifende Veränderung von Schule bedeutet, zeigt sich schon darin, daß die Betonung, die auf der Vermittlung von Wissen durch die Lehrerinnen und Lehrer gelegt wird, sich auf die Entwicklung von Lernkompetenz durch die Schülerinnen und Schüler verschiebt.

Der Aufbau von Lernkompetenz ist nur möglich im eigenverantwortlichen Erarbeiten konkreter Lerninhalte und in der Bewältigung anspruchsvoller Aufgaben durch die Schülerinnen und Schüler. Wissensinhalte, die in diesem Sinne angeeignet werden, stellen das eigentliche Ziel des Lernens dar, nämlich das, was die Lernpsychologie "intelligentes Wissen" nennt. Dabei handelt es sich nicht nur um Sachverhalte, sondern auch um Erkenntnismethoden, also ein "Vorwissen" für weitere Lernprozesse (Zukunft 1995, S. 96f.). Im Hinblick auf die Anforderungen der Wissensgesellschaft ist im Zusammenhang mit den Inhalten bzw. integriert in sie an die oben genannten fünf Basisqualifikationen zu erinnern: Abstraktionsfähigkeit, Systemdenken, Offenheit und intellektuelle Flexibilität, Kooperationsfähigkeit und Globalisierungsfähigkeit. Die zum Teil schon von mir angesprochenen Erfahrungen mit dem Lernen in der Arbeit zeigen, dass „intelligentes Wissen", das von der Technischen Bildung vermittelt wird, als Vorwissen für weitere Lernprozesse von nicht zu überschätzender Bedeutung ist.

Technische Bildung als dringendes Desiderat

Wenn man sich einmal bewußt macht, daß die Diskussion über das lebenslange Lernen bereits in den 50er Jahren begonnen und sich in den 70ern intensiviert und in diesen Tagen noch keineswegs ihren Höhepunkt erreicht hat; wenn man die fantastische Entwicklung der IuK-Medien bis heute hinzu nimmt, zugleich auch die Wandlungen betrachtet, die sich in der gleichen Zeit in Technik und Wirtschaft vollzogen haben: dann wird man sich skeptisch fragen müssen, ob die institutionellen Bedingungen des Lernens in Schule, Hochschule und teilweise auch der Weiterbildung mit diesen Veränderungen Schritt gehalten haben und den Anforderungen entsprechen, die die Zukunft an die Gesellschaft stellt. Zugleich wird man einzuräumen haben, dass eine Zukunft, die durch Wandel und Komplexität gekennzeichnet ist, eine Qualifikationskonzeption „aus einem Guß" nicht zuläßt.

Um so wichtiger wird die Vielfalt von Bemühungen, mit den Herausforderungen fertig zu werden, und die Bereitschaft zu Experimenten und zum Lernen voneinander. Qualifizierung für die Wissensgesellschaft - das ist eine Aufgabe, die die Entwicklung einer solchen Gesellschaft erst ermöglicht, sich mit ihr aber ständig wandelt. Diese Aufgabe kann nur bewältigt werden durch eine Verbesserung oder - bescheidener gefaßt - durch die Ermöglichung der Selbstorganisationsfähigkeit der Individuen, Gruppen und Organisationen.

Es muss betont werden, dass eine zunehmend technisch geprägte Welt auch nach einer Technischen Bildung in der Schule ruft, die sich eben nicht nur aus einer beruflichen Nützlichkeit legitimiert, sondern Teil der Allgemeinbildung sein muss. Hierfür gibt es viele interessante Vorschläge und Konzepte (Oberliesen / Sellin 1997, S. 59ff.). Wenn wir heute bildungspolitisch die Öffnung der Schule zu ihrer Umwelt fordern und voranzutreiben versuchen, dann verknüpfe ich damit die Hoffnung, dass die intensivere, auch pädagogische Begegnung mit der technisch geprägten Lebenswelt in verstärktem Maße Technische Bildung als dringendes Desidarat erscheinen läßt. Andererseits muss dann auch der Schule der nötige Freiraum gegeben werden, entsprechend zu reagieren. Vielleicht kann die allgemeinbildende Schule auch von Ansätzen der beruflichen Bildung profitieren, die Felix Rauner so überzeugend vertritt (Rauner 1997, S. 87ff.).

Der Stellenwert des Lernens für die Gesellschaft und ihre Zukunft kann gar nicht überschätzt werden. Dieses bedeutet aber auch Einsicht in die notwendige Veränderung der öffentlichen Mittelallokation zugunsten von Bildung und Lernen.

Literatur

Back, Andrea: Zum Verhältnis informationstechnologischer und gesellschaftlicher Entwicklung. Bildung für Informationstechnik - Informationstechnik für Bildung .In: Blandow, D.; Theuerkauf, W.E.; 1997

Baitsch, Christof: Was bewegt Organisationen? Selbstorganisation in psychologischer Sicht, Frankfurt/Main 1993

Bildungsrat beim Ministerpräsidenten des Landes Niedersachsen, 2000: Regionen des Lernens - Förderung regionaler Bildungskonferenzen. In: www.niedersachsen.de/STK_empfehlungen.htm

Blandow, Dietrich; Theuerkauf, W. E.: Strategien und Paradigmenwechsel zur Technischen Bildung. Report der Tagung „Technische Bildung" Braunschweig 18. bis 20. Okt. 1996, Hildesheim 1997.

Dierkes, Meinhold: Unternehmenskultur, Leitbilder und Führung. In: Meyer-Dohm, P.; Tuchtfeldt, E.; Wesner, E. (Hrsg.): Der Mensch im Unternehmen, Bern-Stuttgart 1988

Erpenbeck, John: Selbstgesteuertes, selbstorganisiertes Lernen. In: Kompetenzentwicklung '97: Berufliche Weiterbildung in der Transformation. Hrsg. von der Arbeitsgemeinschaft QUEM, Münster-NewYork-München-Berlin 1997

Fourastié, Jean: Die große Hoffnung des zwanzigsten Jahrhunderts, Köln 1954

Frei, Felix: Qualifizierende Arbeitsgestaltung. In: Meyer-Dohm, P.; Lacher, M.; Rubelt, J. (Hrsg.): Produktionsarbeit in angelernten Tätigkeiten, Frankfurt-New York 1989

Grünewald, U.; Moraal, D.; Draus, F.; Weiß, R.; Gnahs, D.: Formen arbeitsintegrierten Lernens, Berlin 1998 (= QUEM-report. Schiften zur beruflichen
Weiterbildung, Heft 53)

Jutzi, K.; Delbrouck, I.; Baitsch, C.: Dreimal Kompetenz: Individuum, Gruppe,
Organisation. In: QUEM-Bulletin, Nr. 2/3, Berlin 1999, S. 7ff.

Kuwan, Helmut; Waschbüsch, Eva: Delphi-Befragung 1996/1998 Abschlussbericht zum „Bildungs-Delphi", hrsg. vom Bundesministerium für Bildung
und Forschung, München 1998

Oberliesen, Rolf; Sellin, Hartmut: Paradigmenwechsel in der Technikdidaktik?
In: Blandow, D.; Theuerkauf, W. E., 1997

Meyer-Dohm, Peter: Schule als „Haus des Lernens". In: Blandow, D.; Theuerkauf, W. E., 1997

Meyer-Dohm, P.: Lernen im Unternehmen – Vom Stellenwert betrieblicher Bildungsarbeit. In: Meyer-Dohm, P.; Schneider, P.(Hrsg.): Berufliche Bildung
im lernenden Unternehmen, Stuttgart/Dresden 1991

Meyer-Dohm, Peter: Sozialökonomische Aspekte der Konsumfreiheit, Frei-
burg/Brsg. 1965

Rauner, Felix: Technische Bildung unter dem Blickwinkel beruflicher Bildung.
In: Blandow, D.; Theuerkauf, W. E., 1997

Schmitz, E.: „Recurrent education", „lifelong learning", „éducation permanente". In: Dahm, G., et al. (Hrsg.): Wörterbuch der Weiterbildung, München
1980

Womack, J. P.; Jones, D. T.; Roos, D.: The Machine that changed the World.
New York-Toronto-Oxford-Singapore-Sidney 1990; deutsch: Die zweite
Revolution in der Autoindustrie, Frankfurt-New York 1991

Zukunft der Bildung - Schule der Zukunft: Denkschrift der Kommission „Zukunft der Bildung - Schule der Zukunft" beim Ministerpräsidenten des Landes Nordrhein-Westfalen (Bildungskommission NRW), Neuwied-Kriftel-
Berlin 1995

Zukunftskommission der Friedrich-Ebert-Stiftung: Wirtschaftliche Leistungsfähigkeit, sozialer Zusammenhalt, ökologische Nachhaltigkeit, Bonn 1998

Wann erreicht der Paradigmawechsel beim Unterrichten die Sekundarstufe?

Fritz M. Kath

Alle Anzeichen sprechen dafür, dass sich beim Unterrichten ein Paradigmawechsel anbahnt. Dazu sei jedoch zunächst geklärt, was

- mit Unterrichten und
- mit Paradigmawechsel gemeint ist, und
- warum ein Paradigmawechsel notwendig ist.

Das Unterrichten

Wenn wir heute vom Unterrichten sprechen, meinen wir eine organisierte Situation, in der Menschen sich bestimmte Inhalte aneignen. Es geht nicht mehr darum, Menschen etwas einzutrichtern, ihnen etwas zu vermitteln, sie zu lehren, denn wir wissen heute, dass das für das Lernen wenig bringt. Jeder Mensch konstruiert sich sein Wissen, seine Erkenntnis, ja, seine Welt, selbst. Schon seit den 30er Jahren versuchte Piaget davon zu überzeugen[1]. Nur wenige haben ihm geglaubt. Maturana und Varela haben dann den Grundstein zu dem gelegt[2], was zum konstruktivistischen Denken führte.

Ende der 60er Jahre wurde hier in Deutschland „lernen" (wieder-)entdeckt - und als Modewort zerschlissen. Es wurde von Lernzielen, Lerninhalten, Lernformen, und vielem Anderen in der Kombination mit „lernen" gesprochen. Und es waren in den meisten Fällen Fehlbezeichnungen[3]. „Lernen" wurde zur Leerformel, weil schlicht „lernen" für „lehren" stand. Trotz aller Lippenbekenntnisse: im Mittelpunkt des Unterrichtens stand weiterhin der Lehrer.

Um die gleiche Zeit wurden auch „Projektstudien" und „Projektmethode" als Allheilmittel für Mißstände beim Unterrichten angesehen. Heute beginnt sich langsam die Einsicht durchzusetzen, dass ein „Projekt" an sich nichts als ein Gegenstand, eine Sache ist. Als solches hat es keinerlei erzieherische Aufgabe und ist auch pädagogisch nicht wirksam. Es ist das „Arbeiten mit Projekten", das als komplexe Unterrichtsform geeignet sein könnte, Lernenden zu helfen, „Grundbefähigungen"[4] zu entwickeln. Es kann also auch als eine „Aneignungs-

---

[1] vgl. schon aus dieser Zeit Piaget 1932.
[2] Maturana/Varela 1984.
[3] vgl. z.B. Kath 1978, S. 139ff. .
[4] Seit zwei Jahrzehnten werden „Grundbefähigungen" unter der Fehlbezeichnung „Schlüsselqualifikationen" erziehungswissenschaftlich kontrovers diskutiert (vgl. z.B. Kath 1990, 1991b).

form" des Lernenden angesehen werden. Konsequent durchgeführt stellt sich dann die Frage, wie diese Form des „Arbeitens mit Projekten" kontrolliert werden sollte. Genau an dieser Stelle zeigt sich der erforderliche Paradigmawechsel beim Unterrichten.

Der Paradigmawechsel ist eine Notwendigkeit

Paradigmawechsel ist kein Schlagwort, auch wenn es mitunter in dieser Weise benutzt wird[5], sondern es wird im Kuhnschen Sinne[6] verstanden. In meinem Beitrag, mit dem der Kollege Bernard geehrt werden soll, legte ich ausführlich dar, warum der hier besprochene Paradigmawechsel beim Unterrichten erst der zweite in der langen Geschichte des Erziehens ist[7]. Deshalb darf ich mich hier kürzer fassen.

Der Mensch ist mehr als nur ein rationales Wesen
In den 70er Jahren wurde allenthalben vom mündigen Bürger gesprochen. Chancengleichheit, Kritikfähigkeit und Mündigkeit waren die großen politischen, soziologisch begründeten Ziele. Der Ausspruch Kants, der Mensch solle sich von seiner selbstverschuldeten Unmündigkeit befreien, war in aller Munde, weil er doch ein rationales Wesen sein sollte. Wurde er es - ist er es?

Vor dem Hintergrund seiner Erfahrungen und seiner Forschungen zweifelte der Verfasser bereits damals daran. Auf der Basis der „basalen Befähigungen"[8], die er in den 90er Jahren entwickelte, konnte er zeigen, dass etwa zwei Drittel aller grundlegenden Befähigungen - eben der basalen Befähigungen -, die der Mensch entwickeln und fördern kann, affektiven Charakter haben. Das Affektive läßt den Menschen die Wahl, ob er z.B. leben will oder nicht. Er muß es nicht wollen, wie das durch Instinkte geleitete Tier. Das Glauben an seine Zukunft macht Planen sinnvoll. Verliert er den Glauben, ist der Mensch nicht mehr lebensfähig. Das Glauben ist damit die vierte Basisaktivität des Menschen, neben den dreien, die mit seinem praktischen, intellektuellen und sozialen Handeln zu tun haben[9]. Häusel nennt eine vergleichbare Aktivität des Menschen „gnostisch"[10] und macht gleichfalls darauf aufmerksam, dass das Handeln des Menschen primär affektiv geleitet ist. Dazu benutzt er das aufreizende Schlagwort vom „Reptilienhirn" des Menschen.

Retrospektiv überrascht darum das große Erwachen in der Industrie in den 70er Jahren durchaus nicht, nachdem es mit ausgefeilten Techniken in der Arbeits-

---

[5] vgl. Randegger 2000, S. 57.
[6] Kuhn 1962.
[7] vgl. Kath 2001.
[8] Kath 1997.
[9] vgl. Kath 1984.
[10] Häusel 2000, S. 13.

teilung und den raffiniertesten materiellen Anreizen nicht gelingen wollte, die Produktivität weiter zu steigern. Intuitiv die richtige Richtung erahnend, versuchten sich die Verantwortlichen der Industrie an geeignet erscheinenden Lösungsansätzen. Schlagwortartig und erfolgversprechend sind sie in den letzten 20 Jahren im schnellen Wechsel erschienen: Gruppenarbeit, Flexibilität, Teamfähigkeit, Motivation, Kommunikation, Kooperation, Kreativität, Betriebskultur, Führungsstil, Feedback. Und doch wird immer weiter geklagt, nicht nur in den Betrieben, auch in der Berufsschule. Einer der Gründe mag darin zu suchen sein, dass man jede der Anpreisungen als eine in sich geschlossene Einheit betrachtet und behandelt hat. Ihnen allen ist gemein, dass dabei emotionales menschliches Verhalten angesprochen wird. Das ist aber affektiv geprägt. Veränderungen in diesem Feld lassen sich in aller Regel nicht in Lehrgängen erzielen. Es braucht Zeit, viel Zeit, damit sie wirksam werden - und es geschieht im Menschen nur, wenn er es selbst will. Und gerade das Wollen ist auch eine affektive Kategorie.

Wir nähern uns einem Paradigmawechsel

Es beginnt damit, dass wir das uns Aufgegebene (erziehungswissenschaftlich) ernst nehmen:

- 1987 ist zum ersten Mal gesetzlich festgelegt und zwar in der „Neuordnung der industriellen Metall- und Elektroberufe" § 3(4), „dass der Auszubildende [...] zur ‚Ausübung einer qualifizierten Berufstätigkeit befähigt wird, die besonders selbständiges Planen, Durchführen und Kontrollieren einschließt"[11]. Vom selbständigen Planen ist aber weder bei der Ausbildung in den Betrieben noch in der Berufsschule viel zu sehen. Ausbilder und Lehrer waren bisher gewohnt, die Arbeit der Auszubildenden in hohem Maße vorzustrukturieren, ja sogar vorzubereiten und tun es weiter so. Den lernenden jungen Menschen zuzugestehen, selbst zu planen, ist für die gestandenen Fachkräfte sehr schwierig, weil sie ihnen dann auch erlauben müßten, Fehler machen zu dürfen. Und Fehler zu machen, wird ja bis heute als ein Makel angesehen.

- In den 70er Jahren wurde - wie eingangs bereits gesagt - auch das „Arbeiten mit Projekten (AmP)" wiederentdeckt - und weitere Unterrichts- und Ausbildungsformen neu entwickelt. In Projektwochen, Projektstudien und vielen anderen Versuchen wurde projektorientiert oder mit der Projektmethode gearbeitet. Man besann sich darauf, was die Reformpädagogen vor mehr als einem halben Jahrhundert gemacht hatten. Sehr euphorisch versuchte man sich

---

[11] Hervorgehoben vom Verfasser. Das ist vor dem Hintergrund zu sehen, dass noch im Berufsbildungsgesetz zu lesen ist, dass „für die Ausbildung einer qualifizierten Berufstätigkeit notwendige fachlichen Fähigkeiten und Kenntnisse in einem geordneten Ausbildungsgang zu vermitteln" (BRD 1969, § 1(2)) seien.

daran, zum Teil erfolgreich, indes sehr oft ohne Erfolg[12]. Das Arbeiten mit Projekten wird jedoch dann erfolgreich, wenn die Anleiter (Lehrer und Ausbilder) ihre Aufgabe den Lernern gegenüber in dem Sinne ernst nehmen, d.h., konsequent darauf achten, dass die Lernenden selbst planen, prüfen, verwerfen, neu planen, wieder prüfen, durchführen, kontrollieren, evaluieren und präsentieren. Und dies kann auf jedem fachlichen Niveau geschehen, entsprechend dem Alter, der Vorbildung und der fachlichen Kapazität der Lernenden.

- Damit sprechen wir noch ein weiteres methodisches Detail an: das Lernen sollte handlungsorientiert sein. Auch das ist seit über 20 Jahren in der pädagogischen Diskussion. Hier gilt jedoch, „learning by doing" allein reicht nicht aus[13]. Dieses würde nur dem „konkreten Handeln" entsprechen, wie wir heute sagen. Sowohl das geforderte „Planen, Durchführen, Kontrollieren" als auch das AmP verlangt das Vor- und das Nachbereiten eines solchen konkreten Handelns. Erst dann wird es zum „vollständigen Handeln"[14].

Damit haben wir drei sehr wichtige und das Unterrichten verändernde Details benannt, die didaktische Wirkungen zeigen könnten. Sie allein bringen uns aber einem Paradigmawechsel noch nicht näher. Weiter befinden wir uns mit den genannten Details auf dem Boden des Unterrichtsmethodischen, bei dem auch heute noch die Praxis in hohem Maße „in der Praxis kreist"[15]. Weiterhin ist das Unterrichten „verkopft" wie eh und je und das mit steigender Tendenz. Offiziell scheinen von schulischer Seite nur die kognitiven Ergebnisse von Bedeutung zu sein. Ist der Mensch wirklich das rationale Wesen, bei dem fast ausschließlich das Kognitive in ihm entwickelt werden sollte?

---

[12] Seit 20 Jahren leitet der Verfasser die Arbeitsgemeinschaft AmP der IGIP (Internationale Gesellschaft für Ingenieurpädagogik). In den Referatebänden (der Jahressymposien) „Ingenieur-Pädagogik `80-`01" (s. Melezinek u.a.) veröffentlichte er jedes Jahr mindestens einen Beitrag über verschiedene Aspekte des AmP. Über dieses AmP gibt es eine schier unübersehbare Literaturauswahl, jedoch wenig im Feld der Berufserziehung. Darum seien noch hinzugefügt: Kath 1980, 1985, 1991a und Heescher/Kath/Tilch 1992.
[13] Für den „Erfinder" der „Projektmethode", um 1900, C.R. Richards, zu jener Zeit Direktor der Abteilung für Werkerziehung im Teachers College der Culumbia Universität, war wirklich zunächst einmal das Tun, das Tätigsein als solches wichtig, denn es stellte sich damals als Gegengewicht zum Lernen in der Buchschule, in der nur auswendig gelernt wurde, dar (vgl. Bossing 1942, S. 113).
[14] vgl. Aebli 1980, Meyer 1987, Kath 1996.
[15] Um mit den Worten von Heinrich Roth 1967 zu sprechen.

So kommen wir zum Paradigmawechsel

Im Jahre 1964 erschien die Taxonomie des affektiven Feldes[16]. Das ermöglichte mir, mich mit den Zielen, Erfordernissen und Problemen auseinanderzusetzen, die didaktisch und methodisch mit dem affektiven Feld zusammenhängen:

- Zunächst veränderte ich den Fokus der Arbeit mit der Taxonomie, indem ich die Taxonomie des affektiven Feldes in den Negativbereich[17] erweiterte.
- Vor dem Hintergrund einer Untersuchung von Bass und Duntemann[18] formulierte ich die Grundhaltungen: ego-, subjekt- und objektorientiert. Das sind die Prägungen, die sich in der frühesten Kindheit des Menschen entwickeln. Sie haben primär affektiven Charakter und prägen den Menschen für sein ganzes Leben[19].
- Die Erkenntnis, dass das „Menschsein" des Menschen jedoch nicht nur auf sein Handeln in den drei Feldern des menschlichen Handelns - dem affektiven, dem kognitiven und dem motorischen - beruht, führte zum Entwickeln der vier Basisaktivitäten: Leben-Gestalten, Erkenntnis-Gewinnen, Urpersönliches-Sichtbar-Machen und Glauben[20]. Von ihnen ist es insbesondere ‚das Glauben', das den Menschen vom Tier unterscheidet.
- Das führte den Verfasser zum kritischen Auseinandersetzen mit den „Schlüsselqualifikationen", die er als Grundbefähigungen interpretiert[21].
- Daraus entstand dann das System der basalen Befähigungen[22], mit deren Hilfe er das erste Mal belegen konnte, dass etwa 2/3 der basalen Befähigungen primär affektiv getönt sind.
- Häusel hat in seinem Beitrag die Bedeutung des Affektiven als unser Handeln leitend nicht nur ausdrücklich bestätigt, sondern auch die vier Basisaktivitäten, wenn auch mit anderen Bezeichnungen, herausgearbeitet[23].

Auf dieser Basis wurde es nun möglich, die oben genannten Details sowohl methodisch als auch didaktisch konsequent zu Ende zu denken. Sollten die Auszubildenden selbständig planen und kontrollieren - durchgeführt hatten sie ja ihre Arbeit immer schon -, dann könnten sie das nur lernen, wenn sie es tatsächlich handelnd tun. Dazu bietet sich das AmP als Unterrichtsform an. Wird aber handlungsorientiert gearbeitet, muß auch handlungsorientiert geprüft werden,

---

[16] Krathwohl/Bloom/Masia 1964. Das Wort „Domain" übersetzte ich mit „Feld" und nicht mit „Bereich" (vgl. Kath 1976, S. 13f.).
[17] vgl. Kath 1976 und 1978.
[18] Bass/Duntemann 1963.
[19] vgl. Kath/Kahlke 1982, S. 11ff. .
[20] vgl. Kath 1984, S. 529ff. .
[21] vgl. Kath 1991b.
[22] vgl. Kath 1997.
[23] vgl. Häusel 2000.

damit das Prüfen valide wird. Sonst wird nicht geprüft, was gelernt wurde. Und genau hier zeigt sich der Paradigmawechsel mit all seinen Konsequenzen:

* weg vom alleinigen Berücksichtigen des Beurteilens von Gegenständen (als Ergebnisse der Arbeit),
* hin zum Beurteilen der Aktivitäten der Lernenden.

Wir wissen auch, dass das Prüfen das Unterrichten bzw. das Ausbilden prägt. Das läßt sich noch weiter zuspitzen. In der Pädagogik gibt es die Regel: Wer lehrt, der prüft. Wenn nun der Lernende selbständig plant, die Arbeit selbständig durchführt und sie dann selbständig kontrolliert, dann lehrt er sich doch selbst.

* Also hat er sich auch selbst zu prüfen[24].

Wie soll das geschehen?

Der Paradigmawechsel hat bereits begonnen

Eine Untersuchung in der HEW
Man beginnt dort, wo Lernende bei ihrer Arbeit direkt gefordert sind, sich selbst zu kontrollieren. Noch geschieht es heute nur in Ausnahmefällen. Eine günstige Gelegenheit bot sich dazu 1998. In der G 10 (Gewerbeschule für Energietechnik) in Hamburg wurde eine Klasse in dem neu konzipierten Beruf Elektro-Anlagen-Monteur (EAM) eingerichtet. Das Neue daran war, dass die Ausbildung in diesem Beruf nach dem von der KMK[25] empfohlenen Lernfeldkonzept zu geschehen habe. Auf das Einrichten einer Lehrplankommission in Hamburg, die die KMK-Empfehlungen bestimmten hamburgischen Besonderheiten hätte anpassen sollen, wie es sonst der Fall war, wurde verzichtet. Verbunden war damit, die Ausbildung im ersten Jahr nach den Vorgaben des Berufsgrundbildungsjahres, wie üblich, zu gestalten. Erst danach wurden die neuen Empfehlungen wirksam.

Die HEW (Hamburgische Elektrizitätswerke) erklärten sich bereit, ein erstes Projekt in ihrem Ausbildungszentrum durchzuführen, zu dem auch die HHA (Hamburger Hochbahn) und die Sietas-Werft - die Auszubildenden der Klasse kamen aus diesen drei Betrieben - eingeladen wurden. Die gute Zusammenarbeit der Ausbilder und Berufsschullehrer, die sich schon in gemeinsamen Prüfungsausschüssen angebahnt hatte, ermöglichte schnell eine konstruktive Arbeitsatmosphäre.

Die Vorteile einer gemeinsamen Arbeit an einem Ort liegen auf der Hand:

---

[24] Dabei muß aber darauf hingewiesen werden, der Unterrichtende bleibt immer derjenige, der dafür die Verantwortung trägt, dass die Lernenden sich befähigen, sich selbst zu kontrollieren.
[25] die Ständige Kultusminister-Konferenz der Länder in der BRD.

- Es mußte keine Rücksicht auf schulorganisatorische Probleme genommen werden,
- Die Arbeitsmaterialien standen aus den laufenden Arbeiten im Ausbildungsbetrieb zur Verfügung und
- die Zusammenarbeit zwischen den Ausbildern und den Lehrern konnte an einer gemeinsamen Aufgabe ausprobiert werden.

In Lützow 2000 ist die Untersuchung ausführlich beschrieben. Hier nur soviel, um zu verstehen, in welcher Weise der Lernende auf den Weg gebracht wurde, sich selbst zu kontrollieren und zu prüfen.

Die Konzeption des Projekts[26]
Den Empfehlungen der KMK folgend orientierte man sich beim Projekt an Lernfelder. Dabei sind Lernfelder durch Zielformulierungen beschriebene thematische Einheiten, die sich fächerübergreifend an konkreten Aufgabenstellungen und Handlungsabläufen orientieren[27]. Von der KMK wird auch empfohlen: „Die Strukturierung des Rahmenlehrplanes nach Lernfeldern soll nicht nur ganzheitliches Lernen anregen, sondern auch ganzheitliche handlungsorientierte Prüfungen unterstützen"[28]. Das ist aber leichter gesagt, als getan[29]. Um jedoch die Ausbildung in Lernfeldern[30] organisieren zu können, bietet es sich an, soweit als möglich „mit Projekten zu arbeiten"[31].

Im Projekt wurden Inhalte aus den Lernfeldern 1 und 4 für EAM - Bearbeiten von Aufträgen und Beleuchtungsanlagen[32] - für die Auszubildenden herangezogen. Es umfaßte einen Zeitraum von drei Wochen. Davon entfielen zwei Wochen in die betriebliche Ausbildungszeit und eine Woche in den schulischen Ausbildungsteil. Der betriebliche Zeitanteil wurde überwiegend für handwerkliche Tätigkeiten genutzt, der andere Teil für Arbeiten mit mehr theoretischem Anspruch. In der Klasse (Gruppe) waren 13 Auszubildende.

Im betrieblichen Teil wurde die Arbeit in drei Unteraufträge aufgeteilt:

- der Anschluß eines Hauses an das öffentliche Versorgungsnetz,
- das Einrichten einer Zählertafel mit Unterverteilung und

---

[26] Bewußt benutzt hier der Verfasser das Wort „Projekt" in seiner umgangssprachlichen Bedeutung in Abhebung von der Unterrichtsform „Arbeiten mit Projekten". Um das „Projekt" durchzuführen, bedarf es genauer organisatorischer Vorbereitungen. Man spricht dann heute von „Projekt-Management" (vgl. hierzu Kath 1998).
[27] vgl. Bonn/KMK 1996, S. 32.
[28] ebenda, hervorgehoben vom Verfasser.
[29] vgl. Kath 2000, S. 731.
[30] vgl. Bader/Schäfer 1998.
[31] vgl. Kath 1999.
[32] vgl. Bonn/KMK 1997, S. 8ff. .

- das Installieren einer elektrischen Minimalausrüstung eines Raumes, bestehend aus einer Beleuchtung mit zwei Schaltmöglichkeiten und einer Steckdose.

Durch das Aufteilen in Unteraufträge sollte:

- der Arbeitsumfang für die Lernenden überschaubar gehalten werden, denn diese Form des Arbeitens war für sie völlig ungewohnt,
- der fachliche Anspruch niedrig gehalten werden, damit sich die Lernenden an das AmP gewöhnen könnten,
- erkennbar werden, in welcher Weise die Lernenden ihre Erfahrung aus einem Teilauftrag auf einen anderen umzusetzen vermochten,
- auch erkennbar werden, in welcher Weise (quasi schlichte) Theorie aus Praxis gewonnen wird.

In dem Teil der Arbeit mit (höherem) theoretischen Anspruch wurden Fehlermessungen durchgeführt und verschiedenartige Messungen von Spannungen und lichttechnischen Werten vorgenommen. Um etwas über die Befindlichkeit der Lernenden zu erfahren, war ein Fragebogen entworfen worden, der Auskunft darüber geben sollte, wie sich die Auszubildenden während der Arbeit gefühlt haben.

Einige Ergebnisse der Untersuchung
Von den vielen Daten die während der Untersuchung erhoben wurden seien hier nur zwei herausgegriffen:

Das Beurteilen der Übergabe des fertiggestellten Teilauftrages: Einer der Schwerpunkte der Untersuchung war es, Auskunft darüber zu erhalten, ob und wie sich die Urteilsfähigkeit der Lernenden entwickelt. Ein Kriterium dazu war das Einschätzen der Qualität der Präsentation der Arbeit bei der Übergabe:

- Zuerst übergab der Auszubildende seine Arbeit an den Ausbildungskollegen (zur Rechten). Dieser schätze die Arbeit ein, sagte dem Auszubildenden seine Meinung darüber und trug diese Ergebnisse in ein vorbereitetes Formular ein.
- Der Auszubildende berücksichtigte etwaige Anmerkungen seines Kollegen - oder nicht.
- Durch das Prüfen der Arbeit des Auszubildenden konnte der Ausbildungskollege auch sich selbst helfen,
  - weil er damit möglicherweise Mängel bei seiner eigenen Arbeit entdecken konnte und dabei
  - sein Urteilsvermögen bezüglich der Qualität der eigenen Arbeit geschärft wurde.
- Der Auszubildende übergibt so nach nun dreimaliger Kontrolle - seiner eigenen, der des Ausbildungskollegen und nochmals seiner eigenen - die Arbeit

dem Unterrichtenden (dem Ausbilder). Dieser notiert seinerseits die Ergebnisse seiner Kontrolle in ein gleichartig gestaltetes Formular.

Die Ergebnisse der Beurteilungen der Ausbildungskollegen (Lernende) und der Unterrichtenden sind in Bild 1 zusammengestellt. Zur Beurteilung wurden die darin benannten vier Beurteilungsstufen vorgesehen. Um keine nicht vorhandene Meßgenauigkeit vorzutäuschen, wurde, weil es sich dabei um subjektives Einschätzen handelt, die Skala nicht weiter differenziert. Die Ergebnisse weisen aus, dass sich, vom ersten zum dritten Teilaustrag, das Urteilsvermögen der Lernenden dem der Unterrichtenden durchaus angeglichen hat.

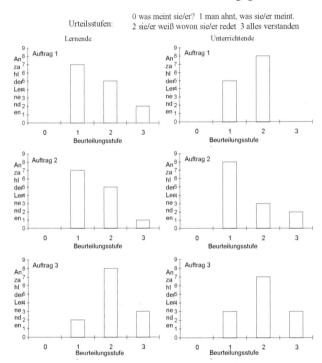

Abb. 1: Häufigkeitsverteilung der Urteile beim Beurteilen der Übergabe

Die Auswertung der Befindlichkeiten: Nachdem die Lernenden jeweils einen Teilauftrag ausgeführt hatten, füllten sie einen Fragebogen aus, in dem sie über ihre persönlichen Empfindungen während des Arbeitens Auskunft gaben. Die Daten der einzelnen Lernenden sind für alle drei Aufträge in Netzdiagrammen zusammengestellt. Damit konnte die Entwicklung des Einzelnen beobachtet werden.

Abbildung 2 und 3 zeigen deutlich, wie verschieden sich ein stärkerer und ein schwächerer Auszubildender gefühlt haben. Sie gingen an die drei Teilaufträge nicht nur mit unterschiedlichen Voraussetzungen, sondern auch mit unterschiedlichen Emotionen heran. Solche Netzdiagramme können dem Unterrichtenden Hinweise geben, wo er „den Hebel ansetzen" sollte, um dem Lernenden zu helfen, sich weiter zu entwickeln.

Weitere Arbeiten in der Berufspädagogik
Mit dieser Untersuchung in der HEW sind wir natürlich nicht die einzigen gewesen, die in dieser Richtung arbeiteten. Interessant ist es dabei zu erkennen, dass immer viele Wege nach Rom führen. So kommen Lehmkuhl und Meyer zu ähnlichen Einschätzungen und Folgerungen bezüglich des Arbeitens der Lernenden in Betrieb und Schule wie der Verfasser, jedoch über das Diskutieren der Organisation in der Berufsbildung. Auch sie gehen davon aus, Lernende in den Mittelpunkt ihrer Betrachtungen zu stellen und nennen das dann „Kundenorientierung". Bei ihnen wird versucht vom Taylorismus wegzukommen, hin zum „Aufbau einer `lernenden Organisation'"[33]. Dabei geht es jedoch um lernende Menschen, für die die und von der die Organisation in Betrieb und Schule gestaltet ist. Sagte doch schon Bertholt Brecht: Der Sieg der Vernunft kann nur der Sieg der Vernünftigen sein.

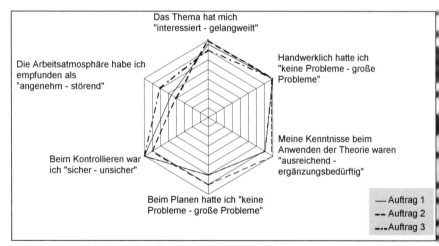

Abb. 2: Netzdiagramm 1

Ausdrücklich benennen Lehmkuhl und Meyer als Unterrichtsprodukt „Bildung" und folgern daraus, dass „die Struktur des Prüfungswesens überhaupt verändert

---

[33] vgl. Lehmkuhl/Meyer 1996

werden"[34] müsse. Ein Bericht über verschiedene Formen von betrieblicher Weiterbildung verdeutlicht auch, dass es die Industrie ist, die den Anschub für das neue Denken gegeben hat, den Taylorismus in die Lean Production zu überführen - wenn auch in unserem Sinne nicht immer mit bestem Erfolg[35]. Man bemühte sich aber. Mit ähnlichen Zielen versuchen sich auch Peter Dehnbostel

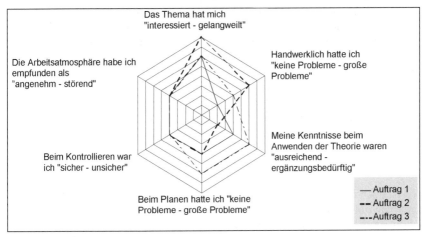

Abb. 3: Netzdiagramm 2

mit seinem Strukturmoment „Lerninsel"[36] oder die G10 mit ihrem LEONARDO-Projekt[37].

Das offene Unterrichten in der Grundschule – und die Sekundarstufe

Industrie und Berufserziehung lenken ihre Schritte in das 21. Jahrhundert. Die Politik unterstützt sie darin, soweit sie es vermag. Die Schule - das ist insbesondere die allgemeinbildende - sollte davon nicht unberührt bleiben. Interessanterweise blieb sie es aber mehr oder weniger, weniger die Grundschule. Seit mehr als 10 Jahren gibt es eine Vereinigung „Aktion Humane Schule e.V." der Grundschullehrer.

Sie sind es, die seit Ende der 80er Jahre versuchen, das „offene Unterrichten" zu propagieren und zu praktizieren. Im Grunde wird damit der hier erläuterte Paradigmawechsel vollzogen, wenn es dort auch nicht so genannt wurde. Es geht darum, das Kind vom ersten Schultag an erst zu nehmen als Entdecker, Forscher

---

[34] ders., S. 202.
[35] vgl. Frackmann/Lehmkuhl 1993.
[36] Dehnbostel 2000.
[37] HEW 2001.

und Problemlöser[38]. Der Lehrer ist nun mehr Entwicklungshelfer und Berater des Kindes[39], als die große Autorität, die alles weiß.

Wallrabenstein meint, dass die Bedingungen für das „offene Unterrichten" in der Sekundarstufe „eher ungünstiger sind als in der Grundschule. Sekundarstufen sind in der Regel groß, unüberschaubar, anonym und durch eine Vielzahl von Fachlehrern, komplizierten Stundenplänen, von Stoffülle und konkurrierenden Leistungsanspruch der Fächer gekennzeichnet"[40]. Die Sekundarstufe ist also die prekäre Schnittstelle zwischen Kind sein dürfen und als verantwortungsbewußter Bürger zu handeln. Der entscheidende Grund dafür ist ein gesellschaftlicher. Die „Humane Schule" vom Oktober 2000 ist fast ausschließlich dieser Thematik gewidmet[41]. Die oben angesprochene vom Taylorismus durchdrungene Arbeitsteilung (Abs. 2.1) hat nicht nur unser Bildungssystem geprägt, sondern unser gesamtes Denken und Handeln[42]. So wird mitunter - wenn es ´mal so paßt - politisch und pädagogisch Kooperation propagiert, aber Konkurrenz geübt[43].

Wie soll es weitergehen?

Es ist doch interessant, viele Menschen, die junge Menschen entweder ausbilden oder sich überhaupt für sie interessieren, äußern ähnliche Forderungen: die Industrie ruft nach Kundenorientierung und Teamfähigkeit, Politiker nach selbst- und verantwortungsbewußten Bürgern. Die allgemeinbildende Schule will mündige junge Menschen erziehen. Und doch scheint sich seit Jahrzehnten gesellschaftlich wenig verändert zu haben, trotz aller technologischen Fortschritte - oder gerade deswegen. Der hier beschriebene notwendige Paradigmawechsel zieht aber folgenschwere Konsequenzen nach sich:

- das Prüfen in Schule und Betrieb muß völlig verändert werden,[44]
- Ausbilder und Lehrer werden sich zu einer völlig anderen Einstellung dem Prüfen gegenüber befähigen müssen,
- der Lernende wird im besten Sinne als Subjekt angenommen werden,
- das führt zu neuen und andersartigen Arbeits-, Ausbildungs- und Unterrichtsweisen mit dem Lernenden,

---

[38] vgl. Wallrabenstein1991, S. 56.
[39] vgl. ders. S. 170f. .
[40] ders. S.172.
[41] Beispielhaft seien hier nur zwei Artikel aus diesem Heft genannt: Paulig 2000 und Meiers 2000.
[42] vgl. Frackmann/Lehmkuhl 1993, S. 62.
[43] Hier ist nicht der Ort, diese Thematik zu diskutieren.
[44] vgl. Frackmann 1999, S. 101f. Sie beklagt, noch keine Möglichkeit zu haben, Grundbefähigungen zu beurteilen.

- In Schule - hier besonders in der Sekundarstufe - und Betrieb, aber auch in der Berufsschule wird das zu großen organisatorischen Veränderungen führen - und vieles andere mehr.

Das wird nicht von heute auf morgen zu bewältigen sein. Beginnen müssen wir damit jedoch jetzt. Auch deshalb, weil wir die Verantwortung für unsere Enkel tragen. Heute sind wir 6 Milliarden Menschen auf unserer Erde. Wenn unsere Enkel in unserem Alter sein werden, werden es 10 Milliarden sein. Werden wir uns dann in einer immer weiter verschärfenden Ellenbogengesellschaft gegenseitig umgebracht haben, oder Sklaven einer globalisierten und computerisierten Industrialisierung sein? Häusel hat es auf einen Punkt gebracht: das „Reptilienhirn"[45] leitet das menschliche Handeln. Wir fahren in Autos und fliegen in Flugzeugen. Die affektive Grundausstattung des Menschen hat sich jedoch über Jahrtausende nicht verändert; in den „Sprüchen Salomos", in der Bibel, können wir es nachlesen: vieles des rein Menschlichen - es ist affektiv getönt - ist auch heute noch gültig; vor etwa 2500 Jahre wurden sie geschrieben. Der beschriebene Paradigmawechsel wird zur zwingenden Notwendigkeit. Er wird aber damit auch zur Chance.

Literatur

Aeblie, Hans: Denjen: Das Ordnen des Tuns. Band I: kognitive Aspekte der Handlungstheorie. Stuttgart (Klett-Cotta) 1980.

Bader, Reinhard; Schäfer, Bettine: Lernfelder gestalten. Vom komplexen Handlungsfeld zur didaktisch strukturierten Lernsituation. In: die berufsbildende Schule, 50. Jg. (1998) H. 7-8, S. 229-234.

Bass, B.M.; Dunteman, G.H.: Behavior in Groups as a Function of Self-, Interaction, and Task Orientation. In: Journal of Abnormal and Social Psycology., Jg. (1963) S. 419-428.

Bonn, Kultusministerkonferenz: Handreichungen für die Erarbeitung von Rahmenlehrplänen der Kultusministerkonferenz für den berufsbezogenen Unterricht in der Berufsschule und ihre Abstimmung mit Ausbildungsordnungen des Bundes für anerkannte Ausbildungsberufe. Bonn, den 9.5.1996.

Bonn, Kultusministerkonferenz: Rahmenlehrplan: Elektromonteur/Elektromonteurin. Stand: 19.2.1997, Entwurf.

Bossing, C. Nelson L.: Die Projekt-Methode. Aus: Kaiser, Annemarie; Kaiser, Franz-Josef (Hrsg.): Projektstudium und Projektarbeit in der Schule. Bad Heilbrunn (Klinkhardt) 1977. S. 113-133.

Dehnbostel, Peter: Lerninsel. Aus: Wittwer, Wolfgang (Hrsg.): Methoden der Ausbildung: didaktische Werkzeuge für Ausbilder. Köln, 2000.

---

[45] vgl. Häusel 2000.

Frackmann, Margit; Lammers, Wilfrid: Konzepte zur Bewertung von Handlungskompetenz. Aus: Butter, Claus; Richter, Arnfried (Hrsg.): Elektrotechnik - Grundbildung - Auf dem Weg zur Fachbildung? Hochschultage Berufliche Bildung 1998. Neusäß (Kieser) 1999. S. 94-104.

Frackmann, Margit; Lehmkuhl, Kirsten: Weiterbildung für Lean Produktion. Anforderungen an einen neuen Arbeitnehmertypus – Qualifizierunghskonzepte für die Gruppenarbeit. In: WSM (Monatsschrift des Wirtschafts- und Sozialwissenschaftlichen Instituts des DGB) Mitteilungen. 46. Jg. (1993)2, S. 61-69.

Häusel, Hans-Georg: Das Reptilienhirn lenkt unser Handeln. In: Harvard Business Manager, Jg. 2000, H. 2, S. 9-18.

Heescher, Helmut; Kath, Fritz M.; Tilch, Herbert (Hrsg.): Diskussionsfeld Technische Ausbildung: Technikunterricht, CIM-Technologie, Arbeiten mit Projekten. Alsbach (Leuchtturm) 1992.

HEW (Hrgs.): LEONARDO - Pilotprojekt im Rahmen de EU-Programmes. Abschlussbericht. Projektleitung: W. Heuer und S. Schnabel, Staatliche Gewerbeschule Energietechnik - G10. Hamburg (HEW), Blaue Reihe, Heft 17, 2001.

Kath, Fritz M.: Die Taxonomie der Unterrichtsziele. In: Lernzielorientierter Unterricht., Jg. 1976, H. 4, S. 11-21.

Kath, Fritz M.: Einführung in die Didaktik. Alsbach (Leuchtturm) 1978.

Kath, Fritz M. (Hrsg.): Arbeiten mit Projekten. technik-didact, Sonderheft 1. Alsbach (Leuchtturm) 1980.

Kath, Fritz M.: Hat Technologietransfer einen moralischen Aspekt? Aus: Melezinek; Adolf; Sodan, Günter (Hrsg.): Technologietransfer - Kooperation im Dienste des Menschen. Referate des 13. Internationalen Symposiums "Ingenieurpädagogik '84" Alsbach (Leuchtturm) 1984. S. 529-532.

Kath, Fritz M.: Die Realisierungsphasen beim "Arbeiten mit Projekten". In: technik-didact, 10. Jg. (1985), H. 2, S. 81-93.

Kath; Fritz M.: Schlüsselqualifikationen - Vorwärts in die Vergangenheit? Aus: Reetz, Lothar; Reitmann, Thomas (Hrsg.): Schlüsselqualifikationen. Dokumantation des Symposions in Hamburg "Schlüsselqualifikationen - Fachwissen in der Krise?" Hamburg (Feldhaus) 1990. S. 101-111.

Kath, Fritz M. (1991a): Das "Arbeiten mit Projekten" als methodisches Element hat eine klare formale Struktur. In: Berufsbildung, 45. Jg. (1991), H. 1, S. 13-17.

Kath, Fritz M. (1991b): Das Entfalten von Grundbefähigungen im Rahmen der Neuordnung und die Arbeit der Unterrichtenden. In: Berufsbildung, 45. Jg. (1991), H. 5/6, S. 203-209.

Kath, Fritz M.: Grundlagen des kooperativen Lernens und die sich daraus entwickelnde Praxis von Lehrenden. Hettstedt III/1996.

Kath, Fritz M.: Wie basal sind "basale Befähigungen"? Aus: Schaefer, Gerhard (Hrsg.): Das Komplexe im Elementaren. Neue Wege zu einer fächerübergreifenden Allgemeinbildung um die Jahrtausendwende. Frankfurt/Main (Peter Lang) 1997. S. 73-76.

Kath, Fritz M.: "Arbeiten mit Projekten" und "Projektmanagement" - wo ist der Unterschied? Aus: Melezinek, Adolf; Prichodko, Vjatscheslaw M. (Hrsg.): Pädagogische Probleme in der Ingenieurausbildung. Band 1, Referate der 27. Internationalen Symposiums "Ingenieurpädagogik '98". Alsbach (Leuchtturm) 1998. S. 368-363.

Kath, Fritz M.: Das "Arbeiten mit Projekten" lädt zum Arbeiten in "Lernfeldern" ein. Zur Vorbereitung der Untersuchung: die Berufsschule geht in den Betrieb. Aus: Kammasch, Gudrun u.a. . (Hrsg.): Perspektiven im zusammenwachsenden Europa - Ingenieurausbildung im internationalen Vergleich - Die Bedeutung der Technik für Wohlstand und Demokratie. Vorträge der IGIP/TFH-Arbeitstagung vom 30. April bis 1. Mai 1999 in Berlin. Alsbach (Leuchtturm) 1999. S. 77-82..

Kath, Fritz M.: Paradigmawechel auch in der Fachdidaktik. Wunsch oder Realität? Aus: Bader, Reinhard; Bonz, Bernhard (Hrsg.): Fachdidaktik Metalltechnik in Theorie und Praxis. Prof. Dr. Franz Bernard anläßlich seiner Emiritierung gewidmet. o.O. 2001.

Kath, Fritz M.; Kahlke, Jochen: Das Umsetzen von Aussagen und Inhalten. Didaktische Reduktion und methodische Transformation - Eine Bestandsaufnahme. Alsbach (Leuchtturm) 1985.

Krathwohl, David R.; Bloom, Benjamin S.; Masia, Bertram B.: Taxonomy of Educational Objectives. The Classification of Educational Goals - Handbook II: Affective Domain. New York (McKay) 1964.

Kuhn, Thomas S.: Die Struktur wissenschaftlicher Revolutionen. Frankfurt/Main (Suhrkamp Taschenbuch) 1973.

Lehmkuhl, Kirsten; Meyer, Heinrich: Organisationsentwicklung - ein Schritt zur Entwicklung berufspädagogischer Qualität? In: Die berufsbildende Schule. 448. Jg. (1996)6, S. 197-204.

Lützow, Hans Joachim: Bericht über ein gemeinsames Projekt der Ausbildungsbetriebe und dr G 10 zum Umsetzen des Lernfeldkonzepts im Berufsbild mElektro-Anlagen-Monteur/in vom 12.4.99 bis zum 30.4.99. Schwerpunkt: selbständiges Planen und Urteilen. Aus: Kath, Fritz M.; Lützow, Hans Joachim: Handlungskompetenz - Die Herausforderung für Schule und Betrieb. Bericht üder ein Projekt zum Fördern der Urteilsfähigkeit im Ausbildungszentrum der HEW. Blaue Reihe, Heft 16, Hamburg (HEW) 2000.

Maturana, Humberto R.; Varela, Francisco J.: Der Baum der Erkenntnis. Die biologischen Wurzeln des menschlichen Erkennens. Bern (Scherz) 1987.

Melezinek, Adolf (Hrsg.): Ingenieurpädagogik. Schriftenreihe. Alsbach (Leuchtturm) von 1972 an.

Meiers, Kurt: Wie demokratisch ist unsere Schule? In: Humane Schule. 26. Jg. (2000) Oktober, S. 5-9.

Meyer, Hilbert: UnterrichtsMethoden. II: Praxisband. Frankfurt/Main (Scriptor) 1989, 2. Aufl.

Paulig, Peter: Zur Kritik an der verwalteten Schule in der Demokratie. In: Humane Schule. 26. Jg. (2000) Oktober, S. 1-4.

Piaget, Jean: Das moralische Urteil beim Kinde. Frankfurt/Main (Suhrkamp) 1984, 4. Aufl.

Randegger, Johannes R.: Die Messlatte liegt hoch. Aus: Melezinek, Adolf; Ruprecht, Robert (Hrsg.): Unique and Excellent - Ingenieurausbildung im 21. Jahrhundert. Referate des 29. Internationalen Symposiums "Ingenieurpädagogik 2000". Alsbach (Leuchtturm) 2000. S. 55-60.

Roth, Heinrich: Erziehungswissenschaft, Erziehungsfeld und Lehrerbildung. Hannover (Schroedel) 1967.

Wallrabenstein, Wulf: Offene Schule - Offener Unterricht. Ratgeber für Eltern und Lehrer. Reinbek (Rowohlt) 1991.

Arbeitswelt im 21. Jahrhundert

Marc Wiehn

Um einen Einblick zu gewinnen, wie die arbeitende Bevölkerung dieses neuen Jahrhunderts in zehn oder zwanzig Jahren aussehen wird, lassen Sie uns einen Blick in die unmittelbare Vergangenheit werfen. Dort haben die heutigen Tendenzen begonnen. Der gleichen Logik folgend ist es ebenso wichtig, einen Blick auf das zu werfen, was heute aktuell ist, um zu verstehen und mit einer gewissen Genauigkeit den Umfang und Aufbau der arbeitenden Bevölkerung vorherzusagen.

Wenn man über demographische Entwicklung spricht, dann taucht ein Begriff immer wieder auf; der eine Faktor, der die Entwicklung dieses Landes (in diesem Fall der USA) in den letzten dreißig Jahren geformt hat, ist die geburtenstarke Generation, die man die Babyboomer (Nachkriegsgeneration) nennt. Die offizielle Definition für die Babyboomgeneration ist, dass man zwischen den Jahren 1946 und 1964 geboren ist. In diesem Zeitraum wurden rund 76 Millionen Kinder geboren, mehr als jemals zuvor oder danach. Diese Generation hatte, aufgrund ihrer zahlenmäßigen Stärke, bedeutenden Einfluß auf die Wirtschaft, das Bildungssystem sowie die meisten anderen Bereiche des amerikanischen öffentlichen Lebens. Sie beeinflußt auch heute noch die Gesamtbevölkerung, einfach weil die Babyboomergeneration in der Alterspyramide nach oben wandert. Die ersten Babyboomer werden offiziell im Jahre 2011 in den Ruhe-

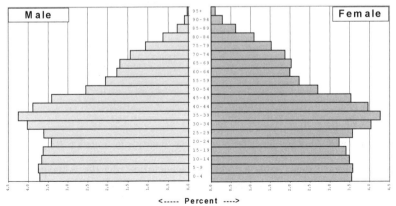

Abb. 1: Alterspyramide der Vereinigten Staaten von Amerika 1996

stand gehen, und in den folgenden Jahren in immer größeren Zahlen sich zur Ruhe setzen. Ein Blick auf die Alterspyramide für die Vereinigten Staaten zeigt, daß sich die größte Zahl der Babyboomer altersmäßig in den Mitvierzigern befindet.

Von weiterem Interesse in der Graphik ist die Tatsache, daß die den Babyboomern direkt folgende Generation zahlenmäßig bedeutend schwächer ist als ihr Vorgänger. Diese Generation, Generation X genannt, ist diejenige, die wir scherzend als die zahlenmäßig nicht Erscheinende bezeichnen. Ihr wiederum folgt die zahlenmäßig etwas stärkere Generation Y, oder auch Echogeneration genannt. Sie sind im wesentlichen die Kinder der Babyboomgeneration. Echogeneration deshalb, weil sie zwar die starke Anzahl ihrer Elterngeneration wiederspiegeln, aber diese nicht ganz erreichen. Ein Resultat der gesunkenen Geburtenrate, einem Trend zu kleineren Familien und der Tatsache, daß mehr Frauen im Arbeitsleben aktiv sind und deshalb kleinere Familien bevorzugen.

Wenn wir uns nun in die Zukunft also in das Jahr 2020 bewegen, dann sehen wir auch anhand der Graphik, daß die Babyboomer in die Altersgruppen der 55 bis 60-jährigen vorgerückt sind. Die Alterspyramide verliert immer mehr ihre ursprüngliche pyramidiale Form, sie wird kopflastig.

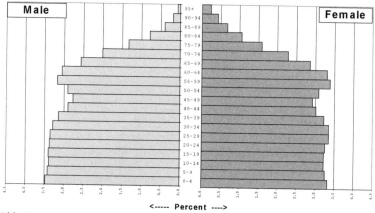

Abb. 2: Erwartete Alterspyramide der Vereinigten Staaten von Amerika 2020

Dieses Phänomen einer starken Nachkriegsgeneration, die die Alterspyramide auf den Kopf stellt, wird im wesentlichen von allen Industrienationen geteilt. Es kann in Details von Land zu Land variieren, aber die Grundtendenzen sind im wesentlichen bei allen Industrienationen weltweit gleich.

Wenn wir zum Beispiel mit der Europäischen Union einen Vergleich anstellen, so sehen wir eine ähnliche Situation sich entwickeln. Eine Vorhersage für das Jahr 2020 zeigt, daß sich die Situation für die EU bedeutend schwieriger darstellt als für die USA.

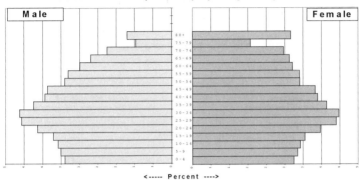

Abb. 3: Alterspyramide Europas 1995

Die Situation für die EU in zwanzig Jahren:

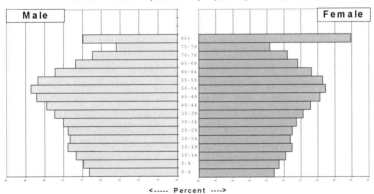

Abb. 4: Erwartete Alterspyramide für Europa 2020

Ein wesentlicher Unterschied zu den Vereinigten Staaten besteht in den begrenzten Einwanderungszahlen in der EU. In den Vereinigten Staaten stellen die Einwanderer den wesentlichsten Anteil am Bevölkerungswachstum, zum einen durch direkte Einwanderung, zum anderen durch eine wesentlich höhere

Geburtenrate als die restliche Bevölkerung zeigt. Des weiteren ist eine Mehrzahl der Einwanderer in den USA relativ jung. Aufgrund dieser Tatsachen können die Vereinigten Staaten das langsame Altern ihrer Bevölkerung kompensie-
ren.

Nachdem wir bis jetzt viel über Bevölkerungsalterspyramiden gesprochen haben, möchte ich Ihnen kurz an einem Beispiel zeigen, warum dieses Gebilde Py-
ramide genannt wird. Wenn wir uns den Altersaufbau einer Entwicklungsnation
wie Brasilien anschauen, so wird die ausgeprägte Pyramidenform deutlich. Brasilien ist ein Beispiel dafür, wie jede Nation in dieser Welt vor dem Industrie-
zeitalter ausgesehen hat.

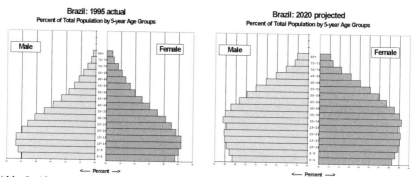

Abb. 5: Alterspyramiden Brasiliens

Was bedeutet nun das Vorrücken der Babyboomgeneration ins Ruhestandsalter
und der zahlenmäßige Rückstand der nachfolgenden Generationen X und Y bezüglich der Lücken, die die Babyboomer hinterlassen? Es bedeutet, daß wir in
Zukunft mit extrem wenig Arbeitssuchenden zu rechnen haben. Und dies für
eine lange Zeit. Warum? Ein Faktor ist der Rückgang des Bevölkerungs-
wachstums von 9% in der Dekade 1990 bis 2000 auf nur noch 4% im kommenden Jahrzehnt. Dieser Trend ist konstant seit den fünfziger Jahren. Auf der anderen Seite hat das Vorrücken der Babyboomer in den Arbeitsmarkt zusammen
mit einer expandierenden Wirtschaft zu einem erhöhten Bedarf an Arbeitskräften geführt, mit dem das Bevölkerungswachstum nicht mithalten konnte. Solch
ein Trend läßt sich nicht auf Dauer durchhalten. Es gibt Wege, wie man die Zahl
der Arbeitssuchenden vergrößern kann, aber auch diese Ressourcen sind end-
lich. Wir werden auf diesen Punkt später zurückkommen.

Ein anderes deutliches Zeichen für die Veränderungen, die sich vor uns abspielen ist das Arbeiter-zu-Rentner-Verhältnis. Es drückt das Verhältnis zwischen

der Anzahl der Bevölkerung im arbeitsfähigen Alter zur Zahl der Menschen, die älter als 65 Jahre sind, aus.

In den Vereinigten Staaten lag dieses Verhältnis für lange Zeit bei etwa 4,5, was bedeutet, daß für einen Menschen im Ruhestand 4,5 -statistisch gesprochen- im arbeitsfähigen Alter sind. Dieses Verhältnis wird stark abnehmen.

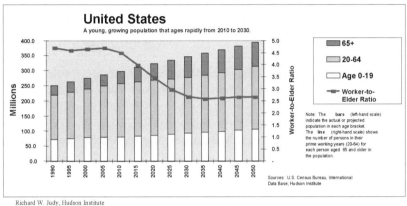

Richard W. Judy, Hudson Institute
email: dickjudy@hudson.org

Abb. 6: Verhältnis der arbeitsfähigen Bevölkerung zu der im Ruhestand befindlichen

Basierend auf Prognosen, die wir im Hudson Institut vorgenommen haben, erwarten wir, daß sich der Wert bei etwa 2,5 einpendelt.

Vergleicht man diesen Wert mit der EU, so wird deutlich, daß der Abfall hier weitaus starker ausfallen wird, wie früher schon angedeutet. Die Europäische Union wird von ihrem jetzigen Wert von 3,6 auf etwa 1,6 im Jahr 2050 abfallen. Wir erwarten, daß sich dieser Wert stabilisiert, wenn man von einem überraschungsfreien Szenario ausgeht.

Für Deutschland im besonderen sieht die Lage ähnlich zu der der USA aus, nämlich, daß das Verhältnis vom derzeitigen Wert von 4,5 auf etwa 2,0 im Jahre 2040 abfällt, bei welchem es sich dann stabilisieren wird. Diese kleiner werdenden Verhältnisse ziehen enorme Konsequenzen für die Gesellschaft nach sich. Die Probleme, die durch diese Tatsachen auf das Rentensystem und Gesundheitssystem zukommen, können zu einer schweren Belastung für die Gesellschaft führen.

In dieser Situation stellt sich die Frage, wie man mit dem zu erwartenden Arbeitskräftemangel in der Zukunft umgehen soll. Wie können wir unsere Wirtschaft, die Grundlage so vieler sozialer Vorzüge, expandieren lassen, während uns gleichzeitig weniger Arbeitskräfte zur Verfügung stehen? Vier Optionen können herangezogen werden:

Die erste ist, die Anzahl der arbeitenden Bevölkerung durch verstärkte Anwerbung zu erhöhen, welches in der Vergangenheit der übliche Weg war, um leere Stellen zu füllen.

Weiterhin besteht die Möglichkeit, die Verweildauer in einer Stelle zu vergrößern. In Anbetracht eines enger werdenden Arbeitnehmermarktes in den Vereinigten Staaten beginnen Unternehmen den Schwerpunkt ihrer Anstrengungen in diesen Bereich mit manchmal innovativen und kreativen Angeboten zu verlagern.

Die zweite Option mit dem Mangel an Mitarbeitern umzugehen besteht darin, die Arbeitnehmer qualitativ zu verbessern, durch Aus- und Weiterbildungsmaßnahmen.

Die dritte Option besteht darin, die Produktivität der Arbeiter durch verschiedene organisatorische, motivierende Maßnahmen oder technische Verbesserungen zu erhöhen.

Die vierte Option schließlich besteht darin, die Arbeit, für die man keine geeigneten Arbeitskräfte einstellen kann, auszulagern. Wir erleben diesen Trend gerade in den Vereinigten Staaten, wo viele Unternehmen alles Mögliche auslagern und zwar von der Buchhaltung und der Personalwirtschaft bis zu Herstellung und Auslieferung.

Soweit war das lediglich die rein quantitative Seite der Medaille. Schauen wir uns jetzt einmal an, was Unternehmer eigentlich idealerweise von zukünftigen Angestellten erwarten. Was erwarten heute Unternehmer ferner von Hochschulabsolventen, was diese als Qualifikation in die Unternehmen einbringen können?

Eine Studie hat gezeigt, daß Unternehmer quer durch alle Bereiche nach hoch qualifizierten, gut ausgebildeten Bewerbern Ausschau halten, die unabhängig und flexibel sind und Initiative zeigen. Sie sollten technisch versiert sein, und in der Lage sein, mehrere Projekte gleichzeitig zu bewältigen.

Doch wie sieht die Realität aus? Aus einer Studie aus dem Jahre 1997 geht hervor, daß viele Angestellte nicht an das Ideal der Unternehmer heranreichen. Mehr als die Hälfte hatte Probleme damit, was man als normale Arbeitsmoral bezeichnen muß: Pünktlichkeit, Anwesenheit, unentschuldigte Abwesenheit. Rund die Hälfte aller Arbeitnehmer hatte Probleme mit einfachem Lesen, Schreiben und Rechnen. Ungefähr die Hälfte aller Befragten waren nicht in der Lage, Diagramme zu verstehen oder Anweisungen zu lesen. Der Grund für dieses katastrophale Abschneiden liegt zum Teil in der Tatsache begründet, daß eine florierende Wirtschaft den Arbeitnehmermarkt von ausgebildeten und erfahrenen Arbeitnehmern leergefegt hat. Andererseits haben mehrere Studien in den letzten Jahren konstant gezeigt, daß das Ausbildungssystem in den Vereinigten Staaten versagt hat, wenn es um die Produktion von solide ausgebildeten Kandidaten geht.

Die Prognosen des „Bureau of Labor Statistics" in den Vereinigten Staaten zeigen, daß der Bereich des stärksten Beschäftigungszuwachses eindeutig in der Computer- und Softwarebranche zu finden ist, gefolgt von Serviceleistungen im Gesundheitswesen und allgemeinen Serviceleistungen. Betrachtet man die Unterschiede in der Rangfolge zwischen den beiden Bereichen, so werden die Dimensionsunterschiede zwischen beiden Bereichen deutlich. Es zeigt, daß der Schwerpunkt der Beschäftigung in der Zukunft eindeutig im technischen Bereich zu finden ist.

Von weiterem Interesse sind die unterschiedlichen Einkommenszuwächse in den letzten zehn Jahren. Die größten Einkommenszuwächse wurden in den Bereichen mit höheren Bildungsabschlüssen erzielt.

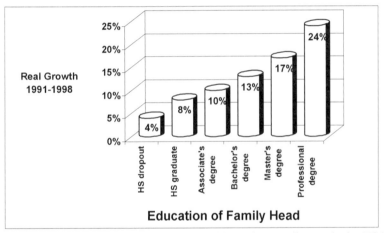

Abb. 7: Prozentuale Anteile der Bildungsabschlüsse der Bevölkerung in den USA

Lassen Sie uns zur Frage zurückkehren, warum eine technologisch ausgebildete und erfahrene Arbeitsbevölkerung wesentlich und vorteilhaft ist? Moderne Technik verlangt eine hohen Grad an Wissen. Die moderne Arbeitswelt wird fortlaufend technisch anspruchsvoller. Dies ist eine Tatsache für die sogenannten "white collar" Berufe, wie auch für Jobs im Produktions- und Konstruktionsbereich. Der Anpassungsdruck, um konkurrenzfähig zu bleiben, zwingt zum intensiven Einsatz von moderner Technik, welche wiederum besser ausgebildete Beschäftigte zum Bedienen erforderlich macht. Die Wissensanforderungen an das Bedienungspersonal steigen rapide mit technischen Neuerungen an. Dadurch steigt natürlich auch der Bedarf an technisch versierten Arbeitern. Und all dies zu einem Zeitpunkt, wo in einer florierenden Wirtschaft die Nachfrage an ausgebildeten Arbeitnehmern weit größer ist als das Angebot. Die logische Konsequenz besteht darin, sich anderenorts nach qualifizierten Arbeitern umzusehen.

Dies bringt uns zu einem weiteren Aspekt des oft gebrauchten Schlagwortes Globalisierung. Wir meinen damit nicht nur die Globalisierung von Güterproduktion und dem weltweiten Angebot von Serviceleistungen. Wir sprechen hier vom Anfang eines globalen Konkurrenzkampfes um die Besten und Intelligentesten, die am besten Ausgebildeten und am meisten Qualifizierten. Unmittelbarer Zugang zu Arbeitsmarktdaten ermöglicht es praktisch jedem, sich um einen möglicherweise besseren Arbeitsplatz überall umzusehen. Was sich hier vor unseren Augen entwickelt, ist eine neue Klasse von Arbeitern: mobil, gut ausgebildet, flexibel und in der Lage und willens, überall dort sich einzusetzen, wo sie gebraucht werden.

Aufgrund dieser Tendenzen, lassen Sie mich versuchen, meine Frage vom Anfang, wie die Arbeitswelt der Zukunft aussehen wird, zu beantworten. Sie wird sicherlich aus einer Kombination von Vollzeit-, Teilzeit- und Gleitzeitbeschäftigten bestehen, sowie einer ganzen Reihe von Zwischenstufen zwischen diesen Formen der Beschäftigung. Lassen Sie mich diesen Beitrag mit einem Zitat schließen, das aus einer Studie von McKinsey&Co aus dem Jahre 1999 stammt. Es besagt, daß die Suche nach den am besten Ausgebildeten und intelligentesten Talenten ein konstanter und teurer Kampf werden wird. Es wird ein Kampf sein ohne Gewinner. Diese zuvor dargelegten Gegebenheiten werden Unternehmen zwingen, Kreativität und Flexibilität im Umgang mit ihren besten Angestellten und Arbeitern zu entwickeln, um diese begehrte "Ressource - Humankapital" nicht an die Konkurrenz zu verlieren.

Ökonomie, Technik, Organisation: Basisqualifikationen in der globalisierten Arbeitswelt

Volker Baethge-Kinsky, Peter Kupka

Veränderte geschäftspolitische Strategien als Antwort der Unternehmen auf die Herausforderungen der 90er Jahre

In den 80er Jahren kündigte sich eine für die deutsche Wirtschaft folgenreiche Etappe ökonomischen Strukturwandels an: Eine neue Qualität der Internationalisierung von Wirtschaftsaktivitäten („Globalisierung") läßt Absatz-, Beschaffungs- und Arbeitsmärkte zusammenwachsen und entfaltet einen erheblichen Druck in Richtung sinkender Preise, hoher Verarbeitungsqualität und Termintreue sowie erhöhtem Kundennutzen von Produkten („neue Innovationsdynamik"). Für die deutsche Wirtschaft ist damit eine grundlegend veränderte Wettbewerbssituation entstanden. Diese gilt nicht nur für die deutsche Industrie, die bis in die 80er Jahre hinein eine Geschäftspolitik der „diversifizierten Qualitätsproduktion" (Streeck 1995) verfolgte, d.h. eine in ihren Grundzügen entwickelte Palette von hochpreisigen Produkten nach Kundengruppen variierte, um auf diese Weise mehr Anteile in erschlossenen Märkten zu gewinnen.

Auch die Unternehmen des Dienstleistungssektors (Handel, Finanzdienstleistungen), die bis dato dem internationalen Wettbewerb weniger ausgeliefert waren und über neue Service-Formen versuchten, weitere Kundengruppen zu erschließen, stießen an die Grenzen dieser Strategie. Immer deutlicher wurde, daß „hohe Produktqualität zu hohen Preisen" kein angemessenes geschäftspolitisches Konzept mehr abgab, sondern dass die schnelle Entwicklung neuer Produkte, eine kostengünstigere Produktion sowie ein verbesserter Kundenservice über Erfolg und Mißerfolg entschied. Einzelne Branchen zeigen dies deutlich.

Unsere jüngeren Untersuchungen in Industrie und Dienstleistungsbereichen verweisen auf Korrekturen der geschäftspolitischen Strategien in den 90er Jahren:

In der Metall- und Elektroindustrie etwa sind die Unternehmen bestrebt, neue Kundenbedürfnisse zu befriedigen, die sich auf technologische Leistungsmerkmale (Funktionalität, Ausstattung, Verarbeitung), auf zusätzliche Dienstleistungen (Beratung, Kundendienst) und auf das Preisniveau der Produkte richten (Baethge/Baethge-Kinsky/Kupka 1998). Von daher rücken

- schnelle Entwicklung und Produktion neuer oder modifizierter Produkte,
- höhere Liefertreue und kurze Lieferfristen,
- die Verbesserung von Verkaufsberatung und technischem Service

- die Erarbeitung von Finanzierungsangeboten sowie
- Produktangebote für Hoch- wie Niedrigpreissegmente in den Vordergrund.

Eine ähnliche Entwicklung beobachten wir im Dienstleistungssektor: Finanz-
dienstleister und Handel forcieren die Präsenz auf internationalen Märkten,
bringen in immer kürzerer Zeit neue, auf spezifische Kundengruppen zugeschnittene Produkte - vor allem im Kreditgewerbe - auf den Markt und dehnen
ihre Beratungsangebote und Serviceleistungen aus. Gleichzeitig jedoch versuchen sie, durch verstärkte Selektion von Kundengruppen und standardisierte
Leistungsangebote (forcierte Selbstbedienung, „direct banking", Automatisierung von Dienstleistungsangeboten) eine größere Spannbreite an Marksegmen-
ten zu bedienen und verbinden insbesondere im „Massenkundengeschäft"
preiswerte Angebote mit einer deutlichen Senkung der Betreuungsintensität
(Baethge 2001).

Das Pendant zu dieser Entwicklung bildet nach unseren Befunden der Versuch,
mit der funktions- und berufsbezogenen Organisationslogik zu brechen. Diese
hatte bis in die 80er Jahre hinein die Ordnung der Betriebs- und Arbeitsorganisation in den Mittel- und Großbetrieben des Industrie- und Dienstleistungssektors mit großem Erfolg bestimmt (Vgl. Übersicht 1). Jetzt zeigt sich, daß die un-
bestrittenen Stärken dieses Paradigmas (optimale Auslastung „knapper" Kom-
petenzressourcen, Vereinheitlichung fachlicher und funktionaler Standards, Lei-
stungssteigerung über Perfektionierung der Arbeitstechnik, Verfeinerung der
Abläufe und inkrementelle Produktverbesserung) sich nur unter bestimmten Bedingungen erfolgreich ausspielen lassen. Zu ihnen gehören vergleichsweise stabile Märkte, langlebige Produkte und Produktionsverfahren sowie eine eher ge-
mächliche Innovationsdynamik, die mehr von den Betrieben als durch Markt-
prozesse kontrolliert und gesteuert wird.

Diese Bedingungen sind jedoch in den 90er Jahren immer weniger gegeben, was
die Suche nach organisatorischen Lösungen befördert, die den Innovations- wie
den Produktionsprozeß beschleunigen und verstetigen und zugleich ein Mini-
mum an Kosten und ein Maximum an Erträgen gewährleisten. Die sich abzeich-
nenden vorläufigen Resultate dieser Suche lassen sich als Konzept der Prozeßorientierung in der Betriebs- und Arbeitsorganisation (Baethge/Baethge-Kinsky
1998) fassen.

Prozeßorientierte Betriebs- und Arbeitsorganisation als neues Paradigma

Das Besondere der prozeßorientierten Gestaltung der Betriebs- und Arbeitsorganisation besteht in der deutlichen Öffnung des Betriebes nach außen und nach
innen und in einer zwischen Hierarchie und Markt angesiedelten Steuerung der
Abläufe und Austauschbeziehungen (Vermarktlichung). Die vom Betrieb insge-

samt, von seinen Abteilungen und von den unterschiedlichen Belegschaftsmit-
gliedern erbrachten Leistungen werden ökonomisch evaluiert. Dabei werden
Unternehmens- und funktionale Abteilungsgrenzen in Frage gestellt, aufgelöst
oder mit Unschärfen versehen. Das gleiche gilt für die beruflich-funktional definierten Arbeitsteilungsmuster und Positionen der Beschäftigten im Betrieb. In
diesem Sinne meint Prozeßorientierung, daß die bestehenden organisatorischen
und personellen Zweck-Mittel-Relationen überprüft sowie flexibel und kosten-
bewußt neu austariert werden. Bei aller Offenheit und Widersprüchlichkeit im
einzelnen lassen sich nach den von uns erhobenen Befunden folgende Entwicklungslinien einer prozeßorientierten Gestaltung in der Betriebs- und Arbeitsorganisation ausmachen (vgl. Übersicht 1):

• Übergang von einem stabilen und vertikal hochintegrierten Produkt- und Leistungsprofil (hohe Fertigungs- bzw. Dienstleistungstiefe) zu einem dynami-
  sierten Leistungsprofil: Betriebe bestimmen heute ihr aktuelles Leistungsprofil weniger durch konkret funktional oder stofflich fixierte „Kernkompetenzen" als vielmehr durch ergebnisbezogene Steuerungsparameter (Kosten,
  Qualität, Durchlaufzeiten etc.). Unter dieser Perspektive werden auch bislang
  als besondere betriebliche Kompetenzen gehandelte Aufgaben (Forschung
  und Entwicklung, Aus- und Weiterbildung, technische Planung, Instandhaltung und Betriebsmittelbau) zur Disposition gestellt.

• Auflösung einer nach dem Fachabteilungsprinzip konstruierten Aufbauorga-
  nisation (Stabsabteilungen/Linie) in multi-funktionale Einheiten (Dezentralisierung): Um die Unternehmensleistung in allen Bereichen und auf allen Stufen des Wertschöpfungsprozesses zu verbessern und um strategisch irrele-
  vante Teilprozesse identifizieren und aussondern zu können, werden entlang
  der Logik von Geschäftsprozessen ökonomisch verantwortliche Teileinheiten
  (Profit-, Cost- oder Competence-Center) aufgebaut und ihnen die erforderlichen Funktionen zugeordnet.

• Abkehr vom nach berufstypischen Qualifikationen geschnittenen Muster der
  Arbeitsteilung, das spezifische Einsatzfelder und Aufgabenzuschnitte für jede
  Berufsgruppe vorsah, zugunsten einer kunden- bzw. prozeßbezogenen Arbeitsteilung: Die Unternehmen erweitern die bisherigen Kernaufgaben der
  jeweiligen Beschäftigtengruppen um berufs- und funktionsfremde Tätigkeit-
  selemente und verlangen von ihren Mitarbeitern die Orientierung auf neue,
  unter Umständen unvertraute Räume oder Einheiten und soziale Umfelder.
  Dies geschieht über „Gruppenarbeit", durch flexibel gehandhabte Verset-
  zungen in andere Bereiche, durch Einsatz in befristeten „Projekten" oder im
  Rahmen betrieblicher Verbesserungsaktivitäten (Optimierungsworkshops).

• Aufweichung des Kooperationsmusters von Über- und Unterordnung (entlang vertikal gestaffelter Befugnisse - Prinzip „Dienstweg") durch Stärkung
  querfunktionaler Kooperation von Beschäftigten auf der gleichen Hierarchie-

stufe bzw. über Hierarchieebenen hinweg: Beschäftigte unterschiedlicher Abteilungen und Ausbildung, unterschiedlichen Geschlechts und Tätigkeitsschwerpunkten arbeiten zunehmend in verschiedenen Kooperationsformen („Team"-, „Gruppen"- und „Projektarbeit") zusammen.

• Die alte Statusorganisation mit ihren ausgeprägten Anweisungs-Hierarchien und Differenzierungen von Gratifikationen wird partiell dehierarchisiert: Die Betriebe bauen hierarchische Stufen ab („Abflachung") oder verringern den hierarchischen Gehalt von Führungspositionen durch Neudefinition der jeweiligen Stellen. Des weiteren wird die Spannweite materieller und immaterieller Privilegien verringert; man mischt stärker belastende und weniger belastende Aufgaben, macht betriebliche Entgeltstrukturen durchlässiger (nach oben und nach unten!) und öffnet die Zugänge zur Weiterbildung. Schließlich richtet man die Gratifikationssysteme insgesamt einheitlicher an Qualitäts-, Kosten- und Innovationskriterien aus; dies spiegelt sich wider in der Einführung ziel- bzw. ergebnisorientierter Lohn-Leistungssysteme.

• Das am „Normalarbeitstag" ausgerichtete, relativ starre Arbeitszeitregime wird flexibilisiert: Durch Einführung von Jahres-, Monats- und Wochenarbeitszeitmodellen, die Einrichtung von Zeitkonten, die allgemeine Einführung von Gleitzeit oder eine bereichsbezogene Festlegung von Kernzeiten (in denen zumindest ein Mitarbeiter dieses Bereichs ständig ansprechbar sein muß) stellen die Betriebe sicher, daß Kunden durchgehend kompetente Ansprechpartner vorfinden und daß eingegangene Aufträge umgehend bearbeitet werden.

Die Vorzüge des neuen Organisationsmodells liegen aus Sicht der Betriebe in der deutlichen Erhöhung der Innovationsfähigkeit und Reaktionsgeschwindigkeit, welche durch die bessere Erschließung der vorhandenen Wissenspotentiale, die Enthierarchisierung von Kooperationsprozessen und den Abbau gravierender Statusunterschiede ermöglicht wird. Auch wenn wir heute nicht schon von einer fugenlosen Umgestaltung in dieser Richtung ausgehen können (vgl. Kuhlmann 2001), beobachten wir Prozesse des Out- und Insourcing, der Dezentralisierung, der Aufgabenintegration, der querfunktionalen Kooperation sowie der Angleichung von Statusdifferenzen überall in Metall-, Elektro- und Chemischer Industrie oder in den Dienstleistungsbranchen. Doch ebenso stellen wir Gegenbewegungen fest: der Aufbau neuer betrieblicher Kapazitäten für vormals schon an fremde Unternehmen vergebene Aufgaben oder die Rücknahme ambitionierter Integrationskonzepte in der Industrie sind Beispiele dafür. Solche Gegenbewegungen deuten in unseren Augen darauf hin, daß es den Betrieben auf der Steuerungsebene um die grundsätzliche Option auf ein erhöhtes Maß an organisatorischer Flexibilität geht, mit der sie der Verfassung der jeweiligen Märkte, den spezifischen Kundenbeziehungen oder den stofflichen, technischen sowie organisatorischen Bedingungen besser gerecht werden können.

Die Veränderung von Berufssituation und Anforderungsprofilen auf der mittleren Qualifikationsebene

Das prozeßorientierte Organisationsmodell scheint auf den ersten Blick die Nachfrage nach Fachkräften auf dem mittleren Qualifikationslevel zu steigern, die traditionell im Rahmen des dualen Systems ausgebildet werden. Der erweiterte Zugriff auf das Arbeitsvermögen von Arbeitskräften signalisiert vordergründig eine Weiterentwicklung des Qualifikationsbedarfs in Richtung von Anforderungsprofilen, die in der Vergangenheit durch Fachkräfte abgedeckt wurden. Diese Annahme aber ist - wie wir im folgenden zeigen werden - problematisch (Baethge-Kinsky/Kupka 2001). Mit dem Übergang zur einer prozeßorientierten Betriebs- und Arbeitsorganisation verändern sich die Aufgaben- und Anforderungsprofile sowie die Arbeitsbedingungen von Fachkräften erheblich (Vgl. Übersicht 2):

Im Vergleich zu früher ist eine deutliche Auflösung der „beruflichen" Arbeitssituation von Fachkräften zu beobachten, die gleichermaßen den inhaltlichen Zuschnitt der Aufgabe, den räumlich-sozialen Aktionsradius sowie die zeitliche Strukturierung der Arbeit betrifft. Auch wenn sich diese Auflösungserscheinungen nicht für alle Fachkräfte gleichermaßen und in denselben konkreten Ausprägungen vollziehen, sind sie doch in ihrer grundlegenden Tendenz unverkennbar:

• Zur nach wie vor definierten Hauptaufgabe (z.B. Instandhaltung in der Industrie oder - im Bankengewerbe - Kreditsachbearbeitung) tritt die Erledigung „offener" Aufgabenstellungen, d.h. das Lösen von Kunden-, Produkt- oder Prozeßproblemen, die z.T. selbst aufgespürt werden müssen und bei denen Ursachen wie auch Möglichkeiten ihrer Behebung nicht einfach auf der Hand liegen. Die Offenheit dieser Aufgabe liegt nicht zuletzt darin, dass bei der Beratung von Kunden oder dem Lösen technischer Probleme das bisherige berufliche Handlungsrepertoire nicht mehr ausreicht, sondern dass - beispielsweise bei avancierten Formen von „Gruppenarbeit" in der Produktion - weitere Gesichtspunkte wie z.B. ökonomische, organisatorische und soziale Zusammenhänge bedacht werden müssen: Manche Lösung rechnet sich für den jeweiligen Bereich, verursacht aber anderen Orts im Betrieb erhebliche Mehrkosten. Oder eine auf den ersten Blick ansprechende Lösung für die eigene Aufgabe würde die Arbeitsbelastungen der Kollegen erheblich verschärfen.

• Der räumliche Aktionsradius der Fachkräfte ist deutlich erweitert. Der Wechsel von Einsatzorten (im Betrieb), das Agieren in integrierten Prozessen (z.B. Herstellung von Gütern und gleichzeitigen Dienstleistungen wie Kundenservice) und die Einbindung in übergreifende Projekte (Innovationsprojekte) ist an der Tagesordnung und führt zu einer Intensivierung arbeitsbezogener Kontakte mit unbekannten Kunden und mit Beschäftigten aus anderen Betrieben, Bereichen, Berufen oder Statusgruppen (Techniker, Ingenieure, Kaufleute, Un- und Angelernte).

- Schließlich können die Fachkräfte den zeitlichen Aufwand und die zeitliche Abfolge in der Bewältigung von Leistungspensen immer weniger kalkulieren. Dies liegt zum einen an der hohen Geschwindigkeit, in der neue Produkte und Verfahren entwickelt oder modifiziert werden, was mit neuen Aufgaben (vertraut machen mit dem Produkt, seiner Funktionsweise oder Herstellung) und mit unbekanntem Zeitaufwand verbunden ist. Zum anderen liegt dies an zeitlich verdichteten Prozessen, welche die Abwicklung von Aufgaben eng an betrieblich zugesagte Termine bindet. Dies gilt für die Kundenberater einer Bank ebenso wie für einen Inbetriebnehmer im Maschinenbau, in schärferer Form sicherlich für den Facharbeiter in der industriellen Großserienproduktion mit ihren hochgradig verdichteten Abläufen.

Die Entgrenzungserscheinungen in der betrieblichen Arbeitssituation haben für das Anforderungsprofil von Fachkräften beträchtliche Konsequenzen:

- Anderer Typus von Erfahrung: Erfahrung im Sinne eines Kanons erprobter Handlungsvollzüge für die Durchführung konkreter Aufgabenstellungen bleibt auch weiterhin vonnöten. Aber der Typus von Erfahrung ändert seinen Charakter. Die technischen, material- und verfahrensbezogenen Erfahrungen treten zurück. Dafür tritt im Zusammenhang kooperativer Arbeit und Problemlösungsbestrebungen eine andere Form der Erfahrung in den Vordergrund, die sich auf Kundenwünsche, wiederkehrende Probleme in technischen und organisatorischen Abläufen sowie die Sichtweisen von Kollegen bezieht.
- Fachliche Entdifferenzierung: Immer mehr Fachkräfte arbeiten in integrierten Prozessen, in denen sie entweder Doppelfunktionen (z.B. Herstellung von Gütern und gleichzeitigen Dienstleistungen wie Kundenservice) übernehmen oder aber - im Rahmen von Innovationsaktivitäten - diese Aufgaben unter unterschiedlichen Aspekten (technische, ökonomische, soziale etc.) betreiben müssen. Dies bedeutet nicht, dass fachliche Kerne im Anforderungsprofil verschwinden, aber sie werden im Arbeitsprozeß in ein breites Spektrum technischer, kaufmännischer und sozio-kultureller Qualifikationen integriert.
- Ausgeprägte Bedeutung von Reflektions- und Wissensqualifikationen: die Integration in interfakultative Teams mit gemeinsamer Aufgabenstellung, der Wechsel zwischen Einsatzfeldern mit unterschiedlichen fachlichen Aufgaben und kulturellen Gegebenheiten (In- und Ausland) wie auch die Unbestimmtheit des Gegenstands von Innovationsaktivitäten machen in beträchtlichem Ausmaß sozial-kommunikative Fähigkeiten, Abstraktions- und motivationale

Qualifikationen erforderlich: Bei den sozial-kommunikativen Fähigkeiten geht es vor allem um Argumentationsfähigkeit und Überzeugungskraft im Umgang mit Kunden und Kollegen, die andere berufliche Sozialisationsprozesse durchlaufen haben und entsprechende Verhaltensdispositionen und -muster aufweisen (z.B. Akademiker, Ungelernte). Bei den Anforderungen an Abstraktionsfähigkeit geht es um Analyse- und Interpretationsvermögen und theoretisches und methodisches Wissen, das die Aneignung neuen Wissens in verschiedenen Gebieten gestattet (Methodenkompetenz). Bei den motivationalen Anforderungen wiederum geht es um Lern- und Experimentiermotivation (Offenheit gegenüber Neuem) und um ausgeprägte Fähigkeiten des individuellen und gruppenbezogenen Arbeitsmanagements (Selbstorganisation unter zeitkritischen Bedingungen).

Die Entwicklung auf der Anforderungsseite bedeutet dabei keineswegs eine eindeutige Verbesserung der Arbeitsbedingungen von Fachkräften gegenüber der Vergangenheit: Die alte Arbeitsplatzsicherheit, die in der fachspezifischen Zuordnung von Arbeitsplätzen lag, ist infolge des flexibleren Einsatzes nicht mehr gegeben. Auch die Leistungsbedingungen changieren heute je nach dem betrieblichen Einsatzfeld der Fachkräfte. In manchen Bereichen bzw. Abteilungen müssen Fachkräfte ein außerordentlich straffes Leistungspensum bewältigen (z.B. im Rahmen von Gruppenarbeit in der Produktion), in anderen wiederum (z.B. in verkleinerten, dezentralisierten Fachabteilungen) bleiben die Leistungsvorgaben eher kompromisshaft. Schließlich haben sich auch die Möglichkeiten der Qualifikationsentwicklung im Arbeitsprozeß verändert: Heute erfolgt diese in einem offen definierten, relativ weiten beruflichen Rahmen und ist von großer inhaltlicher Heterogenität geprägt - je nach Aufgabenstellung und Kooperationspartnern.

Darüber hinaus werden auch die Beschäftigungsbedingungen insgesamt nicht automatisch besser: Die Erwerbschancen sind labiler geworden, wie sich an der Zunahme flexibilisierter Beschäftigungsverhältnisse, die Formen atypischer, prekärer und instabiler Beschäftigung einschließen, ablesen läßt: Steigerung von Leiharbeit, Befristung von Arbeitsverträgen in Industrie und Dienstleistungssektor und insbesondere eine erhebliche Ausdehnung von 630-DM-Verträgen im Handel. Auch in die Arbeitseinsatzstandards ist Bewegung gekommen: Beispielsweise senken viele Industriebetriebe die Eingruppierung für junge Facharbeiter ab und setzen sie in Arbeitsprozessen ein, in denen sowohl anspruchsvolle als auch hochroutinisierte, mitunter monotone Arbeitssequenzen anfallen. Aufgrund der zeitlichen Verdichtung treten Probleme für die Betroffenen hinzu, ihre Qualifikation zumindest zu erhalten. Die andere Seite bildet die Öffnung der Standards nach oben in Gestalt von zugestandenen inhaltlichen und zeitlichen Dispositionschancen sowie Zugängen zu Qualifizierungsangeboten, die bislang höheren betrieblichen Statusgruppen vorbehalten waren.

Schließlich wird auch die berufliche Entwicklungsperspektive (vgl. Kupka 2001) der Fachkräfte diffuser: Reservierte Einsatzfelder für jeweils bestimmte Berufsgruppen werden seltener, traditionelle Aufstiegspositionen (z.b. Meister, Techniker) reduziert und die verbliebenen Positionen - wenn überhaupt - häufig mit Fachkräften besetzt, die sich durch individuelles Engagement in betrieblichen Innovationsprozessen und selbstfinanzierte Qualifizierung ausgezeichnet haben. Zudem kann sich - quasi von heute auf morgen - eine angestrebte betriebliche Karriere als Sackgasse erweisen, wenn die eigene Abteilung komplett aus dem Unternehmen ausgegliedert wird.

Diese Entwicklung der sozialen Situation von Fachkräften verweist darauf, dass die Bewältigung erwerbsbiographischer Unsicherheiten ein Problem darstellt, welches verstärkt arbeitsmarktbezogene Kompetenzen erforderlich macht.

Das neue betriebliche Kompetenzmanagement:
Entwicklungslinien und offene Fragen

Ein betriebliches Kompetenzkonzept, das vorzugsweise auf Fachkräfte setzte, die eine hochwertige duale Ausbildung im eigenen Haus absolviert hatten und auf dieser Grundlage ihrer späteren Arbeit nachgingen, spielte eine zentrale Rolle für die Bewältigung der Anforderungen im mittleren Qualifikationsbereich. Das entsprechende soziale, organisatorische und curriculare Muster von Rekrutierung, Aus- und Weiterbildung sah - bei allen Modifikationen im Verlauf der vergangenen Jahrzehnte -folgendermaßen aus:

• Man schloß Ausbildungsverträge mit lern- und belastungsfähigen Jugendlichen ab, die den Nachweis ihrer Befähigung in aller Regel durch den Abschluß der Haupt-, teilweise der Realschule nachwiesen;
• Die Ausbildung erfolgte im jeweiligen fachbezogenen Rahmen arbeitsintegrierter Lernprozesse - mit ergänzender theoretischer Unterweisung in Berufsschule und Lehrwerkstatt;
• Anschließend erfolgte der Übergang in die Arbeit, die im wesentlichen unter Rückgriff auf die einmal erworbenen und im Arbeitsprozeß erweiterten Qualifikationen bewältigt wurde. Weiterbildung spielte bei diesen Fachkräften keine größere Rolle, sieht man von einzelnen ad hoc-Qualifizierungsmaßnahmen ab, die vor allem im Zusammenhang der Einführung grundlegend neuer technischer Arbeitsmittel (Computer, computergesteuerte Maschinen) anfielen.

Seit geraumer Zeit beobachten wir nun erhebliche Veränderungen im betrieblichen Kompetenzmanagement, die als Antwort auf die arbeits- und beschäftigungsstrukturell bedingten Anforderungen und Probleme ihrer Bewältigung zu sehen sind. Sehen wir einmal von den Betrieben ab, die ihr Ausbildungsengagement ausschließlich aus Kostenerwägungen heraus reduzieren oder dieses gar nicht erst beginnen, so lassen sich drei Schwerpunkte eines veränderten Umgangs mit Ausbildung ausmachen:

- Der erste Punkt liegt in der Rekrutierung: Für die besonders anspruchsvollen, insbesondere für die qualifizierten kaufmännischen, technischen sowie für die neu entwickelten Ausbildungsberufe im IT-Bereich rekrutiert man in hohem Maße Abiturienten. Der Grund dafür liegt zum einen in der Unsicherheit darüber, ob formal geringer vorgebildete Schulabsolventen überhaupt diese Ausbildungsgänge absolvieren können - in diesem Zusammenhang erfolgt der Hinweis auf den hohen Theoriegehalt und die Breite der Ausbildung. Zudem werden immer häufiger Abiturienten für „duale Studiengänge" rekrutiert, die in Kooperation mit anderen Betrieben und öffentlichen Bildungseinrichtungen (Fachhochschulen, Hochschulen) entwickelt wurden. Auch hier erfolgt die Begründung zweigleisig: Man vermutet bei Abiturienten eher die sozialisatorischen Voraussetzungen für flexible Anpassung und Selbstorganisation und will ihnen zugleich verläßliche Entwicklungsperspektiven oberhalb der typischen Einsatzfelder für Fachkräfte bieten.

- Der zweite Punkt hebt auf eher ausbildungssystematische Veränderungen ab: Wir stellen insbesondere in der Industrie eine deutliche Entdifferenzierung des angebotenen Berufespektrums   fest: Die Zahl der Ausbildungsberufe wird reduziert und immer häufiger der Wechsel auf breit angelegte Ausbildungsberufe („Basisberufe") vollzogen. Innerhalb der Ausbildung erfolgt eine starke Konzentration der Ausbildungsinhalte, um Raum und Zeit für Spezialisierungen zu gewinnen, die für das spätere Einsatzfeld vonnöten sind. Die Begründungen für diesen Schritt lauten unisono: Der Zuschnitt vieler in den 80er Jahren modernisierter Ausbildungsberufe hätten sich mit Blick auf die später von den Absolventen geforderte Einsatzflexibilität als viel zu schmal erwiesen.

- Der dritte Punkt geht auf Veränderungen in der Ausbildungsdurchführung: Immer häufiger erhöhen Industriebetriebe die praxisnahen und/oder arbeitsintegrierten Ausbildungsanteile (Stichworte: „Ausbildung an der Produktion" und „Ausbildung in der Produktion"), und die Ausbildungsabteilungen sind ihrerseits bestrebt, die Fachabteilungen in die Ausbildungsplanung „locker einzukoppeln". Dieses Vorgehen der Betriebe gibt vor allem das Bestreben wieder, die Ausbildung als einen Prozeß zu organisieren, der nicht nur die notwendigen fachlichen und fachübergreifenden Qualifikationen vermittelt, sondern zugleich die auf Kooperations- und Kommunikationsprozesse bezogenen kognitiven Schemata und Verhaltensweisen. Hierzu gehört etwa das Infragestellen und Überprüfen eigener und fremder fachlicher Sichtweisen, das Anerkennen unterschiedlicher, jedoch tendenziell gleichwertiger Wissensbestände unterschiedlicher Beschäftigtengruppen sowie die Akzeptanz von Arbeitseinsätzen unter harten Leistungskonditionen.

Transformation oder Erosion des dualen Systems?

Die betrieblichen Veränderungen in der Ausbildung decken Schwachpunkte des „dualen Ausbildungssystems" insgesamt auf, welche nachdrücklich die Frage nach seiner Reformierbarkeit aufwerfen. Der doppelte Strukturwandel - der ökonomische zu den Dienstleistungssektoren und der arbeitsstrukturelle zu den wissensintensiven Arbeitsformen - dem das Ausbildungssystem in den 90er Jahren verstärkt ausgesetzt ist (Wittwer 1996), hat weitreichende Konsequenzen für die Funktionsfähigkeit des Systems:

Mit dem Wandel zur Dienstleistungsökonomie treten die Wirtschaftssektoren in den Vordergrund, in denen das duale System schon immer weniger verankert war, weil die entsprechenden Arbeitsabläufe stärker formale Qualifikationen erforderten und weniger auf Erfahrung und Nachahmung basierten. Der private Dienstleistungssektor hat in den 90er Jahren deutlich unterproportional zu seinem Beschäftigungsanteil ausgebildet. Ein Teil der Ausbildungsplatzverluste ist auf diesen Strukturwandel zurückzuführen, auf die ausbleibende Kompensation der Ausbildungsplatzverluste in der Industrie durch den Dienstleistungssektor.

Der Trend zu den wissensintensiven Arbeitsformen räumt den Absolventen von Fachhochschulen und Hochschulen in den Unternehmen bessere Chancen ein, zumal dann, wenn sie aufgrund steigenden Angebots zu ähnlichen Konditionen zu haben sind wie dual Ausgebildete. In dem Maße, wie der Trend zu den wissensintensiven Arbeitsformen anhält, wird das betriebliche Ausbildungsplatzangebot begrenzt bleiben oder es werden sich andere Formen der Dualität (mit Fachhochschulen, Hochschulen) herausbilden.

Wieweit die duale Ausbildung im betrieblichen Bereich die erforderlichen Qualifikationen auf der mittleren Ebene in Zukunft sicherstellen kann, ist eine offene Frage. Veränderungen in der Rekrutierung verweisen auf beträchtliche Unsicherheiten der Unternehmen, inwieweit vor allem die Vermittlung von Abstraktionsfähigkeit und von motivationalen Qualifikationen, die gemeinhin nicht als besondere Stärke dualer Ausbildung gilt, noch in traditionellen Formen gelingen kann. Schulische Alternativen scheinen aber auch keine Lösung zu bieten. Die Unternehmen und das System insgesamt stehen vor organisatorischen, curricularen und sozialen Problemen, die nicht leicht zu lösen sind.

Die organisatorischen und curricularen Schwierigkeiten bestehen darin, im Unternehmen Formen arbeitsintegrierten Lernens dauerhaft und stabil zu etablieren, die das Herausbilden einer ganzheitlichen Erfahrung von Abläufen, Zusammenhängen und sozialen Verhaltensweisen entlang des Wertschöpfungsprozesses erlaubt. Verwiesen wird in diesem Zusammenhang vor allem auf Einschränkungen durch den Arbeitsprozeß selbst (begrenzte Lernförderlichkeit einzelner Bereiche).

Die sozialen Probleme liegen darin, ein Kompetenzkonzept durchzusetzen, das die Ausbildung von den alten Statusproblemen entlastet und den potentiellen bzw. angehenden Fachkräften attraktive betriebliche Entwicklungsperspektiven bietet. Denn auch von der Seite der Jugendlichen, von ihren Ansprüchen her, gerät die duale Ausbildung zunehmend unter Druck: Nach unseren Befunden stellen für einen großen Teil der Auszubildenden und jungen Fachkräfte Ausbildung, aktueller Arbeitseinsatz und zukünftige Beschäftigungsperspektiven Bestandteile eines biographischen Projekts dar, in dessen Zentrum die Frage nach persönlichen Entwicklungsmöglichkeiten steht. Wo diesen Entwicklungsansprüchen kein betriebliches Personalentwicklungskonzept entgegengesetzt wird, das diese Ansprüche in einer mit der Prozeßorientierung der Betriebs- und Arbeitsorganisation vereinbaren Form aufnimmt - und dies ist bisher eher nicht der Normalfall - dürfte die Attraktivität der dualen Ausbildung für Jugendliche geringer werden.

Technik als Schulfach?

Sie werden sich sicherlich fragen, wieso wir angesichts des Konferenzthemas ‚technische Bildung' den Schwerpunkt auf die Vermittlung neuer Qualifikationen im Bereich der Berufsbildung, d.h. in diesem Fall des deutschen Systems dualer Berufsausbildung, gelegt haben. Und auf den ersten Blick wirkt dies auch überraschend, sind doch auch für die Allgemeinbildung konkrete Kenntnisse der ökonomischen, technischen, organisatorischen (und damit auch sozialen) Prozesse notwendig, in denen sich heute Arbeit vollzieht. Dazu lassen sich Kenntnisse über Kostenrechnung, über Informationstechnologie oder über das Unternehmen als komplexes, interessenstrukturiertes Gebilde zählen.

Wir halten an dieser Stelle jedoch kein Plädoyer dafür, die Vermittlung solcher Kenntnisse in die fachlichen Curricula der allgemeinbildenden Schulen aufzunehmen. Dafür gibt es vor allem zwei Gründe:

Zum einen geht es bei den konkreten Kenntnissen eher um Grundkenntnisse, die entweder schon in schulischen Curricula verankert (z.B. über Betriebspraktika) oder aber inzwischen Bestandteil unserer Alltagskultur geworden sind; letzteres gilt etwa für die Informationstechnologie.

Zum anderen verweisen die vorhin skizzierten Wissens- und Reflektionsqualifikationen auf Merkmale der Persönlichkeitsentwicklung, deren Grundlagen in der Tat in der vorberuflichen Sozialisation gelegt werden. Diese Entwicklungsprozesse zu fördern, ist und bleibt die Grundaufgabe des allgemeinbildenden Schulsystems. Die Lösung dieser Aufgabe ist jedoch weniger darin zu suchen, den Fächerkanon auszuweiten oder einzelne Fächer inhaltlich weiter aufzublähen. Im Gegenteil müsste man die fachlichen Curricula ausdünnen, um mehr Raum und Zeit für kommunikative Auseinandersetzung, selbstorganisiertes Lernen und Experimentieren zu finden.

Damit wir uns nicht missverstehen: Es geht uns nicht darum, den Sinn der Auseinandersetzung mit Technik innerhalb der Schule zu leugnen. Aber die Diskussionsbeiträge des heutigen Vormittags, die schon etablierten Formen und weitergehenden Versuche, das Fach „Technik" im Kanon der allgemeinbildenden Schule zu verankern lassen bei uns Alarmglocken läuten. Diese Form „additiver" Schulreform erscheint zunächst einmal problematisch, weil andere, z.b. Ökonomen, mit ähnlich guten Gründen für die Einführung eines weiteren Fachs plädieren könnten. Davon abgesehen sehen wir jedoch die Aufgabe der Schule in der lebendigen und ganzheitlichen Auseinandersetzung mit technischen und ökonomischen Sachverhalten. Hierfür sind jedoch u.e. eher konkrete, fachübergreifend angelegte Projekte geeignet.

Es mag sein - und dies ist heute auch in einigen Beiträgen angeklungen - dass die Vorstellungen der Wirtschaftsverbände andere sind. In diesem Zusammenhang aber ist daran zu erinnern, dass gerade das allgemeinbildende Schulsystem sich weniger an modischen Trends und konkreten Gegenständen, als an naturwissenschaftlichen sowie kulturellen Basisqualifikationen und ganzheitlichen Betrachtungsweisen orientieren muss. Dass in unser Welt Technik eine wesentliche Rolle spielt und spielen wird, ist keine Frage. Nur welche Rolle sie genau spielen wird und spielen soll und welche konkreten Formen längerfristig Bestand haben, halten wir für offen. In dieser Hinsicht erscheint die Prognosefähigkeit der Wirtschaft jedoch eher begrenzt - der im Gefolge der kurzfristig wechselnden Prognosen zum Ingenieurbedarfs auftretende „Schweinezyklus" der Ingenieurausbildung legt hiervon Zeugnis ab. Ein vorschnelles Eingehen auf solche modischen Forderungen könnte sich langfristig als folgenschwerer Irrtum erweisen: für die Schüler, die Schulen und letztlich auch für die Wirtschaft selbst.

Literatur

Baethge, M. (2001): Zwischen Individualisierung und Standardisierung: zur Qualifikationsentwicklung in den Dienstleistungsberufen. In: Dostal/Kupka (Hrsg.).

Baethge, Martin; Baethge-Kinsky, Volker (1998): Jenseits von Beruf und Beruflichkeit? Neue Formen von Arbeitsorganisation und Beschäftigung und ihre Bedeutung für eine zentrale Kategorie gesellschaftlicher Integration, in: Mitteilungen aus der Arbeitsmarkt- und Berufsforschung. Heft 3. Nürnberg.

Baethge, M.; Baethge-Kinsky, V., Kupka, P. (1998): Facharbeit - Auslaufmodell oder neue Perspektive? SOFI-Mitteilungen Nr. 26, Göttingen.

Baethge-Kinsky, V. (2001): Prozessorientierte Arbeitsorganisation und Facharbeiterzukunft. In: Dostal/Kupka (Hrsg.)

Baethge-Kinsky, V.; Kupka, P. (2001): Ist die Facharbeiterausbildung noch zu retten? Zur Vereinbarkeit subjektiver Ansprüche und betrieblicher Bedingungen in der Industrie. In: Bolder, Axel; Heinz, Walter R.; Kutscha, Günter (Hrsg.): Deregulierung der Arbeit - Pluralisierung der Bildung? Jahrbuch Bildung und Arbeit Bd. 4/1999/2000. Opladen: Leske + Budrich.

Dostal, W.; Kupka, P. (Hrsg.) (2001): Globalisierung, veränderte Arbeitsorganisation und Berufswandel. BeitrAB 240, Nürnberg (im Erscheinen).

Kuhlmann, M. (2001) Reorganisation der Produktionsarbeit: Entwicklungslinien und Arbeitsfolgen. In: Dostal/Kupka (Hrsg.)

Kupka, P. (2001): Arbeit und Subjektivität bei industriellen Facharbeitern. In: Dostal/Kupka (Hrsg.)

Streeck, W. (1995): German Capitalism: Does it exist? Can it survive? MPIFG discussion paper, Köln.

Wittwer, W. (1996) Als Wanderarbeiter im Cyberspace. Berufliche Bildung auf der Suche nach einer neuen Identität. In: Wittwer, W. (Hrsg.): Von der Meisterschaft zur Bildungswanderschaft. Bielefeld: Bertelsmann.

Trends bei den von Wirtschaft und Industrie geforderten technologischen Kompetenzen[1]

Michael J. Dyrenfurth

In der heutigen technologieorientierten Welt muß die Technik als Inhalt ihren festen Platz haben, sowohl in der Allgemeinbildung als auch in der beruflichen Ausbildung. Sie nicht zu berücksichtigen würde bedeuten, dem einzelnen Bürger und auch der Nation Wesentliches vorzuenthalten. Eine Nichtberücksichtigung würde mit Sicherheit negative Auswirkungen auf die Wettbewerbsfähigkeit der Nation und die Lebensqualität der Bevölkerung haben.

Lernprozesse, auf welcher Ebene sie auch stattfinden, beinhalten vor allem die Entwicklung von Verstehensprozessen, Perspektiven und Fähigkeiten. Es ist erforderlich, daß Lehrende klar definieren, welche Resultate die von ihnen durchgeführten Programme erzielen sollen. Es gab deshalb mit dem Projekt „Technologie für alle Amerikaner" in den USA große Anstrengungen, eine Reihe von Standards für die technische Bildung für allgemeinbildende Schulen festzulegen. Es ist jedoch bemerkenswert, daß es bisher kein äquivalentes nationales Projekt gibt, welches die erforderlichen berufsrelevanten Standards für technikorientierte Ausbildungen entwickelt hat. Dabei wäre interessant zu wissen, was die Arbeitgeber von ihren Mitarbeitern erwarten. Welche Kompetenzen sind erforderlich, um sich auf dem heutigen Arbeitsmarkt zu behaupten?

Die Humanressourcen oder das Arbeitskräftepotential eines Landes bezüglich der technisch ausgebildeten Bevölkerung können wie in Abb. 1 beschrieben werden. Das Spektrum beginnt mit dem angelernten Arbeiter und reicht über den Facharbeiter/Handwerker, dem Techniker, den industriellen und ingenieurwissenschaftlichen Technologen[2], dem Ingenieur bis zum Ingenieurwissenschaftler (Dyrenfurth, 1998, 1,6).

[1] Die vorliegende Studie wurde unterstützt durch Beiträge von Dr. Bob R. Stewart, Dr. Daryl Hobbs, den Forschungsinstitut Co-Direktoren und Mitgliedern von Kansas City, St. Joseph, State Fair Regional Technical Education Councils, sowie den Forschern Janet Paulsen, Tony Barbis, Klaus Schmidt und Donald Watson. Das Forschungsprojekt wurde durchgeführt zusammen mit Dr. Bob R. Stewart während des Amtszeit des Autors als Co-Direktor des Forschungsinstituts für Technische Bildung und Entwicklung des Arbeitskräftepotentials (RITE) an der Universität von Missouri-Columbia.
[2] Für Technologen ist der Bachelor's Degree der übliche Abschluß, der mit einen vierjährigen Studiengang verbunden ist. In Nord-Amerika wird für die Mehrheit der „professional" Positionen wie u. a. Physiker, Chemiker, Technologen, Ingenieure, Lehrer, Ökonomen, der Bachelor's Degree benötigt.

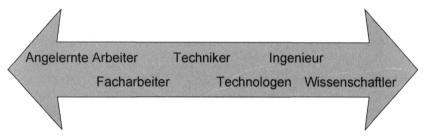

Abb.1: Spektrum der Fähigkeiten des Arbeitskräftepotentials

Problemstellung

Während dieses Spektrum den Fachleuten bekannt sein mag, so sind jedoch die Erwartungen von Handel und Industrie bezüglich der technologischen Kompetenz von Arbeitskräften nicht genau bekannt. Sogar der viel zitierte und renommierte SCANs-Report (Secretary´s Commission on Achieving Necessary Skills), der sich ausführlich mit den sogenannten „Soft Skills" und den grundlegenden Fähigkeiten beschäftigt hat, wird häufig mißverstanden. Der Leser übersieht, daß dieser Bericht Fähigkeiten beschreibt, die von SCANs als zusätzlich benötigte Fähigkeiten erkannt wurden, die neben den technischen Fähigkeiten benötigt werden (SCANS, 1991, 1992). Die technischen Fähigkeiten sind aber besonderes wichtig für die Produktivität und den Wettbewerb des Unternehmens. Doch welche Fähigkeiten machen die Handlungskompetenz in einer technikorientierten Welt aus? Da es auf diese Frage keine eindeutige Antwort gibt, beschäftigt sich die vorliegende Studie mit der genannten Problemstellung.

Die zentrale Zielsetzung dieser Studie bestand darin, in einer Befragung von Arbeitgebern aus den Bereichen der Produktion und den mit ihnen verbundenen High-Tech-Unternehmen zu ermitteln, welchen Kompetenzen bei neu angeworbenen Mitarbeitern eine besondere Bedeutung beigemessen wird. Das übergeordnete Ziel war es, aus drei unterschiedlichen Bedürfnisbewertungen, durchgeführt von Forschungsteams der Universität von Missouri unter der Leitung des Autors, ein überzeugendes Bild zu generieren (Dyrenfurth, 1997, 1998; Dyrenfurth & Paulson, 1998).

Technische Kompetenz

Unternehmen existieren, um Produkte herzustellen oder um Serviceleistungen zu erbringen. Notwendigerweise erfordert dies Mitarbeiter, die die mit diesen Aufgaben verbundenen Anforderungen erfüllen und somit von wirtschaftlichem

Nutzen für die Unternehmen sind[3]. Der allgemein gebräuchliche Begriff für diese Anforderung lautet „Kompetenz".

In unserer technikorientierten Welt besteht das Postulat, daß technische Fähigkeiten das Kernstück einer solchen Kompetenz sind. Technische Kompetenz oder „Technological Literacy" ist dabei ein „multidimensionaler Begriff, der die Fähigkeiten beinhaltet, Technik zu nutzen (praktische Dimension), die mit Technik zusammenhängenden Probleme zu verstehen (soziotechnische Dimension) sowie die Anerkennung der Bedeutung von Technik (kulturelle Dimension)" (Dyrenfurth, 1999, 108).

Damit verbunden sind unterschiedliche Ebenen. Sie reichen von der untersten Ebene der Technischen Kompetenz - Grundkenntnisse - bis zur obersten Ebene, der speziellen Fähigkeiten und Fertigkeiten.

In einer von einem führenden US-Automobilhersteller und der Gewerkschaft in Auftrag gegebenen Untersuchung wurden sieben wichtige Kompetenzvektoren beschrieben, die gemeinsam jene „Technological Literacy" ausmachen, die entscheidend zum Erfolg zukünftiger Arbeitnehmer beitragen werden (Dyrenfurth, et. al, 1990):

- Teamarbeit und zwischenmenschliche Fähigkeiten/Zusammenarbeit
- Konstruktive, affektive Arbeitsgewohnheiten/Wertvorstellungen
- Technologisches Vorgehen
- Technische Fähigkeiten
- Grundlegende praktische Fähigkeiten
- Fähigkeit, zu analysieren und Entscheidungen zu treffen
- Fähigkeit zu lernen/Anpassungsfähigkeit/Lernen zu lernen

---

[3] In einem der Arbeitspapiere für RITE, schrieb Schmidt: "Carnoy (1995) stellt fest, daß Individuen Fähigkeiten erwerben, die sie in die Lage versetzen, mehr zu produzieren. Diese Fähigkeiten stehen in einem direkten Bezug zu den Merkmalen, die Arbeit benötigt, um weitere Produktionsfaktoren, nämlich Boden und Kapital, effektiver zu nutzen. Darüber hinaus neigen Menschen mit einer besseren Bildung dazu, sich schneller neue Technologien anzueignen und sind eher in der Lage, wirtschaftliche Änderungen durchzuführen, die von den neuen Technologien diktiert werden. Diese Qualitäten verbessern die Produktivität und damit den wirtschaftlichen Output" Schmidt (1997) stellt fest: "Die Literatur wartet mit einer Vielzahl von Modellen auf, die sich damit beschäftigen, den Einfluß von Bildung auf die Wirtschaft zu messen. Zwei der am häufigsten zitierten Forscher auf dem Gebiet des Humankapitals sind Becker und Schulz. Während Becker (1964) den Ansatz hat, den Wert der Bildung durch die Ermittlung von Zinssätzen und die Auswirkungen auf Gewinne zu messen, gibt Schulz (1961) einen Einblick bezüglich der Rückkehr der Wirtschaft zu verschiedenen Beschäftigungs- und Bildungsklassen. Carnoy (1995) steuert eine umfassende internationale Übersicht über Literatur bei, die sich mit Bildungsökonomie und weiteren Grundlagen für ökonomische Modelle beschäftigt. Diese Übersicht stellt die Vorteile der Bildung dar, sowie die Bewertung von Bildung und Ausbildungsinvestitionen und die finanziellen Aspekte der Bildung."

Kompetenzen

Die vorliegende Auflistung der Kompetenzvektoren wurde von Dyrenfurth (1991) weiterentwickelt. Es ist bemerkenswert, daß es auffällige Parallelen bezüglich der Kernkompetenzen zwischen amerikanischen und europäischen Untersuchungen gibt (Industrial Research and Development Advisory Committee, 1994) (Dyrenfurth, 1999). In die gleiche Richtung weisen die Ausführungen von Judy (Judy, 1998), der überzeugend die steigende Nachfrage der Arbeitgeber nach Arbeitsethik aufzeigte. Diese beinhaltet sowohl menschliche Fähigkeiten (Teamarbeit, Kundenbetreuung, Führungsqualitäten) als auch kognitive Fähigkeiten (Sprache, Mathematik, Argumentation). In dem zugehörigen Forschungsbericht schrieb der Autor:

„Die Existenz eines allgemeinen Kerns technischer Fähigkeiten und Verständnisses wird ebenfalls im Lehrplan des von der National Science Foundation (NSF) finanzierten New Jersey Center for Advanced Technology Education Projekts vorgeschlagen (Waintraub, 1998), um einen multifunktionalen Techniker auszubilden, der über ein sogenanntes „mecomptronics Kompetenzset" verfügt. Die von Buresch auf der "International Conference on Technology Education" 1992 dargestellten Arbeitnehmerprofile der Firma BMW, sowie die Beiträge von American College Testing's WorkKeys und H&H Publishing's Mindful Worker weisen in die gleiche Richtung." (Dyrenfurth, 1999, 105)

Es ist anscheinend noch nicht erkannt, daß die Existenz eines allgemeinen Kerns technischer Fähigkeiten und technischen Verständnisses zugleich eine enorme Herausforderung des Transfers bedeutet.

Verteilung der Berufsgruppen

Wie wichtig technische Ausbildung ist, erkennt man, wenn man die von Bailey (1989) und anderen dokumentierten Veränderungen bezüglich der Demographien des Arbeitskräftepotentials betrachtet. Globaler Wettbewerb zusammen mit dem Technischen Wandel haben eine dramatische Verschiebung der Anzahl der unterschiedlichen Typen von Arbeitnehmern bewirkt. Bei den Bemühungen, die Effektivität zu steigern und die Kosten zu senken, hat die Industrie die Anzahl der Mitarbeiter des höheren und mittleren Managements drastisch reduziert. Gleichzeitig gibt es aber auch immer weniger Arbeitsmöglichkeiten für ungelernte und angelernte Arbeitskräfte. Die Konsequenz daraus ist, daß das Wachstum der Beschäftigtenzahlen in zunehmendem Maße auf der mittleren Ebene technischer Berufe stattfindet, wo qualifizierte und äußerst fähige Arbeitnehmer in einer Position sind, in der sie erheblich zur Wertsteigerung des Unternehmens beitragen. (Dyrenfurth, et. al, 1998)

Auswahl der befragten Unternehmen

Als zu befragende Unternehmen wurden solche festgelegt, die sowohl im priva-
ten als auch im öffentlichen Sektor tätig sind. Die Zielregion der Firmen und
Organisationen befand sich entlang des Missouri und an der Peripherie von
Kansas City. Dabei wurde das Zentrum von Kansas City ausgenommen. Dem
Bericht des Office for Social and Economic Data Analysis zufolge, der auf einer
1990 durchgeführten Volkszählung basiert, leben in dieser Region ca. 1.100.000
Menschen. Die Unternehmer aus der Zielregion wurden mit Hilfe des Verzeich-
nisses von Dun & Bradstreet ermittelt.

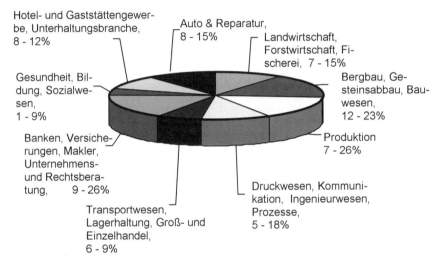

Abbildung 2: SIC-Code-Verteilung der ausgewählten Unternehmen (minimale und
maximale Prozentangaben aus den drei Untersuchungen)[4]

Eine Auswahl von ca. 250 Unternehmen wurde unter den in der Region angesiedelten Unternehmen getroffen. Diese repräsentative Auswahl erfolgte will-
kürlich nach einem Schichtungsprinzip, unter Verwendung von Standard Industrial Classification-Codes (SIC-Code, siehe Abb. 2). Diese in der Region ansäs-
sigen Unternehmen (ca. 10%) wurden danach ausgewählt, mit hoher Wahrscheinlichkeit kaufmännische und technische Mitarbeiter zu beschäftigen. Ferti-
gungsbetriebe wurden bevorzugt, jedoch nicht zu Lasten anderer Unterneh-
menskategorien, wie in der Literatur vorgeschlagen.

---

[4] In diesem Artikel werden drei verschiedene Untersuchungen zusammengefaßt. Bei der Angabe der Prozentzahlen in Abb. 2 wurden jeweils die größte und die kleinste Angabe aller
Untersuchungen angegeben.

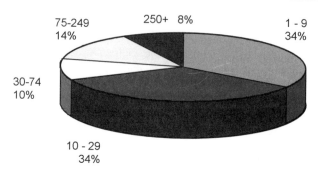

Abbildung 3: Größen der Unternehmen in Mitarbeiterzahlen
(Gruppen: 1-9; 10-29; 30-74; 75-249; 250+ MA)

Instrumente, Datenerfassung und Analyse

Das Instrument zur Bedürfnisermittlung bestand aus einem Interview, das durch einen Fragebogen geleitet wurde. Für die Interviewer wurden Fortbildungen abgehalten, so daß die Gültigkeit der Daten und die Zuverlässigkeit der Interviewer erhöht wurden. Die interviewten Personen waren Führungskräfte oder Mitarbeiter, die für den Bereich der Personalentwicklung zuständig waren. Das Interview zur Datenerfassung dauerte jeweils 20-30 Minuten.

Der Fragebogen umfaßte Fragen bezüglich der Art des Unternehmens, der verwendeten Technologien, der Anzahl, Art und Bewertung der Mitarbeiter, der Bildungsanforderungen, der Orte zur Mitarbeiteranwerbung, der Fluktuation, der Kompetenzanforderungen sowie der Trends und Fortbildungsmaßnahmen.

Darüber hinaus war es ein Ziel, die Bildungsprogramme, Wirtschaftslage, Demographie, Beschäftigung und Bedürfnisse innerhalb der Zielregion zu ermitteln. Deshalb wurden weitere Datenquellen hinzugezogen, in erster Linie die Angaben von OSEDA WWW[5], Daten aus einer Volkszählung, MALT-Berichte und die Koordinationsboards für "Higher Education's datafiles".

Erkenntnisse

Aus der Literatur können sechs Haupttrends entnommen werden:

• Sowohl im öffentlichen als auch im privaten Sektor gewinnt die Personalentwicklung zunehmend an Bedeutung.

---

[5] The Office of Social and Economic Data Analysis der Universität Missouri stellt aktuelle Informationen zur wirtschaftlichen und demographischen Entwicklung der Region zur Verfügung.

- Es findet eine Verschiebung hinsichtlich der zunehmenden Beteiligung der Arbeitnehmer an Entscheidungsprozessen statt.
- Demographie spielt vermehrt eine Rolle bei der Personalentwicklung, bei der Art der Beschäftigung und bei den Unternehmensentscheidungen.
- Die Automatisierung und Einführung von vernetzten, computergesteuerten Anlagen wird zunehmen.
- Zur Zeit findet eine Veränderung von der Massenproduktion hin zu flexibler Produktion kleiner Losgrößen statt.
- Es werden auch weiterhin Mitarbeiter in erheblichem Maße am Produktionsprozeß beteiligt sein.

Diese sechs Trends führen zu den folgenden vier Schlußfolgerungen:

- Es wird in zunehmendem Maße erkannt, daß eine Änderung der Arbeitseinstellung notwendig ist.
- Von Arbeitnehmern wird zukünftig erwartet, daß sie über ein breitgefächertes Spektrum von Fähigkeiten verfügen.
- Neue Unternehmensformen (Arbeitsorganisation und Hierarchie betreffend) entstehen und werden von größerer Bedeutung als bisher sein.
- Unter den Mitarbeitern herrschen große Verwirrung, Angst und Spannungen (Dyrenfurth, et. al, 1989).

Einsatz von Technologien

In der Untersuchung wurde gleichsam festgestellt, in welchem Umfang die Unternehmen von den drei folgenden Schlüsseltechnologien Gebrauch machen. Durchschnittlich setzen dabei die befragten Unternehmen zu ca. 48% die Kommunikations- und Informationstechnologien, zu ca. 14% die Energie- und Antriebstechnologien und zu ca. 38% Material- und Verarbeitungstechnologien ein. Allerdings war festzustellen, dass nur wenige der Befragten die technologischen Eingruppierungen verstanden.

Verteilung der Berufsgruppen des Arbeitskräftepotentials

In Abb. 4 wird die Verteilung der Berufsgruppen in den befragten Unternehmen entsprechend des Spektrums dargestellt. Nur wenige wußten, wie "Techniker" und "Technologen"[6] definiert werden. Die Ausnahme schienen Mitarbeiter in Gesundheits- oder Wissenschaftsberufen zu sein. Es entstand der Eindruck, daß in mehreren Fällen Unternehmen Ingenieure einstellten und sie als Technologen einsetzten.

---

[6] Technologen besitzen einen Universitätsabschluß (Bachelor´s Degree). In diesem Studium geht es um den Erwerb eines technischen Verständnisses und technischer Fähigkeiten zusammen betriebswirtschaftlichen Kenntnissen.

Ingenieure schienen in ausreichender Zahl vorhanden zu sein, Technologen waren eher rar. Die Fähigkeiten beider Berufsgruppen schienen benötigt zu werden.

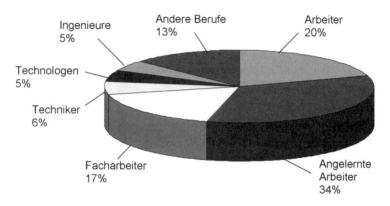

Abb. 4: Verteilung der Berufsgruppen in den befragten Unternehmen

Bildungsanforderungen

Im allgemeinen wurde ein High-School-Abschluß als Mindestanforderung für neu eingestellte technische Mitarbeiter (entsprechend Abb. 1) angesehen, jedoch auch der GED-Abschluß[7] gilt als akzeptables Äquivalent. Typischerweise wurde für gehobene Tätigkeiten kein Abschluß unter dem "AA degree"[8] akzeptiert. Für einige wenige handwerkliche oder kaufmännische Positionen in den Firmen kamen laut der Umfrage auch qualifizierte Handwerker in Frage. Es schien weder viel Wert auf Art und Qualität der kaufmännischen und handwerklichen Ausbildung gelegt zu werden, noch wurden technische Fortbildungen besonders bewertet. Auch Zertifikate und Referenzen aus der Industrie wurden nur selten genannt. Insgesamt erhielten die Forscher den Eindruck, daß Arbeitserfahrung und eine positive Arbeitseinstellung von wesentlich größerer Bedeutung waren als Aus- und Weiterbildungen. Eine technische Ausbildung wurde nicht besonders hoch bei den Arbeitsanforderungen bewertet.

Wünschenswerte Kompetenzgruppen

Als man die Arbeitgeber fragte, welches die wichtigsten Fähigkeiten/ Kompetenzgruppen seien, über die ihr technisches Personal verfügen sollte (gegeben

---

[7] Das Graduation Equivalency Diploma bestätigt einen Abschluß auf dem gleichen Niveau wie ein high school-Abschluß.
[8] Der AA degree ist der Abschluß an einem Community College.

war die Bewertungsskala: 'Obligatorisch'=3, 'Wünschenswert'= 2, 'Möchten wir selbst ausbilden'=1, und 'Nicht erforderlich'=0), zeigte sich die in Abbildung 4 dargestellte Verteilung der Antworten. Die Arbeitgeber bewerteten grundlegende technologische Fähigkeiten als wichtig, jedoch wurden sie nicht so hoch bewertet wie affektive Arbeitskompetenzen (Teamwork, Lernen zu lernen, Sicherheit) und Basiskompetenzen (Kommunikation, Rechnen, Lesen). Es ist dennoch bemerkenswert, daß grundlegende technologische Fähigkeiten höher eingestuft wurden als eine Spezialisierung wie u.a. spezifische Maschinenkenntnisse.

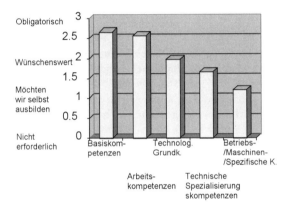

Abb. 5: Bedeutung von Kompetenzgruppen durch Arbeitgeber

Es ist bereits darauf hingewiesen worden, daß Arbeitgeber zunehmend einen Bedarf an Flexibilität und Anpassungsfähigkeit erwarten, um in Zeiten des schnellen Wandels umgehend reagieren zu können. Technische Grundkompetenzen sind zur Entwicklung solcher Fähigkeiten äußerst relevant. Sie sind sogar als grundlegend für die Fähigkeit des Einzelnen anzusehen, um Wissen auf unbekannte Situationen zu übertragen, neue Technologien zu erlernen und Probleme zu lösen. Es scheint naheliegend, daß auch die Arbeitgeber diesen Zusammenhang erkennen.

Spezifische Kompetenzen

Übereinstimmend mit den vorangegangenen Untersuchungen wiederholten die befragten Arbeitgeber in der Kategorie Basiskompetenzen ihre traditionelle Forderung nach den Fähigkeiten wie Kommunikation, Rechnen und Lesen. Im Bereich Arbeitskompetenzen wurden am häufigsten Teamwork, Team-Gruppenleitung, zuverlässige Supervision des Teams sowie Lernen zu lernen genannt. Im

Bereich der technologischen Grundkompetenzen wurden einfache Messungen, Gebrauch von Werkzeugen und Maschinen, Wartung, Überblick über technische Systeme, Diagnose und technische Problemlösefähigkeit sehr hoch eingeschätzt. Fähigkeiten, die sich auf Automatisierungstechnik, Laserschweißen und Elektronik bezogen, wurden am höchsten bewertet.

Obwohl es keine direkte Forderung nach einem qualifizierten technischen Abschluß gab, forderten die Arbeitgeber doch technisch spezifische Kompetenzen. Die Kompetenzen bezüglich einer Spezialisierung erforderten in der Regel weitere Kompetenzgruppen, unter anderem eine die zum Bereich der Automatisierungstechnik und Wartung von Anlagen gehören. Energieübertragungs-, Steuerungs-systeme, eingesetzte technische Problemlösungen und Systemprüfungen bilden einige der wesentlichen Aspekte dieser Kompetenzgruppen.

Die Arbeitgeber aus der Region erwähnten ebenfalls einen zunehmenden Bedarf an Fähigkeiten wie angewandter Mathematik, Sicherheitstechnik und der Fähigkeit, die wirtschaftlichen Folgen des eigenen Handelns abschätzen zu können. Mangelnde Arbeitsethik und das Fehlen der richtigen Arbeitseinstellung wurden häufig als Defizite der heutigen Arbeitnehmer genannt. Die Stärkung zwischenmenschlicher Fähigkeiten und die Entwicklung hin zu einer Kundenserviceorientierung wurden als wichtige Qualifikationen hervorgehoben. Lernen zu lernen und der Wille bzw. die Neigung dazu wurde ebenfalls hoch bewertet.

Die Forscher hatten den Eindruck, daß die Arbeitsaufgaben in heutiger Zeit nach einer Vielzahl von Fähigkeiten verlangt, insbesondere in kleinen und mittleren Betrieben. In Tabelle 1 wird angegeben, wie häufig die als am wichtigsten bewerteten Kompetenzen innerhalb der einzelnen Kategorien genannt wurden (Dyrenfurth, et. al, 1997, 1998).

Eine Vielzahl weiterer Kompetenzen wurde ebenfalls gefordert, doch mit Abstand am häufigsten wurden Computerkenntnisse genannt, die sowohl den Umgang mit Soft- als auch Hardware beinhalten. Im allgemeinen ging es um Fähigkeiten für bestimmte Anwendungen, jedoch auch immer um Betriebssystem- und Netzwerkkenntnisse. Damit verbunden war die Forderung nach Kenntnissen im Bereich der computergesteuerten Anlagen, z.B. Kenntnisse über SPS-Technologie, CNC-Technologie sowie Elektronik. Ebenso häufig wurden Kenntnisse der Maschinentechnik aufgeführt, die als traditionelle Fähigkeiten für den Umgang mit Werkzeugmaschinen gelten.

Unternehmensspezifische technische Fähigkeiten wurden benötigt, doch die Arbeitgeber waren sich dessen bewußt, daß Schulungsinstitute kaum in der Lage wären, diese Anforderungen zu vermitteln. Zeitmanagement, Kostenvoranschläge und Planungen sowie die Fähigkeit, die wirtschaftlichen Folgen des eigenen Handelns einschätzen zu können, wurden als wichtig angesehen. Die Fähigkeit zur Wartung von Industrieanlagen, sowohl zur Prävention als auch zur Durchführung von Reparaturen, wurden ebenfalls gewünscht.

Dringender Handlungsbedarf besteht bei der Aus- und Fortbildung u. a. im Bereich der Elektronik, der Datenverarbeitung, der Steuerungstechnik, den technologischen Verfahren, der Sicherheitstechnik sowie der Teamfähigkeit und der Fähigkeit technische Probleme zu lösen. Dieser Weiterbildungsbedarf entspricht den bereits erwähnten Kompetenztrends.

Tab. 1: Kompetenzen in einzelnen Kategorien

Häufigkeiten der Nennungen		Häufigkeiten der Nennungen	
Grundlegende Fähigkeiten		**Technologische Kernkompetenzen**	
-Mündl. u. Schriftl. Kommunikation	78%	-Wartung	60%
-Lesen	67%	-Technisches Problemlösen	60%
-Rechnen	60%	-Messungen	58%
-Staatsbürgerschaft	53%	-Werkzeugeinsatz	52%
		-Maschineneinsatz	51%
Affektive Arbeitskompetenzen		**Anspruchvolle Technische**	
-Zuverlässigkeit	83%	**Kompetenzen**	< 50%
-Fähigkeit, Probleme zu lösen	74%		
-Sicherheit am Arbeitsplatz	73%	**Spezielle Betriebs-/**	
-Teamwork	72%	**Maschinenkompetenzen**	< 50%
-Lernen zu lernen	67%		
-Computerkenntnisse	50%		

Es ist eine Sache, eine spezielle Kompetenz festzulegen, doch die Wettbewerbsfähigkeit wird durch mehr bestimmt. Leistungsstandards, mit denen das Können bewertet werden kann, sind ein wichtiges Kriterium. Sowohl die befragten Arbeitgeber waren sich über dieses Faktum im klaren, als auch jene Arbeitgeber, die an einer Umfrage mit 600 Unternehmen in Kansas beteiligt waren (Krider, 1996). Letztere waren der Meinung, daß die Anforderungen an Arbeitnehmer gestiegen seien, die tatsächlichen Fähigkeiten der neuen Mitarbeiter damit jedoch nicht Schritt gehalten hätten, besonders auf der technischen Ebene. Es ist zu erwarten, daß die tatsächlichen Kompetenzanforderungen durch die Technik weiter zunehmen (71% der Kompetenzanforderungen an neue Arbeitsplätze erhöhten sich leicht oder in erheblichem Maße). 67% der bei der Kansas-Studie Befragten gaben an, daß Technik zumindest einen moderaten oder sogar entscheidenden Einfluß auf die an Arbeitnehmer gestellten Anforderungen habe.

Schlußfolgerungen

In den vorangegangenen Ausführungen wurde ein Modell aufgezeigt, mit dem Technologische Kompetenz beschrieben werden kann. Es wurde postuliert, daß technische Fähigkeiten ein Schlüsselelement sind, um in beruflichen Lebensbereichen erfolgreich zu sein. Die Antworten der Arbeitgeber (Abb. 5) legten nahe, daß technikrelevante Kompetenzen tatsächlich als wichtige Voraussetzung begriffen werden können (Dyrenfurth, 1999).

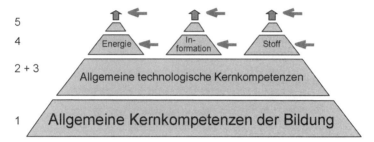

1. Grundlegende Fähigkeiten	Allgemeine Kernkompetenzen der Bildung
2. Affektive Arbeitskompetenzen	Allgemeine Kernkompetenzen der Bildung und allgemeine technische Kernkompetenzen
3. Technische Grundlagen	Allgemeine technische Kernkompetenzen
4. Spezielle technische Kompetenzen	Technische Kompetenzen über Teilsysteme
5. Hochwertige Technikkompetenzen	Technisch hochspezialisierte und industriespezifische Kompetenzen

Abb. 6: Kompetenzkategorien und Kompetenzebenen

Durch die Betrachtung von individuellem Interesse, Bildungsstand des Einzelnen und seiner technischen Bildung und Ausbildung kann die Technologische Kompetenz in der Art und Weise, wie unternehmensorientierte Probleme bei technischen Aufgaben analysiert und gelöst werden, sichtbar werden. Dann zeigt sich, inwiefern die technologischen Kernkompetenzen innerhalb der drei Hauptgebiete technischer Systeme und Prozesse (Stoff, Energie und Information) erfolgreich eingesetzt wurden.

Es wurde der Beweis erbracht, daß Arbeitgeber technische Grundkenntnisse als wichtig für ihre Mitarbeiter ansehen. Betrachtet man die Entwicklung solcher Qualifikationen vor dem Eintritt in einen Beruf, so kommt man zu dem Schluß, daß diese eine wichtige Rolle im Schulunterricht spielen sollten, sowohl in den öffentlichen Schulen als auch auf College-Ebene. Dies steht im Widerspruch zu der allgemeinen Meinung, Arbeitgeber wünschten lediglich grundlegende und affektive Fähigkeiten und „sorgten dann schon für den Rest der Ausbildung"! Natürlich werteten Arbeitgeber auch weiterhin Basiskompetenzen und Arbeitskompetenzen als wesentliche Voraussetzung für Anstellungen. Allerdings sahen sie technologische Grundkenntnisse auch als wichtig an, wahrscheinlich weil diese grundlegend für die Fähigkeit sind, Wissen auf unbekannte Situationen zu übertragen, neue Technologien zu erlernen und effektiv Probleme zu lösen.

Empfehlungen

Wir müssen technische Bildung und Ausbildung dahingehend ändern, daß nicht mehr nur eine begrenzte Anzahl von Fähigkeiten ausgebildet wird, sondern eine Grundlage zur Entwicklung technischer Kompetenz gelegt wird, die unabdingbar für Flexibilität und Anpassungsfähigkeit ist. Vermehrt müssen auch die viel wichtigeren Soft Skills vermittelt werden. Gleichzeitig ist ein solides Fundament akademischer Fähigkeiten (allgemeine Studierfähigkeit) in der Allgemeinbildung zu legen, das als notwendige Voraussetzung für nachfolgende Ausbildungsprogramme anzusehen ist. Der traditionelle Ansatz muß insbesondere in der Ausbildung eine Neuorientierung erfahren, damit anspruchsvollere Programm angeboten werden, die das Arbeitskräftepotential auf ein in vieler Hinsicht höheres Leistungsniveau bringt.

Nicht nur ein höheres Leistungsniveau wird gefordert, sondern die heutigen technikorientierten Ausbildungsprogramme müssen dahingehend geändert werden, die kognitiven Fähigkeiten wie Analyse, Synthese, Evaluation, technisches Problemlösen und Transfer zu fördern.

Es ist ebenso zu empfehlen, daß Bildungsplaner von Ausbildungsprogrammen, kursen und -modulen bereits existierende und sich ändernde Anforderungen der Industrie bei der Festlegung von Lerninhalte berücksichtigen. Planer von Ausbildungsinhalten werden aufgefordert, mehr Gebrauch von Empfehlungen, Referenzen und Ausbildungsmöglichkeiten der Industrie zu machen, da diese neue Lern- und Bewertungserfahrungen schaffen.

Literatur

American College Testing Program: Workkeys. Iowa City, IA: ACT.

Bailey, T.: Changes in the Nature and Structure of Work: Implications for Skill Requirements and Skill Formation. New York: Institute on Education and the Economy, Teachers College, Columbia University. 1989

Becker, Gary Stanly: Human capital - a theoretical and empirical analysis with special reference to education, New York, University Press 1964

Buresch, D.: Key competencies at BMW. In Blandow, Dietrich, & Dyrenfurth, Michael J. (Eds.). Technological literacy, competence and innovation in human resource development. Proceedings of the First International Conference on Technology Education, Weimar, Germany, April 25-30, 1992. Erfurt, Germany: Thüringen Algemeine/Technical Foundation of America.

Carnoy, Martin: International encyclopedia of economics of education, 2nd ed. Tarrytown, New York: Pergamon, 1995

Dyrenfurth, Michael J.: Final Report: St. Joseph Area Project to Conduct a Collaborative Targeted Technical Education Needs Assessment. Missouri Western State College, St. Joseph. Columbia, MO: Research Institute for Technical Education & Workforce Development, University of Missouri-Columbia. 1997

Dyrenfurth, Michael J.: Final Report: State Fair RTEC Region Project to Conduct a Collaborative Targeted Technical Education Needs Assessment. Prepared for the state Fair Community College Regional Technical Education Council. Columbia, MO: Research Institute for Technical Education & Workforce Development, University of Missouri-Columbia. 1998

Dyrenfurth, Michael J., & Paulson, Janet: Final Report: Technical Education Needs Assessment. Prepared for the Kansas City Metropolitan Community College Regional Technical Education Council. Columbia, MO: Research Institute for Technical Education & Workforce Development, University of Missouri-Columbia. 1998

Dyrenfurth, Michael; Custer, Rodney; Barnes, James: Technological Literacy: A necessary condition for manufacturing's future success. An Executive Summary. Columbia, MO: Applied Expertise Associates. 1990

Dyrenfurth, Michael; Stewart, Bob R.; Schlichting, H.: Background paper: Technical Education and Related Missouri Background and Context. Columbia, MO: Research Institute for Technical Education and Workforce Development, University of Missouri-Columbia. 1989

Dyrenfurth, Michael: Technological literacy synthesized. Chapter in M. Dyrenfurth and M. Kozak (Eds.) Technological literacy. Fortieth yearbook of the Council on Technology Teacher Education, International Technology Education Association. Peoria, IL: Glencoe. 138-183. 1991

Dyrenfurth, Michael: Documenting the existence of transferable competencies forming the core of technological literacy, problem solving, transfer & innovation. In W. E. Theuerkauf; M. J. Dyrenfurth (Comps.) International perspectives on technological education: Outcomes and futures. Erfurt, Germany: Thüringer Institut für Akademischer Weiterbildung. 1999

Industrial Research & Development Advisory Committee of the European Commission: Quality and relevance: The challenge to European education-Unlocking Europe's human potential. Brussels, Belgium: IRDAC, Commission of the European Communities. 1994

Judy, Richard: Trends from Workforce 2020. Presentation to the AACC/NSF ATE Principal Investigators Conference, 11/21/98, Washington, DC. Indianapolis, IN: Hudson Institute, Center for Workforce Development. 1998

Krider, C. E., et. al: Kansas Workforce Employer Assessment. Prepared for Kansas, Inc. Strategic Planning Committee. Lawrence, KS: University of Kansas, School of Business. 1996

Schmidt, Klaus, et. al: Discussion draft: Policy brief on economic modeling. Columbia, MO: Research Institute for Technical Education & Workforce Development, University of Missouri-Columbia. 1997

Swyt, D. A.: The technologies of the third era of the U.S. workforce. Report to the National Academy of Sciences Panel on Technology and Employment. Washington, DC: National Academy of Sciences. Gaithersburg, VA: National Bureau of Standards. 1986

U.S. Secretary of Labor's Commission on Achieving Necessary Skills (SCANS): What work requires of schools. Washington, DC: U.S. Department of Labor. 1991

U.S. Secretary of Labor's Commission on Achieving Necessary Skills (SCANS): Learning a living: A blueprint to high performance. Washington, DC: U.S. Department of Labor. 1992

Bedeutung von Information und Kommunikation in technischen Systemen und Prozessen
Paradigmawechsel in der technischen Bildung und Ausbildung

Gabriele Graube, Walter E. Theuerkauf

Ganzheitlichkeit in der technischen Bildung und Ausbildung

Nicht nur in technisch orientierten Lernprozessen, sondern auch in den einzelnen Ingenieurdisziplinen, wird zunehmend die Forderung nach einer ganzheitlichen Betrachtungsweise technischer Systeme und Prozesse gestellt. Gemeint ist damit ein integrierendes, zusammenfügendes Denken und Handeln, das auf einer disziplin- und fachübergreifenden Sichtweise beruht. Man geht von einer größeren Komplexität der technischen Zusammenhänge aus, so wie wir sie heute in unserer Lebenswelt vorfinden. Das erfordert die Erfassung, Bewertung und Berücksichtigung vieler Einflussfaktoren. (Ulrich, 1988).

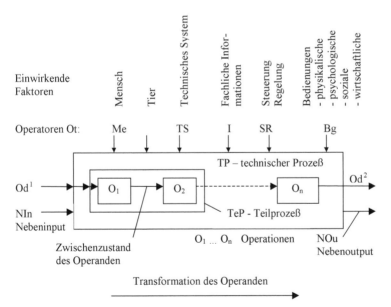

Abb. 1: Allgemeines Modell des technischen Prozesses (Hubka, 1973)

Als Basis und Ausgangspunkt für eine ganzheitliche Betrachtung von beliebigen technischen Prozessen kann die Abb. 1 herangezogen werden, zeigt sie doch die Verknüpfung von Stoff, Energie und Information als die wesentlichen Kategorien von technischen Transformationen auf. Dabei eröffnet dieses Modell gleichzeitig die Betrachtung der Schnittstelle Mensch und Umwelt. Daraus leitet sich der hohe Vernetzungsgrad technischer Systeme und Prozesse ab, der sich in der Berücksichtigung von naturwissenschaftlichen, wirtschaftlichen, soziologischen und politischen Aspekten ausdrückt.

Auf die Bedeutung der soziotechnischen Schnittstelle, insbesondere für die technische Bildung weist Blandow (1992, S. 524) hin, in dem er die Relevanz der damit verbundenen Kreisläufe von Technik und Natur aufzeigt. An der Kreislaufwirtschaft im Umgang mit Stoffen wird dieser Aspekt verdeutlicht. Neben der Relevanz der methodischen Verfahren zur Synthese sowie Analyse technischer Systeme und Prozesse wird das Problemlösen als Innovation im besonderen Maße hervorgehoben und gleichsam als eine der wesentlichen technischen Handlungsvollzüge angesehen.

Will man nun die Forderung nach Ganzheitlichkeit in der technischen Bildung und Ausbildung einlösen, so muss der Schlüssel dazu die Vermittlung von systemischen Denken und Handeln sein (Theuerkauf 1995). Geht man, wie dargestellt, davon aus, dass sowohl ökonomische als auch politische Gesichtspunkte technisches Handeln beeinflussen, so kann nur die Systemtheorie die Metatheorie sein, mit der technische und nichttechnische Systeme sowie deren Vernetzungen von einer Makroebene aus analysiert und gestaltet werden können.

Der Paradigmawechsel in der technischen Bildung und Ausbildung ist also dadurch gekennzeichnet, dass die Analyse und Gestaltung von technischen Systemen und Prozessen von einer Makroebene, also aus einer Top-Down-Sicht, zu erfolgen hat. Nur so kann einer ganzheitlichen Auseinandersetzung mit Technik und ihren Konsequenzen genügt werden.

Die Information in Technischen Prozessen und Systemen

Als technischer Prozess wird eine Menge von Teilprozessen verstanden. Deren Struktur ist durch die Art und Folge der Operationen bzw. technologischer Grundvorgänge bedingt. Ziel ist die Transformation eines bestimmten Objektes mit seinen Elementen Stoff, Energie und Information in einen beabsichtigten Zustand, um ein bestimmtes Bedürfnis zu befriedigen. Die Transformationen werden dabei vom Menschen im Zusammenhang mit einem geeigneten technischen System bewirkt. Das Ergebnis des technischen Prozesses wird darüberhinaus von Fachinformationen, der Prozesssteuerung und von Umgebungsbedingungen beeinflusst. (Hubka, 1973), (Wolffgramm, 1994).

Allgemeines Kennzeichen technischer Prozesse ist demnach die Verknüpfung von Stoff, Energie und Information in technischen Systemen: Stoffumwandlungsprozesse werden durchgeführt, die durch Energieumwandlungsprozesse bewirkt und von Informationsumwandlungsprozessen organisiert werden. [1]

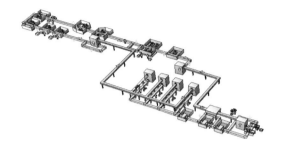

Abb. 2: Fertigungsstraße -Hinterachsfertigung

Die in Abb. 2 dargestellte Straße zur Fertigung von Hinterachsen beinhaltet beispielsweise eine Vielzahl von Arbeitsvorgängen. Analysiert man nun die einzelnen Arbeitsvorgänge, so lassen sich diese immer auf wenige Grundoperationen mit unterschiedlichen Kompliziertheitsgrad zurückzuführen (Hubka, 1973). Der hohe Komplexitätsgrad in dieser Fertigungsstraße ergibt sich erst aus der Vielzahl verknüpfter Operationen/Vorgänge/ Prozesse.

Die Verknüpfung dieser einzelnen Operationen/Vorgänge/Prozesse setzt einen entsprechenden Informationsfluss voraus. Eine wesentlichen Grundlage dafür sind Meß-, Steuer- und Regelvorgänge.

Mit dem Übergang von den festverdrahteten zu speicherprogrammierten Schaltungen (Rechnersysteme) ist eine qualitative Veränderung eingetreten, die durchgehend die Prozesse in der Fertigungs- und auch Verfahrenstechnik betreffen. Die besonderen Eigenschaften von Rechnersystemen, nämlich sehr hohe Geschwindigkeiten in der Informationsverarbeitung und ein enorm hohes Speichervolumen von Informationen und darüber hinaus die Vernetzung dieser Rechnersysteme selbst, haben den technischen Systemen und Prozessen eine neue Qualität in ihrer Funktionalität und Komplexität verliehen.

Der Informationsaustausch ist also ein besonderes Kennzeichen komplexer technischer Systeme und Prozesse. Der Interaktion zwischen Maschine- Maschine, Mensch- Maschine und Mensch-Mensch oder anders formuliert der Informations- und Kommunikationstechnologie fällt damit eine herausgehobene Bedeutung zu.

---

[1] So umfasst die rechnergestüzte Fabrik (CIM) diese Umwandlungsprozesse für den gesamten Wertschöpfungsprozess eines Produktes.

Deutlich ist diese Entwicklung an der Umsetzung des Computer Integrated Ma-
nufacturings geworden. Diese Entwicklung begann in den Großbetrieben und
wird bis in die Handwerksbetriebe nach und nach umgesetzt. Die damit verbundene Vernetzung und der damit einhergehende Informationsaustausch hat dabei
fast alle Bereiche eines Unternehmens erfasst. Dies zeigt sich insbesondere in
der Einführung von Softwarepaketen zur Produktionsplanung, Fertigungssteuerung und Betriebsdatenerfassung.

Die dazu erforderliche ganzheitliche Sichtweise des gesamten Unternehmens
erfolgt dabei auf der Grundlage des Geschäftsprozesses (Scheer, 1995). Infor-
mations- und Kommunikationsprozesse verknüpfen dabei die Teilsysteme/-
prozesse.

Die unternehmensinterne Kommunikationsstruktur und der damit verbundene
Informationsaustausch kann in einem Vier-Ebenen-Modell (Abb. 3) dargestellt
werden. Das Modell beinhaltet die wesentlichen unternehmerischen Aufgaben
„Führen, Planen, Steuern, Operieren und Überwachen". Es erfasst damit den
Informationsfluss des gesamten Wertschöpfungsprozesses eines Produktes. Da-
mit erlaubt es eine ganzheitliche Betrachtung von Unternehmensprozessen.

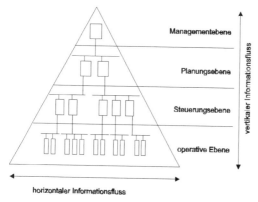

Abb. 3: Ebenenmodell im Unternehmen

Auf den verschiedenen Ebenen laufen unterschiedliche technische und nichttechnische Prozesse ab, die Informationen unterschiedlicher Qualität und Quantität bedingen und erfordern.

In der operativen Ebene finden Prozesse der Fertigungs- und der Verfahrenstechnik statt. Die Transformationen von Stoff, Energie und Information sind in
Steuer- und Regelkreise eingebunden, die einerseits über Informationen aus den

darüber liegenden Ebenen beeinflusst und determiniert werden und andererseits Informationen über Zustände der Teilprozesse generieren. [2]

In der Steuerungsebene wird, für die Prozesse der Fertigungstechnik betrachtet, der Fertigungsfluss (Materialfluss) optimiert. Für die zu treffenden logistischen Entscheidungen sind Informationen über die durchzuführenden Aufträge (aus der Planungsebene) sowie aktuelle Informationen über den Materialfluss, die Materialverfügbarkeit, den jeweiligen Bearbeitungszustand und die Anlagenverfügbarkeit (aus der operativen Ebene) notwendig.

Aufgabe der Managementebene ist, unternehmerische, strategische Ziele zu definieren und hieraus Unternehmenskonzepte abzuleiten. Dabei ist diese Ebene auf Informationen auch aus den darunter angeordneten Ebenen angewiesen. Nur wenn präzise und aktuelle, sowie für die Managementaufgaben kennzeichnende Daten der jeweiligen Geschäftsprozesse vorliegen, kann die Unternehmenslage richtig eingeschätzt werden, Unternehmensziele definiert werden und sachgerechte Entscheidungen getroffen werden.

Informationen über die Zustände des technischen Prozesses erlauben eine Aussage bezüglich der intendierten Wirkung. Man erhält damit eine neue Qualität des aktuellen Wissens über die Wirkungsweise eines technischen Systems oder Prozesses, so dass eine Bewertung dieser im Sinne einer Folgenabschätzung von Technik möglich wird. Der Informationsaustausch ist folglich als der zentrale Prozess in komplexen Systemen und Prozessen zu verstehen.

Konsequenzen für Technische Bildung

Geht man davon aus, dass ein grundlegendes Merkmal technischer Systeme und Prozesse die Vernetzung operativer und strategischer Ebenen (Abb. 3) ist, so muss man von einem grundsätzlichen Paradigmenwechsel im technischen Handeln und Denken sprechen. Dieser Paradigmenwechsel, der von einer ganzheitlichen Betrachtung bei Problemlösungen ausgeht, erfordert die Fähigkeit des systemischen Denkens und Handelns und Prozesskompetenz.

Prozesskompetenz beinhaltet Informationskompetenz, nämlich den Stellenwert von Informationen zu erkennen, Informationen zu verknüpfen und Informationen einsetzen zu können. Verbunden damit ist die Kommunikationskompetenz. Diese setzt in der technischen Bildung grundlegendes Wissen über Prinzipien, Elemente, Strukturen, Zustände technischer Systeme und Prozesse sowie die Fähigkeit zur Kommunikation voraus.

Da die technisch geprägte Lebens- und Arbeitswelt sich dem Lerner als sehr komplex und oft als sehr kompliziert darstellt, ist der Informationsgehalt folg-

---

[2] Notwendige Informationen zur Durchführung eines Auftrages sind z. B. Zeichnungen oder CNC – Programme.

lich sehr hoch, so dass sich die Frage nach dem Zugang im Lernprozess stellt. Um die Zugänglichkeit überhaupt zu ermöglichen, erhalten analytische Unterrichtsverfahren mit einer Top-Down-Vorgehensweise einen größeren Stellenwert als bisher. Komplexe und/oder komplizierte Systeme und Prozesse erfordern zunehmend eine Auseinandersetzung auch auf nur theoretischer oder eventuell virtueller Basis.[3] Voraussetzung für diese Auseinandersetzung ist jedoch Informations- und Kommunikationskompetenz.

Der mit dem Technischen Wandel verbundene Paradigmenwechsel muss sich also in einer verstärkten Bedeutung der Informations- und Kommunikationstechnologien ausdrücken d. h. es ist verstärkt die Informations- und Kommunikationskompetenz aus fachspezifischer Sicht zu entwickeln. Gleichzeitig ist aber auch erforderlich, den Schwerpunkt auf gruppenzentrierte Sozialformen (Boretti u. a., 1988) bei Lernprozessen zu legen, d.h. veränderte Lernumgebungen zu schaffen.

Veränderte Lernumgebungen

Wenn ganzheitliche Sichtweise eine zentrale Forderung bei der Erschließung komplexer technischer Systeme und Prozesse ist, so bedingt dies, dass die Lernumgebungen so zu gestalten bzw. auszuwählen sind, dass sie systemisches Denken und Handeln ermöglichen bzw. vom dem Lerner abfordern.

Dabei ist allerdings zu berücksichtigen, dass "Lernen als konstruktiver Prozeß in einem bestimmten Handlungskontext steht". Dieses Verständnis vom Lernen führt zu bestimmten Merkmalen der Lernumgebung, die den Lernenden Situationen anbieten, in denen eigene Konstruktionsleistungen möglich sind und kontextgebunden gelernt werden kann.

Daher sind bei der Gestaltung von Lernumgebungen folgende Aspekte zu berücksichtigen:

- Prozeßhaftigkeit: Lernen soll auf Erfahrungen beruhen, die aufeinander aufbauen.
- Authentizität: Lernen soll an realen, nicht trivialisierten Problemen erfolgen (hohe Komplexität, fachübergreifende Verknüpfung der Inhalte).
- Reflexion: Lernprozesse sollen den Lernenden mit unterschiedlichen Problemlösungsansätzen konfrontieren und dabei den Informationsaustausch zwischen den Lernenden und zwischen Lehrenden sowie Experten fördern

---

[3] Darüber hinaus sollten die gestaltenden Verfahren, wie der Entwurf und die Fertigung von Produkten, die einen strategischen und operativen Aspekt beinhalten, im Sinne von Theorie und Praxis im stärkeren Maße in den Lernprozess integriert werden.

- Evaluation: Lernvorgänge sollen in ihren einzelnen Phasen durch alle Beteiligten in Form von Selbst-, Fremd-, Einzel- und Gruppenevaluation überprüft werden

Im folgenden werden nun beispielhaft drei Lernumgebungen für technische Systeme und Prozesse vorgestellt, die die o.a Gestaltungsvorgaben berücksichtigen. Sie unterscheiden sich in ihrer Komplexität, ihrer Kompliziertheit sowie in der Vernetzung der Funktionen. Im Vordergrund der damit verbundenen Lernprozesse steht die Entwicklung des systemischen Denkens und Handelns.

Beispiel 1: Automatische Türöffnung

Abb. 4 stellt einen Aufbau zur automatischen Türöffnung dar, wie sie in jedem öffentlichem Gebäude anzutreffen ist. Die modellhafte mechanische Konstruktion (Rauner, 1988) dieser Türöffnung wurde mit Fischer-Technik-Bauteilen realisiert. Für die Steuerung wurde ein handelsüblicher PC verwendet. Im Zusammenspiel von Mechanik, Elektronik und Mikroprozessor verkörpert die Türöffnung ein typisches Beispiel der Mechatronik.

Abb. 4: Automatische Türöffnung

Das Beispiel stellt die grundlegende Struktur von Automatisierungsvorgängen dar:

- Erfassung von Zuständen über Sensoren
- deren logische Verarbeitung in einem Rechner
- Beeinflussung von Aktoren

Eine wesentliche Aufgabe dabei ist die Festlegung der Abfolge der Operationen in Funktionsplänen sowie der Informationsflüsse, um auf dieser Basis die Steuerung programmieren zu können. Das damit verbundene systemische Denken und Handeln wird einerseits durch die Gestaltung der mechanischen/elektronischen Konstruktion und andererseits in der Funktionalität der Steuerung des Systems "Türöffnung" gefordert und gefördert.

Beispiel 2: Flexibles Lernlabor-System

Ein flexibles Lernlabor-System stellt eine Lernumgebung dar, die modellhaft eine rechnerintegrierte Fertigungslinie abbildet. Das Lernlabor-System berücksichtigt dabei sowohl strategische als auch operative Aspekte des Fertigungsprozesses eines ausgewählten Produktes.

Abb. 5 zeigt eine Lernumgebung zur Fertigung eines Bleistifthalters. An den Lernerplätzen sind unterschiedliche Bearbeitungs- und Prüfvorgänge zur Herstellung des Produktes durchzuführen. Über ein fahrerloses Transportsystem sind die Stationen miteinander verkettet. Die Fertigungssteuerung erfolgt über einen Leitrechner, der die Bearbeitungs- und Transportvorgänge koordiniert und damit den Materialfluss sicherstellt.

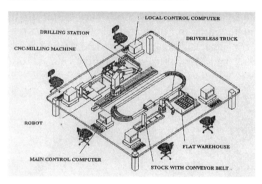

Abb. 5 : Lernumgebung Flexibles Lernlabor-System

Die Zielsetzung liegt in der Sicherstellung eines störungsfreien Durchlaufs des Materials. Dies bedeutet also, die diskreten Operationen, die an Automatik- oder Handarbeitsplätze gebunden sind, in einen Programmablauf umzusetzen und zu optimieren.

Im Unterschied zur automatischen Türöffnung ist das flexible Lernlabor-System nur mit einem Team zu betreiben. Da sehr unterschiedliche Betriebsmittel, wie eine CNC-Fräse, ein Bohrautomat, ein flexibles Transportsystem usw. an den Stationen vorhanden sind, fungieren die Mitglieder des Teams als Spezialisten für die Systemkomponenten. Während der einzelne Lerner für Aufgaben an seiner Station verantwortlich ist, ist das Team für den Fertigungsprozess, also der Herstellung des Produktes insgesamt, zuständig. Zur Fertigung des Bleistifthalter ist eine ganzheitliche Betrachtungsweise des Produktionsprozesses notwendig.

Grundlage hierfür ist die Umsetzung des Geschäftsprozesses auf die Lernerebene (Held, u.a. 1998). Die Theorie des Geschäftsprozesses oder auch der vollständigen Handlung sind daher auch als methodische Leitlinien für systemisches Denken und Handeln anzusehen, weil sie Lerner und Team bei komplexen Problemen zur Lösung führen.

Zur Lösung der mit der Fertigung des Produktes verbundenen Aufgaben im Lernlabor-System spielen die Informationen und der Informationsaustausch eine besondere Rolle. Das Bewerten der Informationen über Zustände des Prozesses ist eine Voraussetzung zur Sicherstellung seiner Funktionalität. Der Informationsaustausch stellt dabei eine neue Qualität dar, der einerseits in dem technischen System über Netze erfolgt und der sich andererseits in der Kommunikation zwischen den Teammitgliedern ausdrückt.

In dieser Lernumgebung ist die Verantwortung des Lerners bei der Erstellung des Produktes hervorzuheben. Wenn ein qualitativ hochwertiges Ergebnis des Teams vorliegen soll, hat jeder Lerner durch das Einbringen seiner speziellen Kenntnisse und Fähigkeiten, die er im Lernprozess erworben hat, seinen Beitrag zu leisten.

Beispiel 3: Modellfabrik

Die Modellfabrik stellt einen weiteren Schritt zur Authentizität einer realen Fertigungslinie dar.[4] Die Anlage mit den einzelnen Stationen bildet den Fertigungsprozess eines Fahrzeuges in einem Unternehmen ab. Dabei sind die Informationsstrukturen des gesamtem Wertschöpfungsprozesses von der Bestellung bis zum Verkauf integriert. Mit der implementierten, unternehmensbezogenen Software für die Produktplanung, die Fertigungssteuerung und die Betriebsdatenerfassung werden die operative als auch die strategische Ebene verknüpft. Damit wird der Authentizität wesentlicher Elemente des Produktionsprozesses entsprochen.

Die Software zur Betriebsdatenerfassung stellt Informationen zum Produktionsziel, wie Auslastung, Fehlerraten, Stillstandszeiten sowie die erreichte Produktivität durch die Lerner beim Betrieb der Anlage bereit.

Diese Informationen ermöglichen den Lernern eine differenzierte Bewertung ihres systemischen Denkens und Handelns und daraus entprechende Konsequenzen zu ziehen.

---

[4] Das gilt sowohl für die mechanisch/elektrische Konstruktion als auch für die SPS-Steuerung einschließlich der Busarchitektur. In der Fertigung können 54 Varianten eines Modellautos gefertigt werden. Die Teilprozesse der Fertigung vollziehen sich dabei an sechs Stationen, die jeweils von zwei Lernern bedient werden.

Abb. 6: Lernumgebung Modellfabrik

Die Aufgabe der Lerner besteht darin, ein Produktionsziel, d.h. eine bestimmte Stückzahl, zu erreichen. In der operativen Ebene soll der Materialfluss störungsfrei aufrecht erhalten bleiben. Das bedeutet für die Gruppe und ihrer Teilnehmer, dass sie insbesondere methodische Kenntnisse über Fehlersuchstrategien besitzen. Das erfordert vertiefte Prozesskompetenz, die vernetztes Denken über Funktionszusammenhänge, über Strukturen der Steuerung und des Informationsflusses abverlangt. Bei der Suche nach Fehlern und der Beseitigung von Fehlern werden disziplinübergreifendes Wissen und methodische Kenntnisse über Fehlersuchstrategien auf hohem Niveau entwickelt.

Der Lerner wird im Rahmen des Lernprozesses einerseits in die Funktion des Produzenten und andererseits in die des Kunden gebracht. Das sind zwar zwei völlig unterschiedliche Handlungsfelder, die man aber unter dem Aspekt der Kreislaufwirtschaft und des Total Quality Management als ganzheitlich bezeichnen kann.

Verknüpft damit ist das Ziel, die Fähigkeit zur Beurteilung der Produktivität und zur Optimierung des gesamten Prozesses zu entwickeln, woraus die zwingende Notwendigkeit des systemischen Denkens und Handelns unter Berücksichtigung von operativen und strategischen Aspekten im besonderem Maße deutlich wird.

Die Folgerungen aus dem Erreichen des vorgegebenen Produktionszieles in der Modellfabrik können als Evaluation des Lernprozesses angesehen werden. Diese Ergebnisse ermöglichen es, Qualifikationsdefizite zu diagnostizieren, und damit Impulse, insbesondere auch aus der Sicht der Lerner, für weitere (Selbst-) Lernprozesse zu initiieren.

Zusammenfassung

Der Technische Wandel ist in den letzten Jahren durch den vermehrten Einsatz der Rechnertechnologie gekennzeichnet, die neben der Automatisierung eine zunehmende Vernetzung technischer Systeme und Prozesse bewirkte. Der zwangsläufig notwendige Paradigmenwechsel in der technischen Bildung und Ausbildung ist daher mit dem Begriff des systemischen Denkens und Handelns verbunden, um insbesondere komplexe und komplizierte Systeme und Prozesse für Lerner mit unterschiedlichem Vorwissen zu erschließen. Um einer ganzheitlichen Betrachtungsweise auch zu genügen, hat die Erschließung, sei es analytisch oder gestaltend, aus der Makroebene - Top Down - zu erfolgen. Da die technisch geprägte Lebenswirklichkeit mit ihren vielen Aspekten sehr komplex ist, sind für die mit ihr unterrichtlich zu behandelnden Probleme Lernumgebungen zu schaffen, in denen realitätsbezogene Problemlösungen durch die Lerner gefunden werden können.

Mit den vorgestellten Beispielen sollte aufgezeigt werden, in welcher Weise systemischen Denken und Handeln auf Grundlage der Systemtheorie vermittelt werden kann. Die Prozessorientierung ist dabei die Leitlinie. Dabei werden mit dem Beispiel der automatischen Türöffnung die grundlegenden Prinzipien der Mechatronik vermittelt. Die beiden weiteren Beispiele, die modellhaft dem Computer Integrated Manufacturing zuzuordnen sind, erweitern die operativen - disziplinübergreifenden - Aspekte um die strategischen - fachübergreifenden - Aspekte des Produktionsprozesses.

Für eine ganzheitliche Betrachtung eines beliebigen Produktionsprozesses oder auch Dienstleistungsprozesses könnte die Theorie des Geschäftsprozesses herangezogen werden. Sie könnte als eine Leitlinie für Technisches Handeln und Denken im Unterrichtsprozess dienen, und damit gleichsam auch den notwendigen Paradigmenwechsel in der technischen Bildung und Ausbildung nicht nur begründen, sondern auch methodisch umsetzen.

Literatur

Blandow, D.: Tools for overcoming thought Barriers: The missing Element for effective Technology Education. In: Blandow, D; Dyrenfurth, M. (Hrsg): Technological Literacy, Competence and Innovation in Human Ressource Development. Weimar 1992 S.524 ff

Boretty, R; Fink, R. u.a.: Petra-Projekt- und Transferorientierte Ausbildung. Berlin, München Siemens 1988.

Heldt, G; Schmöring, P.: Geschäftsprozess „Logo" in der Ausbildung zum Informations- und Telekommunikations - System - Elektroniker. In: Mahrin, B.: Didaktische Annäherungen. Berufliche Schulen und betriebliche Bildung auf neuen Wegen. - Fachtagung Elektro- Metalltechnik: Kieser 1998

Hubka, Vladimir: Theorie der Maschinensysteme. Grundlagen einer wissenschaftlichen Konstruktionslehre. Berlin, Heidelberg, New York; Springer 1973

Rauner, F.: Gestalten - eine neue gesellschaftliche Praxis. Forschungsinstitut der Friedrich-Ebert-Stiftung, Bonn: Neue Gesellschaft, 1988

Scheer, A.W.: Wirtschaftsinformatik - Referenzmodelle für industrielle Geschäftsprozesse. Berlin, Heidelberg, New York: Springer 1995

Theuerkauf, W. E.; Weiner, Andreas: Network Teaching of Key Qualifications as Instanced by the Flexible Learning Lab - System (FLS). In: Rauner, Felix (Ed.). Qualification for Computer Integrated Manufacturing. Berlin, New York: Springer 1995

Ulrich, H.; Probst, G.J.B.: Anleitung zum ganzheitlichen Denken und Handeln. Bern und Stuttgart: Paul Haupt 1988

Wolffgramm, Horst: Allgemeine Technologie. - Elemente, Strukturen, Gesetzmäßigkeiten -. Hildesheim: Franzbecker 1994 Bd.1& Bd. 2

Politische Aspekte bei der Reform Technischer Bildung

Michael Hacker

Einführung

Im Bundesstaat New York, wie auch in anderen Bundesstaaten und Ländern, hat sich die Technische Bildung aus dem handwerklichen Unterricht (Werkunterricht) heraus entwickelt. Seit 1981 (als die Schulbehörde des Bundesstaates New York ein dreijähriges Projekt zur Zukunft des Werkunterrichts ins Leben rief, um den Übergang vom Werkunterricht zur Technischen Bildung zu vollziehen), arbeiten Industrielle und Lehrer zusammen, damit der neue Lehrplan den Anforderungen der heutigen Gesellschaft gerecht wird. Das Projekt empfahl eine Änderung der inhaltlichen Grundlagen. Statt industrieller Inhalte sollten nun technische Grundlagen eingeführt werden. Werkunterricht sollte in Technische Bildung umbenannt werden. Im Jahr 1986 wurden neue Lehrpläne für Middle-Schools und ein einjähriger Pflichtkurs in Technischer Bildung für alle Middle-School-Schüler festgelegt.

Um den Kursen für Technische Bildung einen festen Rahmen zu geben, wurde 1989 ein neues Programm „Grundlagen des Ingenieurwesens" für High-Schools eingeführt, in dem ingenieurwissenschaftliche Fallstudien dazu dienen, Mathematik, Naturwissenschaften und Technik in einen Kontext einzubetten.

1996 wurde im Bundesstaat New York für jede schulische Disziplin eine Reihe von K-12 Lernstandards entwickelt. Ein Komitee von Experten aus Mathematik, Naturwissenschaften und Technik entwickelten in einem einzigartigen Ansatz eine Reihe von Standards für Mathematik, Naturwissenschaften und Technologie (die MST-Standards). Zum ersten Mal wurde Technische Bildung bei dem Unterfangen, die MST-Kompetenz zu vergrößern, als Partner angesehen. Im Jahr 1999 wurde es für alle High-School Schüler zur Pflicht, die in der letzten Klasse geforderten technischen Standards zu erfüllen, um ihr Diplom zu erhalten. Außerdem konnte ein Technikkurs mit bestimmtem mathematischem und naturwissenschaftlichem Inhalt ein Jahr der obligatorischen drei Jahre Mathematik oder Naturwissenschaften ersetzen.

Drei von der National Science Foundation geförderten großangelegten Projekte haben zur Weiterbildung von Techniklehrern und der Verbesserung des Lehrplanmaterials beigetragen. Diese Projekte steigerten die Fähigkeiten der Lehrer, halfen dabei, Technische Bildung in Grundschulen zu verankern, verbesserten die Kollegialität zwischen Technik-, Mathematik- und Naturwissenschaftslehrern und erhöhten den Status dieser Disziplin.

Die im Bundesstaat New York gesammelten Erfahrungen haben gezeigt, daß die Einführung einer neuen schulischen Disziplin Reformen auf vielen Ebenen erfordert. Obwohl Belange wie die inhaltliche Basis der neuen Disziplin, Entwicklung von Unterrichts- und Bewertungsstrategien und die Entwicklung zeitgemäßer pädagogischer Ansätze den Kern dieser Reformbemühungen darstellten, so trifft es doch ebenso zu, daß die Agenda der Reform erhebliche, häufig unterschätzte, politische Dimensionen hat.

Politik hat das Potential, Fortschritt zu verhindern, indem der Schwerpunkt der Debatte nicht auf Unterrichtsangelegenheiten gelegt wird, sondern auf Angelegenheiten, die nicht an der Oberfläche liegen - geheime Agenden von einflußreichen Interessengruppen; Gewinner und Verlierer im Nullsummenspiel der siebeneinhalb Schultage; allgemeiner Widerstand gegen den Wandel; und Werte, die die klassischen akademischen Kerndisziplinen (mit ihrer langen Tradition) privilegieren und zwar auf Kosten der neu entstehenden Disziplinen mit wenig Tradition.

Einige der Hindernisse, mit denen die Implementierung Technischer Bildung zu kämpfen hat, liegen in der öffentlichen Wahrnehmung begründet; andere in der schwierigen intellektuellen Herausforderung, die eine Änderung der Strukturen innerhalb eines so traditionsverhafteten Systems, wie eben dem Bildungssystem, mit sich bringt. In jedem Abschnitt des Reformprozesses sind auch politische Themen involviert. Dieser Vortrag versucht, diese Themen und die politischen Sachverhalte zu klären, die damit verbunden sind, Technische Bildung in die Hauptströmung des bestehenden erziehungswissenschaftlichen Kontextes zu bringen. Die im Bundesstaat New York gewonnenen Erfahrungen dienen dabei als Fallstudie.

Geschichte der Reform der Technischen Bildung im Bundesstaat New York

Noch zu Beginn des neuen Jahrtausends gibt es in den Vereinigten Staaten neben dem Bundesstaat New York nur noch einen einzigen weiteren Bundesstaat (Maryland), in dem Technische Bildung ein obligatorisches Schulfach ist. Das ist der Stand, trotz zweier Jahrzehnte der Reformen, während derer Befürworter der Technischen Bildung auf staatlicher Ebene Allianzen mit Politikern, Kollegen aus anderen Disziplinen, Mitgliedern gesetzgebender Körperschaften, Akademikern und Industriellen schmiedeten.

Im Bundesstaat New York, wie auch in anderen Staaten und Ländern, entwickelte sich Technische Bildung aus dem Werkunterricht heraus. Im Jahr 1981 bewilligte die Schulbehörde des Bundesstaates New York ein dreijähriges Projekt zur Zukunft des Werkunterrichtes, bei dem sich Industrielle und Lehrer darum bemühten, den neuen Lehrplan an die Erfordernisse der heutigen Gesell-

schaft anzupassen[1]. Das Komitee empfahl einen Wechsel von industriebezoge-
nen zu technikorientierten inhaltlichen Grundlagen und schlug vor, den Werkunterricht neu zu konzipieren und in Technische Bildung umzubenennen. Ein
neuer Unterrichtslehrplan wurde entwickelt und eine einjährige obligatorische
Pflichtveranstaltung für alle Schüler von Middle-Schools wurde 1986 in die
Verordnungen der Schulbehörde aufgenommen.

Um Kurse für Technische Bildung inhaltlich genau zu bestimmen, wurden neue
High-School-Kurse eingeführt (einschließlich des Flaggschiffes „Grundlagen
der Ingenieurwissenschaften", ein 1989 entwickeltes Programm). Das Programm „Grundlagen der Ingenieurwissenschaften" verpflichtete national führende Persönlichkeiten aus den Bereichen der Ingenieurwissenschaften und deren Lehre, um die Teams zur Erstellung der Lehrpläne bei der Entwicklung von
Fallstudien zu unterstützen, in deren Kontext Mathematik, Naturwissenschaften
und Technik gelehrt werden können.

1996 entwickelte die Schulbehörde des Bundesstaates New York eine Reihe von
K-12 Lernstandards für jede schulische Disziplin. Ein Komitee von Experten
aus Mathematik, Naturwissenschaften, Ingenieurwissenschaften und Technik
generierten in einem einzigartigen Ansatz eine Reihe von Standards für Mathematik, Naturwissenschaften und Technik (die MST-Standards), deren Schwerpunkte nicht nur auf dem Inhalt der Disziplin lagen, sondern auch auf Wechselbeziehungen und allgemeinen Themen[2]. Technische Bildung wurde zum ersten
Mal als Partner bei dem Unternehmen angesehen, die MST-Kompetenz zu steigern.

Im Jahr 1999 verfügte der Verwaltungsrat des Bundesstaates New York, daß
Studenten die Abschlußstandards für Technik erfüllen müssen, um ihr Diplom
zu erhalten und daß ein Technikkurs mit bestimmten Inhalten der Mathematik
und Naturwissenschaften eines der drei Pflichtjahre in Mathematik oder den
Naturwissenschaften ersetzen kann[3].

Drei großangelegte, von der National Science Foundation geförderte Projekte
trugen zur Weiterbildung von Techniklehrern und der Entwicklung von Lehr-
planmaterial bei. Diese Projekte halfen dabei, Technische Bildung in Grundschulen einzuführen, förderten die Kollegialität zwischen Lehrern der Technik,
Mathematik und Naturwissenschaften und hoben das Ansehen dieser Disziplin.

Die im Bundesstaat New York gesammelten Erfahrungen haben gezeigt, daß die
Einführung einer neuen schulischen Disziplin eine Reform auf vielen Ebenen
beinhaltet. Obwohl schulische Belange wie die inhaltliche Basis der neuen Dis-

---

[1] Industrial Arts Futuring Committee 1982
[2] New York State Education Department 1996
[3] New York State Education Department 1999

ziplin, Entwicklung von Unterrichts- und Bewertungsstrategien und die Entwicklung zeitgemäßer pädagogischer Ansätze den Kern dieser Reformbemühungen darstellten, so trifft es doch ebenso zu, daß die Agenda der Reform erhebliche, häufig unterschätzte, politische Dimensionen hat.

Politik war bislang ein allgegenwärtiger Bettgenosse; Fortschritt wurde verhindert, indem der Schwerpunkt der Debatte nicht auf erziehungswissenschaftlichen Themen lag, sondern mehr auf verborgene Agenden. Diese Agenden wurden entweder von den zukünftigen Gewinnern und Verlierern im Nullsummenspiel der siebeneinhalb Schultage bestimmt oder von denen, die die klassischen akademischen Kerndisziplinen mit langer Tradition gegenüber den neu aufkommenden Disziplinen, die die Integration von Wissen und projektorientiertes Lernen befürworten, favorisierten.

Einige Details über New York

• 18 Millionen Einwohner; 3.3 Millionen Schüler
• 2,8 Millionen Schüler in öffentlichen Schulen (Public Schools); 500,000 Schüler in nicht-öffentlichen Schulen
• 59% Kaukasier (Europäer/Nordafrikaner/Asiaten); 19.3 % Farbige; 16.4 % Spanischsprachige; 4.9% Bewohner asiatischer/pazifischer Inseln; 0.4% Amerikanische Indianer
• 80% der Schülerminorität in fünf Städten
• 4,092 Schulen; 709 Schulbezirke
• 30% der Schüler sind auf Schulen mit hohem Armenanteil (41% der Familien erhalten Sozialhilfe)
• 2850 Techniklehrer im Bundesstaat New York
• 500,000 Schüler pro Jahr belegen Technikkurse
• Technische Bildung ist an allen Middle-Schools für ein Jahr obligatorisch
• Auf High-School Ebene müssen die Schüler die Standards erfüllen, doch das Programm wird nicht bewertet. Kursbeispiele: Grundlagen der Ingenieurwissenschaften, CAD, digitale Elektronik, Materialbearbeitung, Kommunikationssysteme, Computeranwendungen.

Die Politik der Reform

Reformen des Unterrichts sind Veränderungsprozesse; die Veränderungen beinhalten die Annahme neuen Verhaltens und neuer Praktiken, neuer Überzeugungen und Verständnisse und die Entwicklung und Verwendung neuer Materialien[4]. Im Falle der Reform der Technischen Bildung in New York wurde von den Lehrern, Mitarbeitern von Verwaltungen und Schülern ein neues Verhalten verlangt, neue Überzeugungen und neues Verständnis von hochrangigen Politikern

---

[4] Fullan 1993

und Wirtschaftsführern; neue Materialien umfaßten neue konzeptuelle Rahmen-programme, Lehrpläne, Lernaktivitäten für Schüler und Hilfsmaterial für den Unterricht.

Neue pädagogische Unterrichtsmethoden (z. B. Konstruktivismus und inte-griertes Lehren und Lernen) wurden von anderen Disziplinen entliehen, vor al-lem aus dem naturwissenschaftlichen Unterricht. Neue Partner wurden für die Zusammenarbeit im Kreuzzug für Technologische Kompetenz gewonnen, und eine neue Führungsriege entwickelte sich. Die Reform beinhaltet somit die Ar-beit mit einer neuen Wählerschaft und der sich wandelnden Einstellung einer alten Wählerschaft. Wandel ist ein politischer Prozeß und eine Myriade von Themen müssen mitberücksichtigt werden.

Hindernisse der Reform

Die Hindernisse, denen sich die Implementierung Technischer Bildung in New York gegenübersieht, sind die gleichen, mit denen sich die Reform der Techni-schen Bildung im allgemeinen auseinandersetzt[5][6][7]. Einige davon stehen im Zu-sammenhang mit der Wahrnehmung in der Öffentlichkeit, andere mit der Schwierigkeit, strukturelle Änderungen in einem traditionsverhafteten System wie dem Schulsystem durchzuführen. In jedem Fall gibt es jedoch eine Ver-flechtung politischer Interessen mit jedem Abschnitt des Reformprozesses.

Wahrnehmung in der Öffentlichkeit

Thema 1: Der Begriff Technik wird nicht richtig verstanden.

Technik ist ein Wort im allgemeinen Sprachgebrauch, das in vieler Hinsicht ge-bräuchlich ist. Manchmal verwenden wir den Ausdruck, um technische Mittel zu benennen. Manchmal meinen wir mit Technik Gebrauchsgegenstände (Stühle, Aspirin). Manchmal meinen wir eine Reihe von Prozessen. Unsere heutige Kultur verwechselt Wissenschaft mit Technik und legt leider keinen großen Wert auf Technische Kompetenz.

Die breite Öffentlichkeit versteht nur wenig von technischen Konzepten. Die meisten Leute haben in Bezug auf technische Fähigkeiten nur den Stand eines Anwenders von Geräten; der alles beherrschende Einfluß der Technik auf unsere Kultur und Gesellschaft wird nicht richtig begriffen.

Ein allgemeines Mißverständnis besteht darin, Technik sei ein Synonym für Computerhardware und Software. Die Einrichtung von Computerkursen befrie-digt das Bedürfnis der meisten Lehrer und Eltern nach Technischer Kompetenz.

---

[5] Hacker 1993
[6] Dogan 1993
[7] Lee 1990

Die Öffentlichkeit hat nur eine begrenzte Vorstellung von Technischer Bildung als neuaufkommende schulische Disziplin.

Thema 2: Technische Bildung wird von ihrer Tradition überschattet.

Vorläufer der Technischen Bildung in diesem Land waren manuelle Fertigkeiten, handwerkliche Ausbildung und Werkunterricht. In den Schulen wurden sie im allgemeinen als Werkstattprogramme bezeichnet. Die Schüler lernten typischerweise den Umgang mit Werkzeugen, um aus festen Materialien (Holz, Metall, Kunststoff, etc.) Produkte für Verbraucher herzustellen.

Weltweit liegen die Ursprünge der Technischen Bildung (oder Design und Technik, wie der Unterricht in den ehemaligen Ländern des Britischen Commonwealth genannt wird) im handwerklichen Unterricht. In Großbritannien wurde mit einem enormen Kraftaufwand versucht, Anerkennung für diese Disziplin zu gewinnen. Im Jahr 1989 wurde ein neuer nationaler Lehrplan entworfen und festgeschrieben, in dem Technik eines der Grundlagenfächer auf allen Ebenen des Lehrplanes ist[8]. Nichts desto trotz hat das Fach Technik und Design nur wenig politische Unterstützung in Großbritannien erfahren.

In einer im Jahr 1998 von dem geschätzten taiwanesischen Lehrer Dr. Lung-Sheng Lee durchgeführten Studie über Programme in Australien, Japan, Korea, dem chinesischen Festland, Malaysia, Neuseeland, den Philippinen und Taiwan wurden die Schlußfolgerungen gezogen, daß (1) die Entwicklung der Disziplin in diesen Ländern ebenfalls vom Handwerk zur Technik vonstatten ging und daß (2) daß Technische Bildung immer noch allgemein als untergeordnetes Fach angesehen wird[9].

Diskussion der Themen

Schulische Initiativen sollten neue Programme beinhalten, die den Lehrern helfen, kompetenter in Mathematik und den Naturwissenschaften zu werden, bewandert in den allgemeinen (übertragbaren) technischen Grundlagen (z. B. Systeme, Modelle) und vertraut mit neuen und leistungsfähigen Informationstechnologien.

Aktuelle pädagogische Vorstellungen (Methoden, den Lernenden einzubinden und zu bewerten) müssen in die Kultur des Technischen Unterrichts mit integriert werden. Die Philosophie des Konstruktivismus (die den Lernenden als aktiven Teilnehmer in der Transaktion zwischen Lehrer und Schüler sieht - aktive Teilnahme anstelle passiven Wissenskonsums) sollte die Unterrichtspraxis beeinflussen[10]. Die Entwicklung leistungsorientierter Bewertungen (Mappe der

---

[8] National Curriculum Council 1989
[9] Lee 1990
[10] Brooks 1993

Schüler, Präsentationen, Projekte) sollten die eher traditionellen Prüfungsmethoden ergänzen.

Es sollte Unterrichtsmaterial entwickelt werden, das das Wissen des Lernenden wiedergibt, sich als vorteilhaft in der pädagogischen Praxis erwiesen hat und inhaltlich auf den nationalen und bundesstaatlichen Standards beruht.

Technische Bildung erhält eine neue Führungsriege durch Lehrer der Naturwissenschaften und des Ingenieurwesens. Es gibt eine neue, wachsende Allianz zwischen Mathematik, Naturwissenschaften und Technik in New York und der ganzen Nation; die ingenieurwissenschaftlichen Berufe zeigen ein zunehmendes Interesse an Technischer Bildung.

Themen des Strukturellen Wandels

Thema 3: Die Erfordernisse des neuen Jahrtausends hinsichtlich der Fähigkeiten der Lehrer und der Bedürfnisse der Schüler wurden nicht erfüllt.

Techniklehrer wurden traditionell als Lehrer für den Werkunterricht ausgebildet, und es mangelt ihnen an Fähigkeiten im Bereich der Mathematik, Naturwissenschaften, Computerwissenschaften und Ingenieurwissenschaften. Die meisten Lehrer anderer Schulfächer haben außer Computerkenntnissen keine Kenntnisse im technischen Bereich. In den meisten Fällen erhalten Grundschullehrer herzlich wenig Kenntnisse in den Naturwissenschaften und so gut wie keine Ausbildung in Technischer Bildung während ihres Lehramtsstudiums. Der Schwerpunkt liegt auf Rechnen, Schreiben und Lesen. Die meisten schließen ihr Studium mit einem „Master of Arts" ab; nur wenige mit einem „Master of Science".

Nach den Erfahrungen, die wir während unseres Projektes der National Science Foundation mit Lehrern ohne Spezialkenntnisse machten, gibt es bei ihnen eine Schwellenangst vor Technik (besonders hinsichtlich des Gebrauchs von technischen Anlagen), die jedoch schnell überwunden wird. Auf der Grundschulebene sind Lehrer sehr offen dafür, Design und Technik als Lernkontext einzusetzen.

Dies spricht für eine Neukonzipierung der Aus- und Weiterbildung für alle Lehrer, ebenso für Techniklehrer, von denen viele traditionell als Lehrer für den Werkunterricht ausgebildet wurden. In den Vereinigten Staaten unterrichten viele traditionell ausgebildete Techniklehrer noch immer im sicheren Bereich des Handwerks, das am äußeren Ende der Ingenieurwissenschaften anzusiedeln ist. Somit wurden die Erfordernisse des neuen Jahrtausends hinsichtlich der Lehrerfähigkeiten und der Schülerbedürfnisse nicht erfüllt.

Thema 4: Zeit ist im Schultag nicht zu bekommen

Für eine Disziplin mit nur kurzer Tradition wie die Technische Bildung, bietet das Schulwesen nur wenig Spielraum. Technik ist normalerweise ein Wahlfach, das sich im Kampf um die Zeit im Schultag mit traditionsreichen Pflichtfächern messen muß. Ohne eine breitangelegte Unterstützung wollen jene, die ihre speziellen Interessen wahren möchten, den Status Quo erhalten. Die Schulen müssen neu überdenken, wie die Zeitverteilung im Lehrplan im Angesicht sozialer Veränderungen aussehen soll. Müssen denn alle Kinder zwölf Jahre lang Geschichtsunterricht haben und dafür auf Technischen Unterricht verzichten ?

Thema 5: Es gibt einen Lehrerengpaß in der Technischen Bildung.

Mit weniger als 300 Lehrern im gesamten Bundesstaat und einer nicht sehr traditionsreichen Disziplin erfährt Technische Bildung nur wenig Beachtung als mögliche berufliche Laufbahn durch Collegestudenten und deren Eltern und somit gibt es nur wenig Kandidaten dafür. Es gibt nur vier Institutionen im Bundesstaat New York, die Ausbildungsprogramme für Lehrer der Technischen Bildung anbieten. Die Lehrerschaft altert. Die Gehälter sind nicht hoch genug, um Qualität und Quantität anzuziehen. Fachlich begabte Personen finden typischerweise anderswo eine höher bezahlte Arbeit. Wenn die Schulbezirke keine Techniklehrer finden können, werden Programme eingestellt und Laboratorien in Klassenräume oder Büroräume umgewandelt. Ist dies erst einmal geschehen, werden die Programme nur selten wieder aufgenommen. Es wird geschätzt, daß im Jahr 2001 in den Vereinigten Staaten 13.000 zusätzliche Lehrer benötigt werden. In den letzten drei Jahren schlossen jährlich im Durchschnitt nur 727 Lehramtskandidaten ihr Studium ab, somit ist ein Defizit von mehr als 9.000 Lehrern bis zum Jahr 2001 vorhersehbar.

Diskussion der Themen

Technische Bildung hat innerhalb der letzten zehn Jahre eine beachtliche Metamorphose durchgemacht, doch viele Programme befinden sich noch immer in einem Übergangsstadium. Für die aus- und weiterbildenden Lehrer, ebenso wie für die Universitätsdozenten für das Lehramt muß Unterstützung gewährt werden bei ihren Bemühungen, sich von Traditionen zu lösen und ihre Lehrmethoden an zeitgemäße Philosophien und studentische Bedürfnisse anzupassen.

Finanzielle Anreize sollten geschaffen werden, um neue Lehrer für den Bereich der Technischen Bildung zu gewinnen. So bietet zum Beispiel Massachusetts bei Unterschrift einen Bonus von 25.000 US-Dollar. Florida vergibt 10.000 Dollar als Ausbildungskredit. Alternative Karrierewege sollten für Angehörige anderer technischer Berufe (z. B. Ingenieure und Architekten) eröffnet werden, um zertifizierte Techniklehrer zu werden.

Es gibt nur wenig Chancen, daß das gesamte Schulsystem soweit umgestaltet wird, daß Technische Bildung zu einer schulischen Priorität wird, dennoch gibt es vielfältige Möglichkeiten, mit deren Hilfe technische Inhalte gelehrt und erlernt werden können, und diese sollten genutzt werden.

Technische Inhalte können in Einzelkursen gelehrt werden (z. B. Elektronik), als im Team unterrichtete Kurse (mit Mathematik-, Physik- und Techniklehrern, die sich den Unterricht teilen), integriert in andere Fächer oder als Kontext für interdisziplinäres Lernen genutzt werden. Technik kann zu einem höchst effektiven integrativen Faktor in den Schulen werden, da bei den Lösungen für technische Probleme häufig Bereiche wie Ästhetik, Sprachen, Mathematik, Naturwissenschaften, Geschichte und Politik involviert sind.

Alle Grundschullehrer sollten während des Vordiplom- und Diplomstudienganges technischen Unterricht erhalten (auch technische Weiterbildungen sollten angeboten werden), so daß Kindern bereits in den ersten Schuljahren ein Basiswissen in Technischer Bildung vermittelt werden kann.

Obwohl flexible Systeme zur Beschaffung von Lehrern geschaffen werden müssen, so sind doch zertifizierte Speziallehrer mit einem breitangelegten technischen Hintergrund als erste Wahl für den Unterricht in der Sekundarstufe anzusehen. Doch auch Lehrer anderer Disziplinen sollten ermutigt werden, sich in ihrem Unterricht mit technischen Belangen und Anwendungen zu beschäftigen (z. B. können Chemielehrer auch Themen der Chemietechnik behandeln). Eine Aufteilung der Verantwortlichkeiten hat sicherlich Auswirkungen auf den von den Lehrern gestalteten Unterricht.

Zugrundeliegende politische Themen

Die zugrundeliegende öffentliche Wahrnehmung und struktureller Wandel sind die politischen Themen, die den Fortschritt verhindern können. Um neue pädagogische Ideen verankern zu können, neue Führung anzustreben und neue Partnerschaften zu schmieden, muß sich die Einstellung der Verantwortlichen ändern, auch sind intensive innerschulische Weiterbildungsmaßnahmen erforderlich (Lobbying). Neue Geldquellen müssen aufgetan werden und die Unterstützung von Förderinstitutionen, Mitgliedern gesetzgebender Körperschaften und Politikern ist unabdingbar.

Thema 6: Programme für Technische Bildung erfahren nur begrenzte politische Unterstützung.

Eine wesentliche Komponente der Bildungsreform ist die Unterstützung und Förderung durch bundesstaatliche Schulbehörden und politische Bildungsausschüsse bei der Initiierung der erforderlichen Programme für Technische Bildung (Unterstützung von oben für eine Reform von Grund auf). Ohne diese Fürsprecher gibt es keinerlei Spielraum. Wahlfächer können nicht mit Pflichtfächern konkurrieren. Ohne die benötigten Kurse mit begleitender staatlicher Überprüfung werden die Schuldistrikte auch weiterhin Technikprogramme nur sporadisch anbieten.

Der Bedarf an Technischer Bildung wurde von den meisten Politikern noch nicht verinnerlicht; er ist ihnen bis jetzt noch nicht bewußt geworden. Schulverwaltungen und Lehrer sehen sich einer Vielfalt von Anforderungen gegenüber. Eine breitangelegte Technische Kompetenz (die über Computerkenntnisse hinausgeht), wurde einfach nicht als Priorität für die schulische Bildung angesehen.

Es mangelt an der Unterstützung seitens Schulverwaltung und Eltern bezüglich der Aufnahme eines weiteren Unterrichtsfaches in den Lehrplan, ganz besonders dann, wenn die Zeiteinteilung im begrenzten Schultag beinhaltet, in Konkurrenz zu traditionsreichen Disziplinen zu treten und sie zu ersetzen.

Von der gesetzgebenden Seite und der Industrie wird Technische Bildung nur in begrenztem Maße unterstützt. Obwohl Technische Bildung die Mission der ingenieurwissenschaftlichen und industriellen Gemeinschaften fördern könnte, gibt es nur wenig formelle Förderung und überhaupt kein Lobbying.

Bei der Bildung von Kommissionen zur Betrachtung von schulischen Belangen erhält Technische Bildung nur selten die Beachtung, die sie verdient. Die gut publizierte TIMSS-Studie (Third International Math and Science Study = Dritte internationale Studie zu Mathematik und Naturwissenschaften) bezog sich auf Mathematik und auf Naturwissenschaften, jedoch nicht auf Programme zur Technischen Bildung. Im April 1999 gab es im US-Repräsentantenhaus eine Anhörung zum Thema „K-12 Mathematische und naturwissenschaftliche Bildung ". Der neueste Fall zu diesem Punkt ist eine von Bildungsminister Richard Riley neu geschaffene nationale Kommission „Mathematik- und Naturwissenschaftsunterricht im 21. Jahrhundert". Technische Bildung ist auf der nationalen Ebene nicht sichtbar.

Die neu herausgegebenen nationalen Standards zur Technischen Kompetenz sollten dazu dienen, um nationale Aufmerksamkeit zu erlangen. Organisationen wie die Nationale Akademie für Ingenieurwissenschaften und die Amerikanische Vereinigung zur Förderung der Naturwissenschaften haben führend zu diesen Bemühungen beigetragen.

Thema 7: Die finanzielle Förderung für Programme zur Technischen Bildung ist begrenzt.

Die Unterstützung der Technischen Bildung seitens der Regierung ist unzureichend. Während der letzten zehn Jahre gab die National Science Foundation der Förderung Technischer Bildung Prioritätsstatus. Daraus ergab sich die Förderung einer Reihe von großangelegten Projekten, die den Berufsstand voranbrachten und ihm einen höheren nationalen Status einbrachten. Eine bemerkenswerte Anstrengung ist die Entwicklung der Standards für Technische Kompetenz, veröffentlicht von der Internationalen Vereinigung für Technische Bildung und finanziert von NSF and NASA, um die nationalen K-12 Lernstandards für Technische Bildung einzuführen. Dies sind außerordentlich bemerkenswerte Initiativen zur Förderung der Technischen Bildung!

Weder in New York noch auf nationaler Ebene in den Vereinigten Staaten gibt es Rücklagen zur Förderung von Technischer Bildung. Trotz der führenden Rolle, die NSF und NASA eingenommen haben, haben die großen förderalen Förderprogramme Technische Bildung nicht als Priorität eingestuft. Einige Fördermaßnahmen der Regierung unterstützen berufliche Bildungsprogramme und sind ein zweifelhafter Segen für Technische Bildungsprogramme, da in Bundesstaaten, in denen diese Programme für die Förderung in Frage kommen, Technische Bildung auch weiterhin nur als berufliche Vorbereitung angesehen wird (im Gegensatz zur allgemeinen Bildung).

Diskussion der Themen

Mitglieder gesetzgebender Körperschaften und Bildungspolitiker sollten ermutigt werden, Mathematik und Naturwissenschaften zusammen mit Technik in der zukünftigen Gesetzgebung zu vereinen. So wäre es politisch klug, von der Führungsriege der Technischen Bildung gemeinsame Projekte und Beziehungen mit den Kollegen aus Naturwissenschaft, Mathematik und Ingenieurwissenschaft zu kultivieren.

Zusammenfassung

Trotz der weltweiten Beobachtung, daß Technik die Gesellschaft voranbringt, wurde Technische Bildung bislang nicht als schulische Kerndisziplin akzeptiert. Die Wahrnehmung in der Öffentlichkeit und Themen des strukturellen Wandels behindern Reformen. Jedes Thema innerhalb dieser Kategorien hat politische Dimensionen, die beachtet werden müssen, wenn eine Reform Erfolg haben soll.

Literatur

Brooks, J.G and M.G: In Search of Understanding: The Case for Constructivist Classrooms. ASCD, Alexandria, Va. 1993.

Dogan, H. and Alkan, C.: Problems Faced in Developing Technology Education (a Turkish Case). In NATO ASI Series: Advanced Educational Technology in Technology Education. Editors: Gordon, A., Hacker, M., de Vries, M.Springer-Verlag, Heidelberg, 1993.

Fullan, Michael: Restructuring Brief: Managing Change. North Coast Professional Development Consortium, University of Toronto, June 1993.

Hacker, Mike: Implementation Issues in Technology Education. In NATO ASI Series: Advanced Educational Technology in Technology Education. Editors: Gordon, A., Hacker, M., de Vries, M.Springer-Verlag, Berlin. 1993.

Industrial Arts Futuring Committee: Summary Report, New York State Education Department, Albany, N.Y., 1982.

Lee, Lung-Sheng: A Perspective of Technology Education in Taiwan, Republic
of China. Journal of Technology Education, Volume 2, Number 1, Fall,
1990.

New York State Education Department: Learning Standards for Mathematics,
Science, and Technology. Albany, N.Y., March 1996.

New York State Education Department,: Revisions to Part 100 of the Regula-
tions of the Commissioner of Education. Albany, N. Y., August 1999.

National Curriculum Council: Statuatory Orders, Technology. Her Majesty's
Stationary Office, London, 1989

Herausforderungen an Wissenschaft und Technik in Südafrika

Nico Beute, George Mvalo

Einführung

Information und Kommunikation sind wesentliche Elemente einer auf Know-How basierenden Wirtschaft, und die heutige Entwicklung von Information und Kommunikation bietet große Chancen für Länder, die bislang von der sich entwickelnden Welt abgeschnitten waren. Afrika benötigt qualifizierte Arbeitskräfte in den Bereichen der Ingenieurwissenschaften, Wissenschaft, Handel und Management. Afrika sieht sich der Herausforderung gegenüber, Technische Kompetenz zu erlangen und in der Weltwirtschaft international wettbewerbsfähig zu werden. Die zur Zeit stattfindenden technischen Entwicklungen bringen bislang unbekannte Möglichkeiten nach Südafrika und in andere Entwicklungsländer, doch nur, wenn Lehrer auch davon Gebrauch machen und unserer Nation zu Technischer Kompetenz verhelfen. Die Lehrer müssen ihre Chancen und auch ihre Verantwortung erkennen und motiviert sein, sich an einem Prozeß des lebenslangen Lernens zu beteiligen, um bei einer ständig fortschreitenden technischen Entwicklung immer auf dem neuesten Stand zu sein. Es ist die Aufgabe der Lehrer, der sich überschlagenden Technik in Südafrika zu helfen. Dieser Vortrag diskutiert die oben genannten Anforderungen an Naturwissenschafts- und Techniklehrer in Südafrika und anderen südafrikanischen Ländern. Mögliche Lösungen für diese Herausforderungen werden ebenfalls besprochen.

Übergang zu einer wissensorientierten Wirtschaft

Das 21. Jahrhundert braucht eine Bevölkerung, die über fundiertes Wissen im Bereich der neuesten wissenschaftlichen und technischen Erkenntnisse verfügt. Urgson und Trudel stellen fest, daß die Wirtschaft im 21. Jahrhundert wissensorientiert sein wird (Tabelle 1). Diese Aussage ist schwer zu bestreiten und muß im Vergleich mit der Zeit vom 17. bis zum 19. Jahrhundert gesehen werden, in der die Wirtschaft auf der menschlichen Arbeitskraft beruhte und dem 19. und 20. Jahrhundert, in der die Wirtschaft maschinenorientiert war. Information und Kommunikation sind wesentliche Elemente einer wissensorientierten Wirtschaft und die heutigen Entwicklungen in Informations- und Kommunikationstechnologien bieten Ländern, die bislang von der sich entwickelnden Welt abgeschnitten waren, ungeahnte Möglichkeiten. Beispiele für diese Technologien sind: das World Wide Web, das als globale Bibliothek gesehen werden kann; E-Mail, die schnelle und effektive globale Post; Multimedia, das Bildungsinstrument für Daten, Texte, Stimme und Bilder.

Die Rolle der Telekommunikation in dieser neuen wissensorientierten Wirtschaft darf nicht unterschätzt werden. In Afrika gibt es ein weites Betätigungsfeld für Verbesserungen in diesem Industriebereich. Ein gut entwickeltes Telekommunikationsnetz ist eine Voraussetzung für den Fortschritt und wesentlich für den Bildungssektor.

Tab. 1: Übergang zu einer wissensorientierten Wirtschaft

Merkmal	17.–19. Jh.	19.-20. Jh.	21. Jh.
Basis der Kompetenz	Menschliche Arbeitskraft	Maschinenorientiert	Wissensorientiert
Produktionsart	Handwerk/ Fabriken	Automatisierung	
Bereich	Lokal/ regional	Regional/ national	Global
Klassifikation der Industrie	Bestimmt; einzeln	Bestimmt; vielfach	Diffus; Architektur

Urgen & Trudel - IEEE Spectrum Mai '99 S.62

Die Telekommunikationsindustrie in Afrika steht am Beginn eines nicht vorhersagbaren Wachstums. In den Jahren 1996 und 1997 gab es fünf Privatisierungen afrikanischer Telekommunikationsunternehmen, im Vergleich zu nur einer im Zeitraum zwischen 1990 und 1995. Seit 1995 nahmen 15 neue private Mobilfunkunternehmen ihren Betrieb auf. Dutzende Internetprovider entstanden in den vergangenen zwei Jahren. Es gibt jedoch noch viel zu tun, wie aus der Anzahl der Telefonanschlüsse je 100 Einwohnern (teledensity) von Ländern ersichtlich wird, deren Telekommunikationsbetreiber zu den Top Ten in Afrika gehören, soweit es die Einnahmen betrifft. Afrika hat zwischen 700 und 800 Millionen Einwohner, es gibt jedoch nur ca. 13 Millionen Telefonanschlüsse auf dem gesamten Kontinent. Tokyo, New York und London haben jeweils eine höhere Anzahl zur Verfügung. Die Anzahl der Telefonanschlüsse in Südafrika beträgt 10,05 je 100 Einwohner. Unter den ersten zehn Ländern in Afrika befinden sich: Tunesien (6,44); Ägypten (4,99); Marokko (4,53); Kenia (0,823); Nigeria (0,35). Die durchschnittliche Anzahl der Telefonanschlüsse je 100 Einwohner für den afrikanischen Kontinent beträgt 1,84 für Festanschlüsse und 0,16 für Mobilfunkbetreiber. Mit Blick auf diese Zahlen sagt Sizwe Nxasana, CE Telkom SA: "Dies ist ein klares Indiz für den enormen und dringenden Bedarf einer Netzwerkerweiterung über den gesamten Kontinent. Dies trifft besonders zu, da die Infrastruktur der Telekommunikation und wirtschaftliches Wachstum unmittelbar miteinander verbunden sind. Die Tatsache, daß die Kosten für Technik ständig sinken, bedeutet, daß die Nationen Afrikas in der Lage sein sollten, so schnell wie möglich die neuesten und kostengünstigsten Technologien einzusetzen, um somit den Wert ihrer Investitionen noch weiter zu steigern. " (Angabe von Magoba, 1999)

Anforderungen an die Personalentwicklung

Das Ministerium für Kunst, Kultur, Wissenschaft und Technik (Department of Arts Culture Science and Technology, DACST) hat einen Bericht zur nationalen Lage von Forschung und Technik veröffentlicht. Dieser Bericht macht deutlich, daß Südafrika qualifizierte Arbeitskräfte in den Bereichen der Ingenieurwissenschaften, Wissenschaft, Wirtschaft und Management benötigt. Leider entsprechen die Universitätsabsolventen nicht immer diesen Anforderungen. Ein Faktor, der die Zahl der Studienanfänger für die universitären Studienfächer der Wissenschaft und Technik begrenzt, ist die geringe Anzahl von Schülern in den höheren Klassen, die als Prüfungsfächer Mathematik und Naturwissenschaften haben. Im Bereich des zweiten Bildungsweges sind hinsichtlich der Fächer Mathematik, Physik und Technik Verbesserungen dringend notwendig (DACST 1998 p27&31).

Das Wachstum der Fähigkeiten in den Naturwissenschaften, Ingenieurwissenschaften und der Technik sollte durch Politik gesteuert werden. Die GEAR-Strategie (GEAR: Growth, Employment and Redistribution Strategy) hat sich ehrgeizige Ziele gesetzt, sowohl hinsichtlich der Wirtschaft als auch in Bezug auf Personalentwicklung. Südafrika wird sich auf die Beseitigung von Barrieren gegenüber der heutigen Technik konzentrieren müssen, die aus der Einstellung der Menschen gegenüber Technik resultieren (DACST 1998 p ix). Aus diesem Grund spielen Bildungswissenschaftler auch eine so fundamental wichtige Rolle in unserer Gesellschaft. Dies trifft ganz besonders auf Lehrer von Wissenschaft und Technik zu, und um sie entsprechend ihrer wichtigen Aufgabe auszurüsten, sind Weiterbildungsmöglichkeiten von entscheidender Bedeutung.

Südafrika ist ein Mikrokosmos der globalen Situation, bekannt für zunehmende Armut und einen niedrigen Entwicklungsstand, in dem die Mehrheit der Landesbevölkerung am Rande der Gesellschaft lebt und abgeschnitten ist vom industriell fortgeschrittenen Sektor des Landes. Doch die Dinge ändern sich und es ist ermutigend zu sehen, daß schwarze Studenten und vor allem weibliche schwarze Studenten Ingenieurwissenschaften studieren, weil sie zur Entwicklung des Landes beitragen wollen (Jawitz J. 1999).

Südafrika: Eine führende Nation in Afrika

Bei der Betrachtung von Parametern wie zum Beispiel Bruttosozialprodukt, Anzahl der Haushalte mit Strom-, Wasser- und Telefonanschluß, relative Anzahl von Studenten universitärer Disziplinen und das Global Humanity Rating (siehe Abb. 3), so wird deutlich, daß Südafrika dasjenige Land ist, das dazu in der Lage ist, die Afrikanische Renaissance anzuführen. Südafrika verfügt über die Infrastruktur, technisches Können in Nischenbereichen und den Willen zur Entwicklung. Südafrika wird häufig mit entwickelten Ländern verglichen, wie zum Beispiel im World Competitive Yearbook von 1997, in dem Südafrika im Vergleich mit 46 Ländern im Bereich von Wissenschaft und Bildung an 45. Stelle lag und im Bereich von Wissenschaft und Technik auf Platz 46. Ein anderes Beispiel für solche Bewertungen ist die „Dritte internationale Studie für Mathematik und Wissenschaft" (Third International Mathematics and Science Study) in der ersichtlich ist, daß südafrikanische Studenten auf dem letzten Platz lagen hinsichtlich der Bewertung vieler wissenschaftlicher und mathematischer Kompetenzen (Howie 1998). Dabei muß man jedoch bedenken, daß Südafrika in diesen Studien mit entwickelten Ländern verglichen wurde, und man somit mit diesen Ergebnissen rechnen mußte. Der Entschluß der Bildungswissenschaftler Südafrikas, die Situation zum Besseren zu wenden und die führende Position, die Südafrika einnimmt, werden dazu beitragen, daß die Afrikanische Renaissance stattfinden wird.

Altersstruktur und Armut der Bevölkerung

Der große Anteil unserer Bevölkerung (35%) unter 15 Jahren (siehe Abb. 1), der noch der schulischen Bildung bedarf, stellt eine erhebliche finanzielle Belastung dar. Die große Zahl von Menschen, die in Armut leben, bedeutet gleichermaßen, daß man von den Eltern dieser Kinder keine finanzielle Beteiligung an der Schulbildung ihrer Kinder erwarten kann.

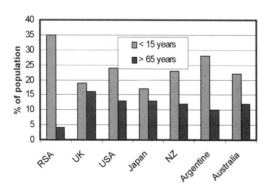

Abb. 1: Altersvergleich der Bevölkerung

Bildungsstand der Erwachsenen

Viele Eltern haben nicht den gleichen Bildungsstand wie ihre Kinder (siehe Abb. 2). Das erschwert es diesen Eltern, ihre Kindern zu motivierten, zu unterstützen und ihnen bei den Schularbeiten zu helfen. Dies macht die Aufgabe der Lehrer noch anspruchsvoller, da es insbesondere eine noch verantwortungsvollere Einstellung von ihnen verlangt. Die Lehrer können sich nicht auf die Eltern verlassen, wenn es darum geht, den Kindern bei fachbezogenen Fragen zu helfen, es ist auch nicht wahrscheinlich, daß Eltern das Wissen der Lehrer in Frage stellen. Somit ist die Integrität des Lehrers von außerordentlicher Bedeutung, und der Lehrer ist für gewöhnlich die einzige Wissensquelle, aus welcher der Schüler schöpfen kann.

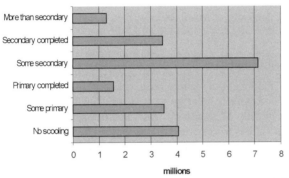

Abb. 2: Bildungsstand der Bevölkerung über 20 Jahre in Südafrika (Edusource 24 1999)

Begrenzter Bildungsetat

22% des nationalen südafrikanischen Haushaltsbudgets werden für die Bildung ausgegeben. Dieser Prozentsatz ist hoch im Vergleich zu anderen Ländern (siehe Abb. 3), vor allem deshalb, weil Südafrika eine so junge Bevölkerung hat. Südafrika kann es sich ganz eindeutig nicht leisten, noch mehr für Bildung auszugeben. Eine Analyse des für Bildung aufgewendeten Geldes in Provinzregionen zeigt, daß ca. 90% für Personalkosten ausgegeben werden, damit ist das Verhältnis Lehrer/Schüler ein wichtiger Bestimmungsfaktor bei den Bildungskosten.

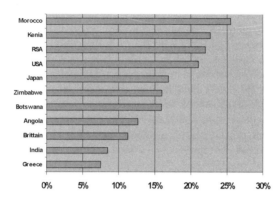

Abb. 3: Bildungsetat als prozentualer Anteil des nationalen Haushaltsbudgets
verschiedener Länder (Education Realities in SA '91 DNE

Hohes Verhältnis: Lehrer/Schüler

Bei den Bemühungen, Bildung in Südafrika kostengünstiger zu gestalten, gab es
Ansätze, das Verhältnis Lehrer/Schüler zu verbessern. Dies hat leider dazu ge-
führt, daß gut ausgebildete Mathematik- und Naturwissenschaftslehrer das
Schulsystem verlassen haben, weil sie leicht eine andere Beschäftigung finden.
Die Situation der unterqualifizierten Naturwissenschafts- und Mathematiklehrer
hat sich dadurch noch weiter verschlimmert.

**Unterqualifizierte Lehrer im Bereich der Mathematik, Naturwissenschaf-
ten und Technik**

Eine Analyse der Qualifikationen von Naturwissenschaftslehrern aus sieben
Provinzen (außer W Cape und Gauteng) hat ergeben, daß fast 60% von ihnen
unterqualifiziert sind. Die Situation sieht bei Mathematiklehrern ähnlich aus,
ungefähr 50% sind unterqualifiziert. Abgesehen von einigen Lehrern, die keine
akademischen Qualifikationen in den Naturwissenschaften oder Mathematik haben, die aber sich selbst weitergebildet haben oder Non-Credit-Bearing-Courses
(Kurse, bei denen keine Anrechnungspunkte auf ein für den Erwerb eines akademischen Grades zu erfüllendes Pensum gesammelt werden können, A.d.Ü.)
belegt haben und somit exzellente, gut vorbereitete Lehrer sind, ist das allgemein niedrige Niveau der Qualifikationen von Lehrern der Naturwissenschaften
und Mathematik alarmierend. Die Situation wird sich auch zukünftig nicht bes-
sern, wenn nicht drastische Schritte unternommen werden, um INSET-
Programme (In-Service Training) erfolgreich zu implementieren.

Die letzte Lehrerwelle, die den Lehrerberuf bei dem Ansatz aufgegeben hat, das Verhältnis Lehrer/Schüler zu verbessern, hat dem Berufsstand der Lehrer geschadet. Junge Menschen entscheiden sich jetzt nur widerstrebend für den Beruf als Lehrer, weil sie befürchten, keinen Arbeitsplatz als Lehrer zu bekommen. Eine kürzlich vorgenommene Erhebung unter Mathematik- und Naturwissenschaftslehrern hat ergeben, daß im ganzen Staat 12.000 qualifizierte Lehrer fehlen. Es würde 15 Jahre dauern, um diesen Rückstand aufzuholen, wenn jährlich 600 Lehrer an Bildungscolleges ausgebildet würden und 200 von Universitäten und Technikons (Fernuniversitäten). Das dauert natürlich zu lange. Hinzu kommt, daß Stipendien für Lehramtsstudenten nur schwer zu bekommen sind und die letzte Welle von Lehrern, die ihren Beruf aufgegeben haben, um das Verhältnis Lehrer/Schüler zu verbessern, hat zu einem dramatischen Rückgang der Lehramtskandidaten an Bildungscolleges, Universitäten und Technikons geführt.

Resultate des Senior Certificate

Im Jahr 1998 legten mehr als 550.000 Kandidaten ihr Senior Certificate (Prüfung für einen höheren Bildungsabschluß) ab, doch nur 20.000 bestanden die höhere Mathematikprüfung und lediglich 17.500 bestanden die höhere Physikprüfung. Es sind nur diese relativ wenigen erfolgreichen Kandidaten (nur ca. 3%), die sich für Studien an weiterführenden Bildungseinrichtungen qualifizieren, für deren Disziplinen Mathematik und Naturwissenschaften erforderlich sind, wie zum Beispiel Medizin und Ingenieurwesen. Abbildung 4 veranschaulicht in einer Analyse die Ergebnisse des Senior Certificates aus dem Jahr 1998. Die niedrige Erfolgsquote der Kandidaten des Senior Certificate in Mathematik

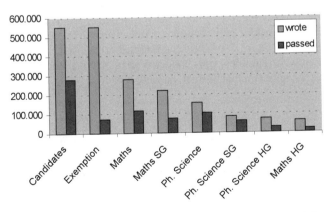

Abb. 4: Ergebnisse des Senior Certificate von 1998. (Bildungsministerium)

und Naturwissenschaften ist zum Teil dem Mangel an Naturwissenschafts- und Mathematiklehrern zuzuschreiben sowie deren niedrigem Qualifikationsniveau.

HIV/AIDS Pandemie

Kader Asmal, Bildungsminister Südafrikas, hat die Bedrohung durch HIV/AIDS zu einer seiner Prioritäten während seiner Amtszeit gemacht. Forschungsuntersuchungen bestätigen, daß die Gruppe der 15-25 Jährigen diejenige mit der höchsten Wahrscheinlichkeit ist, sich mit dem AIDS-Virus zu infizieren. Die Angehörigen dieser Gruppe sind teilweise noch im schulpflichtigen Alter. Die finanziellen Folgen, die der Verlust Tausender junger Leute aufgrund der Pandemie mit sich bringt, sind enorm. Auch das trägt zum Verlust Humaner Ressourcen in Gebieten, die zur wirtschaftlichen Entwicklung des Landes beitragen. Eine kürzlich von den Vereinten Nationen durchgeführte Studie ergab, daß sich schätzungsweise 4,2 Millionen Südafrikaner (10% der Bevölkerung) mit AIDS oder dem HIV-Virus infiziert haben. Siebzig Prozent aller auf der Welt infizieren Menschen leben in Afrika. Entsprechend der UN-Studie wird mehr als die Hälfte aller 15jährigen Jungen an AIDS sterben, wenn die Krankheit nicht angehalten wird (Cape Argus, Z65 July 2000).

Weiterbildung von Sozialwissenschaftslehrern

Während der vergangenen fünf Jahre erlebte das Schulsystem eine hohe Fluktuation von sehr erfahrenen und kompetenten Mathematik- und Naturwissenschaftslehrer aufgrund des staatlichen Voluntary Severance Package Systems (freiwilliges Programm zum Verlassen des Lehrerberufes). Das VSP war ein Versuch der Regierung, den aufgeblähten Öffentlichen Dienst zu rationalisieren, bei dem 98% des Etats für Gehälter aufgewendet werden und nur 2% für Schreibwaren, neue Klassenräume und den Bau von Schulen, etc. Um die Anzahl qualifizierter Mathematik- und Naturwissenschaftslehrer zu vergrößern, besteht eine Möglichkeit darin, Sozialwissenschaftslehrer in Mathematik und Naturwissenschaften weiterzubilden. Dies hat den Vorteil, daß die Kompetenzen der Lehrer in mehr als nur einem Fachgebiet vergrößert werden.

Berufswahl

Kürzlich durchgeführte Umfragen haben bestätigt, daß Schüler Entscheidungen bezüglich ihrer Berufswahl bereits in der 7. bis 9. Klasse treffen (Ogunniyi:1999). Lehrer (und bis zu einem bestimmten Grad auch Eltern) spielen dabei eine wesentliche Rolle, nicht nur hinsichtlich des Lernprozesses, sondern auch bei dem Entscheidungsprozeß der Schüler, welchen Beruf sie ergreifen sollen. Ein sinnvolles Eingreifen bei dem Prozeß, die Aufmerksamkeit der Schüler auf Mathematik und Naturwissenschaften zu lenken, muß Programme zur Bewußtmachung sowohl für Lehrer als auch für Eltern beinhalten. Wenn

Schüler bei ihrer Berufswahl in den Klassen 7 bis 9 richtig geleitet werden, so wird dies die Einstellung vieler Schüler gegenüber Wissenschaft und Technik verändern.

Herausforderungen der Afrikanischen Renaissance

Eine der wichtigen Herausforderungen, die die Afrikanische Renaissance entweder abbremsen oder ihr Auftrieb geben kann und damit dem Aufruf folgt, das 21. Jahrhundert zu einem Jahrhundert Afrikas zu machen, ist die Versorgung der Massen von Afrikanern mit Bildung. Der afrikanische Kontinent sieht sich immer noch einem inakzeptablen Niveau schulischer, wissenschaftlicher und technischer Unwissenheit gegenüber.

Die Rolle, die der afrikanischen Intelligenz und den Akademikern bei der Erneuerung und Wiedergeburt des afrikanischen Kontinents zukommt, ist heute viel größer als während der Zeit der Entkolonialisierung. Damit der Kontinent seinen rechtmäßigen Platz in der Weltarena zurückfordern kann, sind riesige Investitionen in das Bildungssystem notwendig. Viele afrikanische Länder sehen sich enormen Schwierigkeiten gegenüber, eine leistungsfähige wissenschafts- und technikbezogene Politik und ein System (science and technology policy and System) zu initiieren, geschweige denn zu implementieren. Einige dieser Schwierigkeiten werden in den folgenden Abschnitten diskutiert.

Mangel an Koordination und Mangel an politischer Ausrichtung hinsichtlich Wissenschaft und Technik

Einige afrikanische Länder haben eine wissenschafts- und technikbezogene Politik eingeschlagen, um die wirtschaftliche Entwicklung zu fördern. Die Entwicklungsbestrebungen dieser Länder werden jedoch durch einen Mangel an Koordination vereitelt.

In einigen Ländern Afrikas war die Verteufelung der Fortschrittsbestrebungen die Unfähigkeit der politischen Führungskräfte, ihren Ländern eine wissenschafts- und technikorientierte Politik zu geben. Eine klare Absichtserklärung der politischen Führer hinsichtlich der wichtigen Rolle, die Wissenschaft und Technik bei der Entwicklung zukommt, könnte auf den langen Weg zur Lösung von Entwicklungsfragen führen, wie zum Beispiel endemische Armut, Krankheiten, Arbeitslosigkeit, Handelsdefizit und Zahlungsbilanz. Einige afrikanische Länder haben nicht nur weiterhin Probleme mit unzureichender Koordination, sondern aufgrund der vielen Prioritäten, mit denen sie konfrontiert werden, gibt es keinerlei Ausrichtung der Politik seitens der afrikanischen Regierungen in Richtung einer Orientierung an Wissenschaft und Technik, geschweige denn, daß es als eine Topppriorität eingestuft würde. Die Folge dieser fehlenden Ausrichtung sind die chronische Stagnation und die Unterentwicklung in so vielen afrikanischen Ländern.

Unzureichende Ressourcen

Viele Länder Afrikas stehen vor gewaltigen Herausforderungen wie Armut, Arbeitslosigkeit, Krankheiten, Wohnungsnot, etc. Daraus folgt, daß ihre mageren Einkünfte darauf verwendet werden, einige dieser dringenden Bedürfnisse zu befriedigen. Bildung fällt dabei ans Ende ihrer Prioritätenliste zurück

Afrikas Bildungspolitik und Bildungssystem

Eine gesunde und leistungsfähige Politik der Wissenschaft und Bildung kann sich nur dann entfalten, wenn es auch ein leistungsfähiges Bildungssystem gibt. Viele afrikanische Länder haben über Jahre hinweg Millionen von Dollars für Bildung ausgegeben. Dies zu realisieren fällt den afrikanischen Ländern schwer, besonders den am wenigsten entwickelten. Bildung wird als Mittel zur wirtschaftlichen Entwicklung angesehen. Die Erkenntnis, daß die Aufnahmebedingungen für Bildungscolleges geringer sind im Vergleich zu denen an Universitäten und das niedrige Gehaltsniveau im Schulwesen haben es sehr erschwert, geeignetes Personal für den Lehrberuf zu finden.

Herausforderungen der Politik

Einige der Herausforderungen, denen sich afrikanische Länder gegenübersehen, sind politischer Natur und verlangen nach einem Eingreifen seitens der Politik. Die Durchsicht des Lehrplanes für wissenschaftliche und technische Bildung von der Schule bis zur Universität muß angesprochen werden. In einigen afrikanischen Länder verfügt das Bildungssystem immer noch nicht über eine gut strukturierte Verbindung zwischen High-Schools und Universitäten. Eine Durchsicht des Lehrplanes ist in dieser Hinsicht dringend erforderlich.

Massive Investitionen in die Bildung sind die wichtigste Voraussetzung für die Erneuerung und die Wiedergeburt des afrikanischen Kontinents. Es ist ermutigend, daß viele afrikanische Länder dank regionaler Organisationen wie der Entwicklungsgemeinschaft des Südlichen Afrika (SADC), der westafrikanischen Organisation ECOWAS und OAU damit beginnen, diese wichtigen Themen in Angriff zu nehmen. Der Prozeß, sämtliche Hindernisse auf dem Weg zur Entwicklung zu beseitigen, ist ein langfristiger Vorgang (Choi, 1983).

Weiterbildungsbedürfnisse von Lehrern

Es ist klar, daß Südafrikas akuter Mangel an qualifizierten Lehrern und die Notwendigkeit, daß Lehrer ihre Qualifikationen verbessern müssen, eine Situation ist, die für alle Lehrer der heutigen Welt zutrifft, in der lebenslanges Lernen aufgrund des schnellen Fortschritts in Technik und Wissen die Norm ist.

Lehrer müssen ebenfalls so ausgestattet werden, daß sie Modernisierungen im Lehrplan entsprechend nachkommen können. Das neue System der ergebnisorientierten Bildung zusammen mit dem Lehrplan 2005 stellt eine neue Herausforderung für die Lehrer im Klassenzimmer dar. Ergebnisorientierte Bildung bringt ebenfalls eine völlig neue Art der Bewertung mit sich, welche die Lehrer studieren und anwenden müssen. Eine 1992 durchgeführte Untersuchung der Bildungspolitik ergab, daß der allgemeine Lehrplan die Menschen für ein Leben als Bürger einer postindustriellen Ära ausbilden muß. Das beinhaltet nicht, daß der Lehrplan eine berufliche Orientierung erhält, sondern eher eine kritische Einbindung von Themen wie zum Beispiel Technik und die sozialen Aspekte der Arbeit in den Lehrplan. Mittels dieser Erkenntnisse können junge Leute die Fähigkeit entwickeln, das Ausmaß, in dem Technik ihr Leben steuert und prägt, zu verstehen, zu bewerten und in Frage zu stellen (NEPI 1992, p78). Das Fach Technik bringt den Lehrern ein ganz neues Lerngebiet. Der Bericht über das Projekt Technik 2005 besagt: „Effektiver Unterricht ist der einzig wichtige Faktor, der zur Steigerung der Bildungsqualität im Klassenzimmer notwendig ist" (Technology 2005). Dies verdeutlicht, wie wichtig Weiterbildungskurse für Lehrer sind.

INSET Programme

Angesichts der großen Zahl von Lehrern, die Weiterbildungen benötigen und den vielen Themen, die dadurch abgedeckt werden sollen, ist es nicht praktikabel, alle Fortbildungen als Vollzeitkurse durchzuführen. In diesem Fall sind IN-SET-Programme (In-Service Training) erforderlich. Wenn zum Beispiel mehr als 50% der Naturwissenschaftslehrer aus sieben Provinzen, die noch nicht für den Naturwissenschaftsunterricht qualifiziert sind, an Vollzeitkursen zur Verbesserung ihrer Qualifikationen teilnehmen würden, so gäbe es einen akuten Lehrernotstand im Klassenzimmer. Dies zeigt deutlich, daß die einzige Möglichkeit für Lehrer, sich für die neue Unterrichtumgebung vorzubereiten und den täglichen Herausforderungen zu stellen, darin liegt, INSET-Programmen zu absolvieren.

Schlußfolgerungen

Wissenschaftliche und Technische Kompetenz sind Voraussetzungen für die Entwicklung in Südafrika. Lehrer können und werden zur Entwicklung in Südafrika beitragen, doch sie müssen entsprechend ausgestattet werden, um unserer Nation zu wissenschaftlichem und technischem Fortschritt zu verhelfen. Dann können Lehrer ihre Schüler dazu ermutigen, Mathematik, Naturwissenschaften und Technik als Fächer zu wählen und unsere Jugend anleiten, verantwortungsvolle, technisch kompetente Bürger unseres Landes zu werden.

Es ist notwendig, strategisch vorzugehen und alle, die hier eine Rolle spielen, müssen zusammenarbeiten, um die Lehrerschaft mit allen Fähigkeiten auszustatten, die in der heutigen Welt gebraucht werden. Südafrika hat einen enormen

Bedarf an geeigneten Weiterbildungen für die Lehrerschaft und INSET-Programme können hierzu beitragen. Universitäten, Technikons (Fernuniversitäten), Bildungscolleges und Bildungsministerien müssen zusammenarbeiten, um Bildungsangelegenheiten Priorität zu verleihen, Credit-Bearing-Fortbildungsprogramme (Kurse, bei denen Anrechnungspunkte = Credits auf ein für den Erwerb eines akademischen Grades zu erfüllendes Pensum gesammelt werden können, A.d.Ü.) zu entwickeln, diese Programme vorzustellen und den Fortschritt zu bewerten.

Durch die Zusammenarbeit von Provinzen und verschiedenen SADC-Ländern können sich enorme Vorteile ergeben. Wir stehen alle ähnlichen Herausforderungen gegenüber und Lösungen, die für einen Bereich entwickelt werden, können häufig auch an anderer Stelle verwendet werden. Dies trifft ganz besonders dann zu, wenn moderne Telekommunikationstechniken genutzt werden.

Literatur

DACST.: Technology and Knowledge: Synthesis Report of the National Research and Technology Audit, prepared by the FRD for DACST; 1998

Howie, SJ.; Hughes, CA.: Mathematics and Science literacy of final year school students in SA: A report on the performance of SA students in the Third International Mathematics and Science Study (TIMSS); HSRC 1998

Jawitz, J.: Why do Women Select to Study Engineering? in Women in Science Conference; University of Cape Town; 7-8 October 1999.

Makgoba MW (ed).:"Telecommunications in Africa" in African Renaissance, the new struggle, Tafelberg Publishers Ltd, 1999

NEPI National Education Policy Investigation.: Human Resources Development. Report of the NEPI Human Resources Development Research Group. 1992

Technology 2005: National Task Team. The HEDCOM Technology 2005 Project: Final report to HEDCOM. 1999

Ingenieurwissenschaftlich orientiertes Paradigma für Technische Bildung K-12

Thomas T. Liao

Einführung

Der Präsident der Nationalen Akademie für Ingenieurwissenschaften, W. A. Wulf sagte in Bezug auf Technische Kompetenz: „Es ist wert, zu erkennen, daß die Sicht auf Technische Kompetenz, wie sie in diesen Standards dargestellt wird, Computertechnologie und Internet umfaßt, doch liegt der Schwerpunkt nicht allein auf diesen Technologien, die ja nur einen kleinen Teil unserer von Menschen gemachten Welt ausmachen"[1].

Um bei der Betrachtung der Technik oder Technischen Bildung der Hauptströmung des US-amerikanischen Bildungssystems K-12 zu folgen, müssen wir uns näher mit den entsprechenden Bedürfnissen und Wissensgebieten auseinandersetzen. Wenn der Schwerpunkt von Technischer Bildung im 21. Jahrhundert auf Technikdesign und den damit verbundenen Fähigkeiten und Konzepten zur Problemlösung liegt, sind ingenieurwissenschaftliches Denken, Konzepte und Disziplinen als Paradigmen für die Organisation unserer Lehrpläne und Lehrervorbereitung der richtige Weg. Die Implementierung der neu herausgegebenen „Standards für Technische Kompetenz: Inhalt für das Studium der Technik" kann sehr von der Implementierung des vorgeschlagenen Ansatzes profitieren.

Zusätzlich zu den Gründen, die für den Einsatz der Ingenieurwissenschaften als Paradigma für die Entwicklung des K-12 Lehrplans und des Lehrprogramms sprechen, werden in diesem Vortrag spezifische Beispiele für Programme im Bundesstaat New York angeführt, die in den vergangenen 10 Jahren gezeigt haben, daß eine ingenieurwissenschaftlich orientierte technische Ausbildung äußerst effektiv ist. Zur Zeit werden Lehrer für Technik und andere Bereiche dieses neuen Ansatzes professionell in Workshops durch praktizierende Lehrer ausgebildet. Um zukünftige Lehrer im Bereich der Ingenieurwissenschaften auszubilden, werden zur Zeit neue Vorbereitungsprogramme für Ausbildungslehrer konzipiert. Dieser Vortrag schließt mit einer Diskussion zur Entwicklung eines neuen Zertifikates der Technischen Bildung (Advanced Graduate Certificate in Technology Education), das Studenten mit ingenieurwissenschaftlichen Abschlüssen beim Abschluß des Programms als Lehrer im Technikbereich anerkennt und zertifiziert.

---

[1] Standards for Technological Literacy 2000

Grundprinzip und Lernstandards

Alle K-12 Lehrpläne und Anweisungen beziehen sich auf einen Wissenskorpus, der den Test der Zeit bestanden hat und der ständig überprüft und verbessert wird. Der Bereich der Ingenieurwissenschaften ist die Disziplin, die am besten den neuen nationalen US-Standards für Technische Studien und Technische Kompetenz entspricht. Wenn die K-12 Programme für Technische Bildung jemals den gleichen Status wie die benachbarten Programme der naturwissenschaftlichen und mathematischen Bildungsprogramme haben sollen, müssen wir unsere Programme auf einer ingenieurwissenschaftlich orientierten Basis konzipieren. Zukünftige sowie bereits praktizierende Lehrer müssen ingenieurwissenschaftliche Prozesse und ihren Bezug zum Aufbau und Betrieb moderner technologischer Systeme besser verstehen.

Die Durchsicht der Standards sowohl auf nationaler als auch auf Bundesstaatsebene zeigen, daß Ingenieurwissenschaften eine hervorragende Basis für Techniklehrer und die Entwicklung des Lehrplanmaterials für die Lernstandards darstellen. Ein Grund, der für die Übernahme eines ingenieurwissenschaftlich orientierten Paradigmas spricht, ist, daß die Ausrichtung der Standards jenen der Ingenieurwissenschaften entspricht.

Viele der zwanzig Technikstandards haben Bezugspunkte zu ingenieurwissenschaftlichen Konzepten, Fähigkeiten und Disziplinen. Die folgenden konzeptionellen Standards weisen einen Bezug zu ingenieurwissenschaftlichen Studien auf:

* Technische Kernkonzepte
* Entwicklungsmerkmale
* Ingenieurwissenschaftliche Entwicklungstätigkeit
* Anwendung der Entwicklungsprozesse

Sechs der sieben Technikstandards mit Bezug zu verschiedenen Aspekten der Entwicklung haben Analogien im ingenieurwissenschaftlichen Bereich. Dies sind:

* Technologien im medizinischen Bereich
* Energie- und Leistungstechnologien
* Informations- und Kommunikationstechnologien
* Technologien im Transportwesen
* Herstellungstechnologien
* Technologien im Bauwesen

Anfang der neunziger Jahre veröffentlichte die US-amerikanische Behörde für Arbeit den SCANS-Bericht [Secretary's Commission on Achieving Necessary Skills] mit den folgenden zwei Zielen:[2]

1. Empfehlung der Fähigkeiten, die Schüler nach dem Abschluß der High-School benötigen, um ihren zukünftigen Arbeitsplatz effektiv auszufüllen und lebenslanges Lernen praktizieren zu können.

2. Bereitstellung zuverlässiger Bewertungsmethoden für diese Fähigkeiten auf unterschiedlichen Leistungsniveaus.

Der Autor gehörte einer Gruppe von Ausbildern an, die man gebeten hatte, sich an der Erstellung des SCANS-Berichtes zu beteiligen. Nach vielen Diskussionen wurden 27 praktische Fähigkeiten ermittelt und in fünf Hauptgruppen wie folgt eingeteilt:

• Ressourcenmanagement: Ermittlung, Organisation, Planung und Verteilung von Ressourcen
• Informationsmanagement: Beschaffung und Gebrauch notwendiger Informationen
• Soziale Wechselwirkungen
• Verstehen von Systemverhalten und Leistung
• Menschliche und technische Wechselwirkungen

Die vom SCANS-Bericht ermittelten praktischen Fähigkeiten mußten den folgenden Kriterien entsprechen. Sie mußten:

• der Komplexität der Arbeitsanforderungen entsprechen
• wichtig sein für eine effektive Leistung in einem breitgefächerten Spektrum von Berufsgruppen
• bezogen sein auf die Entscheidungen, die ein Arbeitnehmer an seinem Arbeitsplatz treffen muß

Die Rahmenrichtlinien des SCANS-Berichtes besagten, daß zukünftige Arbeitnehmer in eine praxisorientierte Umgebung miteinbezogen werden müssen, in der sowohl funktionale als auch anwendbare Fähigkeiten im Kontext von Praxis und arbeitsbezogenen Problemen stehen. Das Unterrichtsprogramm, das vom SCANS-Bericht für die High-Schools empfohlen wird, verläuft ähnlich wie die erfolgreichen ingenieurwissenschaftlichen Programme, die an zwei- und vierjährigen Colleges unterrichtet werden. Eine Möglichkeit, technische Bildung zu verbessern besteht daher darin, zukünftige Lehrer zu ermutigen, Technikkurse zu belegen und Hochschulkurse für High-Schools zu gestalten, die die zukünftigen Collegestudenten entsprechend vorbereiten.

---

[2] US Department of Labor 1992

Im Jahr 1996 veröffentlichte die Bildungsbehörde des Staates New York nach vier Jahren Entwicklungszeit MST-Lernstandards (Mathematics, Science and Technology) für die Bereiche Mathematik, Naturwissenschaften und Technik.[3] Als Co-Vorsitzender des Beratungskomitees für das Dokument hat der Autor die Entwicklung von neuen Standards geleitet, die zum ersten Mal ingenieurwissenschaftliches Denken und Konzepte mit in die K-12 Standards aufgenommen haben. Vier der sieben Standards, die auf den Vorstellungen und Konzepten ingenieurwissenschaftlicher Disziplinen beruhen, lauten wie folgt:

Standard 1:   Die Schüler sollen mathematische Analysen, wissenschaftliche Fragestellungen und ingenieurwissenschaftliches Design angemessen verwenden, um Fragen zu stellen, Antworten zu suchen und Lösungen zu entwickeln.

Standard 5:   Die Schüler sollen technisches Wissen und Fähigkeiten anwenden, um Produkte und Systeme, die der Bedürfnisbefriedigung von Menschen und Umwelt dienen, zu entwickeln, herzustellen, zu gebrauchen und zu bewerten.

Standard 6:   Die Schüler sollen sechs allgemeine (begriffliche) Themen verstehen, die mit Mathematik, Naturwissenschaft und Technik verbunden sind, um sie später auf diese und andere Wissensgebiete anwenden zu können. Diese sechs allgemeinen (begrifflichen) Themen sind:

- Systemisches Denken
- Modelle
- Größenordnung und Maßstab
- Optimierung
- Gleichgewicht und Stabilität
- Muster des Wandels

Standard 7:   Die Schüler sollen das Wissen und die Strategien des Denkens aus Mathematik, Naturwissenschaften und Technik anwenden, auf reale Situationen übertragen und Entscheidungen treffen.

Um die oben genannten Standards effektiv umsetzen zu können, müssen sowohl Ausbildungs- als auch Weiterbildungsprogramme das Studium von ingenieurwissenschaftlichen Programmen beinhalten. Lehrpläne und Unterricht müssen so gestaltet werden, daß sie den neuen ingenieurwissenschaftlich orientierten Lernstandards entsprechen. Um diesem Bedürfnis nachzukommen, haben meine Kollegen und ich in den vergangenen zehn Jahren drei K-12-Lehrpläne entwickelt und Lehrerfortbildungen begleitet, mit dem Ziel, die MST-Lernstandards

---

[3] Science and Technology 1996

des Bundesstaates New York und die bereits erwähnten nationalen Standards zu implementieren.

Ingenieurwissenschaftlich orientierter Lehrplan im Bundesstaat New York

Programm der Middle Schools : "Einführung in die Technik"

Während der vergangenen zwanzig Jahre wandelte sich das Programm für den Werkunterricht langsam zu einem neuen Paradigma, dessen Schwerpunkt auf dem Studium und der Entwicklung von Technik lag. Mitte der achtziger Jahre wurde ein neuer einjähriger Pflichtkurs für Technische Bildung in den Klassen 6-8 eingerichtet. Ein neuer Lehrplan zum Thema „Technische Bildung an Middle-Schools" war entwickelt worden, dessen Schwerpunkt vor allem auf dem Aufbau und Management der Technik lag. Ingenieurwissenschaftliche Ideen und Konzepte sowie angewandte Mathematik und wissenschaftliche Themen bildeten das Kernstück des Programms „Einführung in die Technik". Zehn Lehrplaneinheiten wurden entwickelt und waren damit Vorläufer des MST-Lernstandards, wie aus den Titeln der Einheiten ersichtlich ist.[4]

Diese Einheiten verwendeten TLAs [Technische Lern-Aktivitäten] um die Schüler für sich zu gewinnen und lauten:

- Technik kennenlernen
- Welche Ressourcen werden für Technik benötigt
- Wie setzt man Technik ein, um Probleme zu lösen
- Systeme und Teilsysteme der Technik
- Auf welche Weise beeinflußt Technik Mensch und Umwelt
- Die Auswahl der richtigen Ressourcen für technische Systeme
- Wie werden Ressourcen durch technische Systeme verarbeitet
- Steuerung technischer Systeme
- Technik und Gesellschaft: Heute und in der Zukunft
- Der Gebrauch von Systemen zur Problemlösung

Dieses ingenieurwissenschaftlich orientierte Programm bietet eine breitgefächerte Übersicht der Technik mit Betonung allgemeiner Prozesskompetenz. Die Schüler studieren mehrere technische Gebiete unter Verwendung des Systemansatzes. Der Gebrauch von Konzepten der Ingenieurwissenschaften, Mathematik und Naturwissenschaft hilft ihnen dabei, ein besseres Verständnis für den Aufbau und die Wirkungsweise technischer Systeme zu entwickeln. Alle Schüler der Middle-Schools des Bundesstaates New York werden ständig herausgefordert, technische Probleme zu lösen.

---

[4] New York State Education Department 1993

Prinzipien der Ingenieurwissenschaften: Fallstudie zur Integration von MST-Lernstandards

Über hundert High-Schools im Bundesstaat New York bieten zur Zeit als Wahlfach einen einjährigen Technikkurs an, der die Schüler in die folgenden vier allgemeinen ingenieurwissenschaftlichen Prinzipien einführt:[5]

• Entwicklungsprozesse
• Formgebung
• Systemanalyse
• Optimierung

Der Kurs wendet sich ebenfalls an die menschliche Seite des Ingenieurwesens beim Studium von:

• Technik und soziale Wechselbeziehungen
• Ethik des Ingenieurwesens

Der Unterricht der Prinzipien des Ingenieurwesens [POE=Principles of Engineering] erfolgt hauptsächlich mittels Fallstudien und damit den verbundenen Projekten. Hier der typische Ablauf eines Schuljahres:

Wochen 1-6:	Je eine Einführungswoche für die oben genannten sechs Themenbereiche
Wochen 7-12:	Fallstudie: Sicherheit im Auto
Wochen 13-18:	Fallstudie: Obdachlosenasyle
Wochen 19-24:	Fallstudie: Technik für Behinderte
Wochen 25-30:	Fallstudie: Maschinenautomatisierung
Wochen 31-36:	Fallstudie: Solarenergie
Wochen 37-40:	Ergonomie der Kommunikations- und Informationstechnologien

Das POE-Programm verwendet den Ansatz eines spiralförmigen Lehrplanes, bei dem die sechs Hauptthemen nach ihrer Einführung auf die Projekte der einzelnen Fallstudien angewendet werden. Jede Wiederholung der sechs Hauptthemen vertieft das Verständnis und zeigt, wie die Ideen auf unterschiedliche Situationen angewendet und gebraucht werden können. Der POE-Lehrplan spricht direkt die MST-Lernstandards 1, 5, 6, und 7 an und indirekt die Standards 2 [Gebrauch der Informationstechnologie], 3 [Mathematische Konzepte] und 4 [Naturwissenschaftliche Konzepte].

---

[5] New York State Education Department 1995

MSTe: Integrating Mathematics, Science and Technology in the Elementary Schools = Integration von Mathematik, Naturwissenschaft und Technik in den Lehrplan von Grundschulen

Dieses professionelle Entwicklungsprogramm für Grundschullehrer war eine direkte Antwort auf die Notwendigkeit, die MST-Lernstandards zu realisieren. Zur Zeit werden mehrere Ansätze zur Integration von Mathematik, Naturwissenschaft und Technik in Grundschulen [MSTe] erforscht. Um es anders auszudrücken, der Zweck dieser Initiative zur Bildungsreform ist es, Modelle für die Integration von MST-Standards zu entwickeln und den Gebrauch von Technik und naturwissenschaftlicher Fragestellung im Klassenzimmer zu fördern. Durch das Projekt werden Ingenieurwissenschaften und die damit verbundenen Technikstudien direkt von naturwissenschaftlicher und mathematischer Bildung für K-6-Schüler unterstützt.[6]

Das Projekt an Grundschulen befindet sich im vierten Jahr eines fünfjährigen Lehrerfortbildungsprojektes und wird von der National Science Foundation gefördert. Mit diesem Projekt arbeiten zusammen:

- 21 Schuldistrikte
- 3 regionale BOCES[7]
- 2 Schulen für Höhere Bildung (Die Universitäten Hofstra and StonyBrook)
- Brookhaven National Laboratory

Die in diesem Projekt betonten Ansätze - von den Schülern durchgeführte Forschungen und Erfindungen, Design und Recherchen, kooperatives Lernen - helfen den jungen wißbegierigen Menschen, Verantwortung für ihre eigene Ausbildung zu übernehmen. Die realen Problemstellungen, bei denen die Schüler ihren Kopf und ihre Hände gebrauchen müssen und die damit verbundenen Lernaktivitäten beflügeln die Schüler, weil sie den direkten Bezug zu dem Erlernten haben. Die Schüler sind sehr motiviert, wenn sie Mathematik, Wissenschaft und Technik integriert in ingenieurwissenschaftlich orientierte Projekte erlernen.

Advanced Graduate Certificate [AGC] in Technischer Bildung

Das vorgeschlagene Programm wurde entwickelt, um es Absolventen von ABET-anerkannten, ingenieurwissenschaftlichen Technikprojekten zu ermöglichen, einen Abschluß als Techniklehrer machen zu können (ABET = American Accreditation Board for Engineering and Technology). Es werden Kurse für Bildungspädagogik und technische Inhalte angeboten, so daß Ingenieure zertifi-

---

[6] MSTe Project 2000
[7] Board Of Cooperative Educational Services

ziert werden können, um im Bundesstaat New York K-12 Technische Bildung zu unterrichten.[8]

Bedürfnis: Technische Bildung ist ein neu entstandenes Gebiet an Schulen, deren Wurzeln im Werkunterricht liegen. Die meisten Techniklehrer wurden ursprünglich als Lehrer für den Werkunterricht ausgebildet. Das Wissen und die Fähigkeiten jedoch, die von einer zeitgemäßen Vision der Technischen Bildung gefordert werden, erfordern einen Bildungshintergrund, der sich mehr am Ingenieurwesen als am Werken orientiert. Werden Ingenieure dazu ermutigt, als Lehrer zu unterrichten, werden diese in ihrem neuen Berufsstand führend sein.

In den Vereinigten Staaten, und dort besonders in den Städten vieler Bundesstaaten, herrscht zur Zeit eine ernste Lehrerknappheit in den MST-Disziplinen, und dies aus zwei Gründen: Zum einen, da in den kommenden zehn Jahren viele Techniklehrer in den Ruhestand gehen und ersetzt werden müssen. Zum anderen wollen die Schuldistrikte mehr Kurse für Technische Bildung anbieten, um den nationalen Standards zur Technischen Kompetenz und denen des Bundesstaates zu entsprechen. Somit erhöht sich die Nachfrage nach einer neuen Generation von Techniklehrern. In einer 1999 durchgeführten Umfrage in den Schuldistrikten auf Long Island, ermittelte M. Hacker von der Behörde für Technik und Gesellschaft in StonyBrook, daß innerhalb der nächsten fünf Jahre 108 neue Techniklehrer in den Landkreisen Nassau und Suffolk benötigt werden. Eine ebenso große Nachfrage herrscht überall im Bundesstaat, wird aber nicht von den bislang durchgeführten Programmen berücksichtigt.

AGC-Lehrplan: Dieses Kredit-21 Absolventenzertifikatsprogramm befähigt Absolventen der Ingenieurwissenschaft mit der erforderlichen Erfahrung dazu, effektiv als Techniklehrer tätig sein zu können. Drei Kredit-3-Kurse integrieren Theorie und Praxis:

Grundlegende Kurse für den Unterricht:
[1] CEE 505 – Unterricht: Theorie und Praxis
[2] CEE 565 – Heranwachsen und Entwicklung von Jugendlichen

Methodikkurse:
[3] CEQ 577: Methoden der Technischen Bildung I
[4] CEQ 578: Methoden der Technischen Bildung II

Unterricht unter Supervision:
[5] CEQ 584 – Unterrichtsseminar
[6] CEQ 580 – Unterricht unter Supervision I [K-8]
[7] CEQ 581 – Unterricht unter Supervision II [9-12]

---

[8] Letter of Intent 2000

Abschließender Kommentar

Um zu beweisen, wie wichtig die Übernahme des ingenieurwissenschaftlich orientierten Paradigmas für eine kontinuierliche Weiterentwicklung der Technischen Bildung ist, werden in diesem Vortrag vier Gründe aufgeführt. Der erste Grund hat sowohl eine politische als auch eine wissensorientierte Dimension. Wie bei M. Hacker bereits erläutert[9], mangelt es der Technischen Bildung noch an der vollen Akzeptanz seitens einiger Persönlichkeiten in der Schulverwaltung und in der Politik. Da es sich um ein interdisziplinäres Fach handelt, wird ihm nicht der gleiche Respekt entgegengebracht wie den benachbarten Fächern der Naturwissenschaften und Mathematik. Wenn nun Ingenieurwissenschaften die Grundlage sind, könnte sich dies ändern, unabhängig davon, ob der Grund dieses Mangels an Respekt nun politische oder inhaltliche Gründe hat.

Der zweite Grund für die Befürwortung dieses Ansatzes ist, daß neue nationale und bundesstaatliche Standards für Technische Bildung ihren Schwerpunkt vermehrt auf ingenieurwissenschaftliches Design, Formgebung, Systemanalyse und Optimierung legen. Diese neuen Bildungsstandards erfordern ebenfalls ein vermehrtes kontextbezogenes Erlernen von Mathematik und Wissenschaft. Da bei ingenieurwissenschaftlichen Studiengängen die Studenten Mathematik und Wissenschaft konkret anwenden, spricht dies dafür, diese Art des Unterrichts in das K-12-System einzuführen.

In diesem Vortrag wurden weiterhin drei Beispiele angeführt [K-5, 7-9, 10-12], die dafür sprachen, daß Lehrpläne und Unterricht, die ingenieurwissenschaftliche Studien und Konzepte als Paradigmenentwurf verwendeten, sehr gut durchführbare Alternativen darstellen. Der dritte Grund ist praktischer Natur und besagt einfach, daß dieser Ansatz funktioniert und für viele Schüler im Bundesstaat New York eine sehr aufregende und effektive Möglichkeit darstellt, Technische Kompetenz zu erlangen, wobei sie gleichzeitig davon profitieren, Mathematik und Naturwissenschaften auf sinnvollere Weise zu erlernen.

Der Vortrag schließt mit einem Vorschlag zur Vorbereitung einer neuen Generation von Lehrern für Technische Bildung, die als Hauptfach eine Ingenieurwissenschaft abgeschlossen und ein Zertifizierungsprogramm für Absolventen durchlaufen haben, mit dem sie zu leistungsfähigen Lehrern ausgebildet werden. Hier muß betont werden, daß diese neue Lehrergeneration das Ansehen des Berufsstandes heben wird.

---

[9] Hacker 2000

Literatur

Hacker Michael: The Politics of Technology Education Reform, Paper presented at the International Conference for Technology Education at the Technical University , Braunschweig, Germany, 2000

Letter of Intent for Advanced Certificate Program in Technology Education, School for Professional Development, SUNY at StonyBrook, N. Y., 2000

MSTe Project: Implementation and Resource Guide. Department of Technology and Society , SUNY at StonyBrook, N.Y., 2000

New York State Education Department: Introduction to Technology. Albany, N. Y., 1993

New York State Education Department: Principles of Engineering. Albany, N. Y., 1995

Science and Technology: Learning Standards for Mathematics. New York State Education Department, Albany, N. Y., 1996

Standards for Technological Literacy: Content for the Study of Technology, International Technology Education Association, Reston, Virginia, 2000

US Department of Labor: SCANS Report. 1992

Maßgebliche Konzepte zur Begründung des Lehrplanes von Design & Technology in England

Richard Kimbell

Einführung

Die Naturwissenschaften versorgen uns mit Erklärungen der Welt, warum etwas so ist, wie es ist und wie es funktioniert. Mathematik stellt eine fremde Sprache dar, mit deren Hilfe die Welt dargestellt und erforscht werden kann. Die englische Sprache ermöglicht es uns, in der Welt zu kommunizieren und über sie zu reden. Design & Technology (D & T) ermöglicht es uns, die Welt zu verändern

D & T informiert über die künstlich geschaffene Welt. Es ermöglicht uns, Veränderungsprozesse zu verstehen und uns daran zu beteiligen. Bei D & T geht es um die Zukunft; um das, was sein könnte oder sein sollte.

Technische Evolution

Um die Zukunft verstehen zu können, ist es interessant, die Vergangenheit zu studieren, besonders die Art und Weise, wie technische Erfindungen unsere Welt geprägt haben. In seiner bemerkenswerten Zeittafel der Erfindungen und Entdeckungen zeigt uns Kevin Desmond (1986) diese Evolutionsgeschichte.

Vor-geschichte	1 Seite	bearbeitete Feuersteine, Handbeile, in der Sonne getrocknete Gegenstände aus Ton
v. Chr.	6 Seiten	Bier 6000 v. Chr., Landkarten 3800 v. Chr., Bewässerung 3000 v. Chr., aufblasbare Schwimmhilfen 880 v. Chr., Dachziegel 650 v. Chr.
bis 1000	2 Seiten	Aufwerfhammer 20 Jh., Windmühle 640 Jh., Buchdruck 868 v. Chr.
bis 1500	2 Seiten	Magnetkompass 1115, Brille 1285, mechanische Uhr 1360, Kuppelgewölbe 1430
bis 1600	3 Seiten	Feuerwehrauto 1518, gezogener Gewehrlauf 1520, Tauchglocke 1530, Drehbank 1569
bis 1700	5 Seiten	Steinschloßgewehr 1610, Mikrometer 1638, Bankscheck 1659, Klarinette 1690, Banknoten 1695
bis 1800	9 Seiten	Schiffschronometer 1735, Höhenlinie 1737, Sextant 1757, Elektrische Batterie 1770, Kreissäge 1777, Heißluftballon 1783, Guillotine 1791
bis 1900	33 Seiten	Aufklebbare Briefmarke 1834, Revolver 1835, Propeller 1837, Zigaretten 1843, Saxophon 1844, Milcheis

		1851, Dampfwalze 1859, Stacheldraht 1873, Automobil 1885, Zahnpastatube 1892
bis 1985	50 Seiten	Autopilot 1920, Fluggesellschaft 1922, Salatdressing 1927, Video 1952, Minirock 1965, Skateboard 1966, CDROM 1985.

Bei der Betrachtung dieser Auflistung kann man viele interessante Dinge herauslesen. Es ist zum Beispiel interessant, wie sich der Schwerpunkt von Erfindungen um den Globus herum verlagert und zu unterschiedlichen Zeiten in China, Persien, Deutschland, Großbritannien und den USA auffallend viele Erfindungen gemacht wurden. Und es ist interessant zu sehen, welch unterschiedliche Erfindungen in den verschiedenen Ländern gemacht werden. Es überrascht mich nicht, daß Bankschecks und Banknoten zuerst in England erfunden wurden. Banker hatten schon immer einen unverhältnismäßig hohen Einfluß in meinem Land. Doch das Bemerkenswerteste an diesem Buch ist die augenfällige Zunahme des Tempos, in dem Erfindungen gemacht wurden, wenn man einfach von den Seitenzahlen ausgeht, die den einzelnen Zeitabschnitten gewidmet sind.

Vom ersten Jahr n. Chr. dauerte es 1750 Jahre lang, bis sich unser technisches Wissen verdoppelt hatte. Es verdoppelte sich nochmals in den folgenden 150 Jahren (bis 1900). Eine weitere Verdoppelung erfolgte in den folgenden 50 Jahren. Es vervierfachte sich in den sechziger Jahren und nochmals in den siebziger Jahren und im Moment explodiert der Wissenszuwachs geradezu. Dieses unaufhörlich schneller werdende Tempo, mit dem Veränderungen erfolgen, ist auch für andere Größen bezeichnend: zum Beispiel für die Anzahl der in jedem Jahr neugegründeten Firmen - oder für eine immer größere Leistungsfähigkeit von Computern, die für Ihren Schreibtisch daheim bestimmt ist.

Inmitten all der Vielfalt von Tieren, die um uns herum hüpfen, fliegen, wühlen und schwimmen, ist einzig der Mensch nicht fest an seine Umwelt gebunden. Seine Vorstellungskraft, seine Vernunft, seine Scharfsinnigkeit und Hartnäckigkeit ermöglichen es ihm, seine Umwelt zu verändern, anstatt sie als gegeben hinzunehmen. Dies entspringt der Fähigkeit, die Zukunft visualisieren zu können, vorherzusehen, was geschehen könnte und vorausschauend zu planen sowie dem Vermögen, Bilder zu projizieren und diese in unserem Kopf zu bewegen. Der Mensch ist nicht die majestätischste aller Kreaturen. Doch er verfügt über etwas, was kein anderes Tier besitzt, nämlich eine Ansammlung von Fähigkeiten, die ihn allein, in mehr als dreitausendmillionen Jahren Erdgeschichte, kreativ machen (Bronowski 1973).

Die Vision einer besseren Zukunft und die Fähigkeit, sie zu erschaffen.

Dies sind die Eckpfeiler des Faches genannt Design & Technology, wie es als Teil der schulischen Erfahrung für alle Kinder im Alter von 5-16 betrachtet wird.

Wesentliche Merkmale von Design & Technik, Entwicklung als rekursiver, iterativer Denkprozess

Das zentrale Merkmal im Denkprozess eines Entwicklers ist die rekursive Beziehung zwischen projizierendem Denken (auf die Zukunft bezogen) und reflektierendem Denken (bezogen auf die Wirkung dieser Projektion). Entwicklungsprozesse umfassen eine kreative Erforschung des Neuen und Unbekannten, und (zur gleichen Zeit) eine bewertende Reflexion über den neuen Zustand, wie man das Ziel erreicht, warum man es erreicht, ob der Vorschlag den Anforderungen der Aufgabe gerecht wird oder nicht und ob es wirklich eine Verbesserung im Hinblick auf den Ausgangspunkt darstellt. Für Entwickler ist dies eine ständige Gratwanderung.

Denkprozesse von Entwicklern sind sowohl kreativ als auch evaluativ und vom ersten Moment an, wenn wir eine Aufgabe anpacken, bis zu dem Punkt, wenn sie „abgehakt" ist, ist dieser iterative Prozess von Aktion und Reflexion der zugrundeliegende Modus Operandi.

Das Entwicklungsportfolio, ein einzigartiges Instrument für Denkprozesse

Das Kernstück dieses Denkprozesses ist ein einmaliges Instrument; das Portfolio. Zum einen könnte man das Portfolio als ein reines Werkzeug zur Produktentwicklung sehen, das Entwicklern dabei hilft, ihre Ideen zu externalisieren, um mit ihnen zu arbeiten oder sie mit anderen zu diskutieren. Gedanken bleiben nicht im Kopf des Entwicklers, sie werden anschaulich in Form von Zeichnungen, Modellen und Objekten und es ist daher möglich, bei der Durchsicht eines Portfolios die Gedankengänge zurückzuverfolgen und zu erkennen, an welcher Stelle wichtige Entscheidungen getroffen wurden.

Ein Entwicklungsportfolio offenbart die Denkprozesse eines Entwicklers. Und während des Vorganges, Denkprozesse explizit darzustellen, kann sich das Denken erweitern und entwickeln. Portfolios legen die Denkprozesse von Entwicklern offen und diese essentielle Konkretheit ermöglicht die Entwicklung der Fähigkeit, neben sich selbst zu stehen und die eigenen Entwürfe zu begutachten.

Dies ist metakognitives Bewußtsein des eigenen Denkens: nicht nur dazu fähig zu sein - sondern sich dessen beim Denken auch bewußt zu sein. Man steht neben sich und sieht zu, wie es geschieht. Während es wohl möglich ist, in jeder Disziplin metakognitives Bewußtsein zu entwickeln, so ist dies im Entwicklungsbereich besonders einfach, da sich die Denkprozesse nicht nur im Kopf des Studenten abspielen, sondern parallel dazu im Portfolio existieren. Die Studenten sind daher daran gewöhnt, über ihre Denkvorgänge zu sprechen, als wären sie von ihnen unabhängig[1]. Das ist im Lehrplan sehr ungewöhnlich. Es gibt natürlich dazu Parallelen in verwandten kreativen Gebieten (z. B. Musik), doch hinsichtlich des nationalen Lehrplans für Schulen, ist Design das einzige Fach, dessen gesamte Grundlage auf Entwicklungsprozessen beruht. Das hat dazu geführt, daß viel Zeit und Energie dafür aufgewandt wurden, um zu verstehen, wie diese kreativen Denkprozesse entwickelt, präsentiert und bewertet werden könnten.

Abb. 1: Entwicklungsportfolio

Entwicklungsbezogenes Denken ist aktionsorientiertes Denken zur Entwicklung von Produkten und Systemen. Es ist konkretes Denken in der Sprache von Bildern und Objekten. Es ist explizites Denken und es ist iteratives Denken. Zusammengenommen ermöglichen diese Merkmale metakognitives (sich seiner selbst bewußtes) Denken.

Modelle der Zukunft

Ein Teil des Problems, das sich beim Umgang mit „dem Neuen" oder mit der „Verbesserung" der Gegenwart ergibt, ist die Tatsache, daß es sehr schwierig ist, eine notwendige Beurteilung darüber abzugeben, falls wir nicht zuerst eine realistische Simulation der Auswirkungen (wie sieht es aus und wie gut wird es funktionieren) und der Effekte erstellen können.

Als Entwickler erschaffen wir ständig Modelle, mit denen wir einen Zustand in der Zukunft nachvollziehen können, um so eine zutreffende Beurteilung darüber abgeben zu können. Je näher diese Simulation an der Wirklichkeit ist, desto besser können wir die Auswirkungen in der neuen Realität beurteilen. Modelle sind daher nicht nur ein leistungsfähiges Werkzeug für Entwickler, sondern auch ein Instrument von unschätzbarem Wert für jeden, der Entscheidungen treffen muß. Dies unterstreicht den Imperativ, neue Wege zum Simulieren und Austesten eines neuen Zustandes zu finden, noch bevor man dort angelangt ist.

---

[1] Roden 2000

Eines der wesentlichen Merkmale expliziter Denkprozesse von Entwicklern ist, daß die Konsequenzen von Entscheidungen deutlich sichtbar werden. Wenn die Stuhlbeine zu kurz sind, ist das Arbeiten am Tisch unkomfortabel; wenn sie zu eng zusammenstehen, wird der Stuhl instabil; wenn sie zu dünn sind, werden sie sich verbiegen oder brechen. Die harte Realität bei Entwicklungen ist, daß deine Ideen dem ultimativen Test unterzogen werden: Funktioniert es? Und könnte es auch besser sein? Es gibt nur wenig Welten, in denen die Konsequenzen von Entscheidungen so brutal offengelegt werden. Eine Theorie bezüglich der chinesischen Opiumkriege kann endlos diskutiert werden, aber wenn der Stuhl umfällt, fällt er um, das ist das Ende der Geschichte. Für diejenigen, die danach streben, ihre Entscheidungsfähigkeit zu verbessern, ist die Entwicklung ein wunderbar effektives Medium, da der Entwickler ständig eine sehr direkte Rückmeldung bezüglich der Qualität seines Denkens erhält.

Der Innovationsprozess wird viel treffender als rekursive Aktivität charakterisiert, bei der sich Erfinder zwischen Ideen und Objekten hin- und herbewegen. Das Wesentliche beim Erfinden scheint der dynamische Austausch zwischen mentalen Modellen und mechanischen Repräsentationen zu sein[2].

Kreativität und Risiko

Mit Hilfe dieser Modellprozesse kann der Entwickler mit den Risiken umgehen, die das Neue und Innovative natürlich mit sich bringen. Bei Entwicklung geht es um die Zukunft. Es geht um die Erschaffung von Objekten und Zuständen, die noch nicht existieren und die daher, bis zu einem bestimmten Grad, ungewiß und nicht faßbar sind. Risiken sind daher ein unabdingbares Merkmal für Design & Technology. Risiken gehören zu den Denk- und Entwicklungsprozessen, die schließlich ein Ergebnis produzieren. Doch Modellprozesse ermöglichen es dem Entwickler, die Risiken dadurch zu verringern, daß mögliche Konsequenzen abgeprüft werden, bevor eine Entscheidung getroffen wird. Innovationen und Risiken gehen Hand in Hand, doch Entwickler lernen, mit diesen Risiken umzugehen und sie zu beherrschen.

Das „Spiel" mit der Realität

Es gibt zunehmend Beweismittel für die Verknüpfung von spielerischen Ideen mit Entwicklungen. Papanek (1972) spricht vom Entwickeln als einem „zielgerichteten Spiel". Diese Verspieltheit ermöglicht es der Vorstellungskraft, ohne ein zu engmaschiges Netz von Begrenzungen zu agieren.

Das Konzept von dem „was sein könnte" - die Fähigkeit, sich mittels der Vorstellungskraft und des Denkens fortzubewegen von dem konkreten „was ist", zum „was war; was hätte sein können; was hätte man versuchen können; was

---

[2] Gorman and Carlson 1990

könnte geschehen", und schließlich ins Reich der Phantasie - dies ist der Prüf-
stein, das Wunder der menschlichen Erfahrung, die Vorstellung (Singer and
Singer 1990).

In ihrem Werk zur Beurteilung siebenjähriger Kinder entsprechend dem nationalen Lehrplan folgert Stables, daß diese starke Vorstellungskraft – die man im
entscheidenden Moment wieder auf den Boden der Tatsachen zurückbringen
muß - eine der Schlüsselqualifikation ist, die Kinder mit in die Entwicklung
bringen.

Diese Fähigkeit, gleichzeitig mit Phantasie und Realität umzugehen, kann als
fundamental wichtig für Entwickler und Techniker genannt werden. In der Lage
zu sein, Ideen zu imaginieren, die die Grenzen des Möglichen sprengen, und
diese Ideen gleichzeitig in die Realität zu transferieren (Stables 1992).

Wessen Zukunft ? (und sind wir auch alle damit einverstanden?)

Bei Entwicklungen geht es nicht nur um Veränderungen, es geht auch um Verbesserungen, und dieses Konzept der Verbesserung ist ganz besonders wertbe-
frachtet. Gute Entwicklungspraxis trachtet daher danach, das Wesentliche einer
Aufgabe zu erkennen und seinen Wert gleich von Anfang an sichtbar zu machen. Jedes entwickelte Objekt ist die Manifestation einer Reihe von Werten,
und das Veranschaulichen dieser Beziehung ist der erste Schritt in Richtung einer optimierten Entwicklungslösung. Das Resultat dieser Entwicklungstätigkeit
darf nicht die Werte derer verletzen, die es in Auftrag gegeben haben oder jener,
die als Käufer vorgesehen sind. Je besser daher der Entwickler das Ergebnis an
die wichtigsten Wertvorstellungen anpaßt, desto positiver wird es bewertet werden. Das Problem für den Entwickler besteht darin, daß es selten Übereinstimmung in dieser Angelegenheit gibt, und hier nun kommen die Optimierungsqua-
litäten des Entwicklers zum Tragen.

Entwicklung befindet sich an der Schnittkante des sozialen Bewußtseins, an der
die Konzepte von „Bedürfnis" und „Verbesserung" weit entfernt davon sind,
klar zu sein und häufig sogar umstritten sind (Kimbell et al 1991).

Entwickler streben explizit eine „Verbesserung" der Lebensqualität an. Unser
D & T Lehrplan fordert von uns, unsere Kinder und Jugendlichen in die Lage zu
versetzen, um Bedürfnisse, Wünsche und Möglichkeiten als die Basis für Entwicklungsprozesse zu erkennen und zu beachten, daß der „Kunde" eventuell
ganz andere Bedürfnisse hat als der Entwickler selbst.

Für die Bedürfnisse anderer etwas zu entwickeln verlangt von den Schülern, mit
den ethischen, sozialen, wirtschaftlichen und umweltbezogenen Werten zu jon-
glieren, von denen unsere künstlich geschaffene Welt ständig durchdrungen ist.
Wenn sie dies tun, können sie Entwicklungen, die zu anderen Zeiten von anderen Kulturen gemacht wurden, besser nachvollziehen

Lernen in der Gemeinschaft

Lernen in der Gemeinschaft in Bezug auf Entwicklung kann in vielen Formen stattfinden. Entwicklungen können in Entwicklungsteams gemacht werden, doch im allgemeinen werden Schülergruppen dafür eingesetzt als sogenannte „sounding boards" (Resonanzkörper) einander bei der Arbeit zu unterstützen. Dieser Ansatz wurde formell als Forschungsinstrument zur Leistungsbeurteilung in Schulen entwickelt (Assessment of Performance Unit (DES) in schools). Nachdem die Schüler ihre Entwicklungsaufgaben erhalten haben, und nachdem sie die Möglichkeit hatten, innerhalb eines bestimmten Zeitrahmens ihrer Aufgabe nachzugehen, werden die Schülergruppen (6 pro Tisch) gebeten, ihre Arbeit zu zeigen und den anderen zu erklären, und zwar nicht dem Tutor, der die Aufgabe geleitet hat, sondern den anderen beteiligten Schülern. Die Schüler mußten sich innerhalb von zwei Minuten mit drei Fragen auseinandersetzen:

• Was hast Du getan?
• Warum hast Du es getan?
• Was willst Du als nächstes tun?

Danach diskutiert die Gruppe die Aufgabe für weitere fünf Minuten, bevor der nächste Schüler am Tisch an die Reihe kommt. Diese kurze, prägnante „Pause zum Denken" dient als ein effektives Steuerungsinstrument bei der Entwicklung von Projekten einfach aufgrund der Tatsache, daß die Schüler gezwungen werden, zu artikulieren wo sie standen und welche Aufgabe sie hatten. Diese grundlegenden Tatsachen können in der Hitze des Gefechts beim Entwickeln nur allzuschnell aus den Augen verloren werden. Die Lehrer, die diese Sitzungen begleiteten, zeigten übereinstimmende Reaktionen.

Eine der interessantesten Entwicklungen, die während dieser Aktivitäten stattfanden, war für mich die Art und Weise, in der die Kinder miteinander umgingen. Die Chance, miteinander zu arbeiten, hatte auf einige Kinder einen dramatischen Effekt. Die Diskussionsrunde war eine Strategie, die ich noch nicht häufig während meines eigenen Unterrichtes eingesetzt hatte, doch ich stellte fest, daß dies eines der nützlichsten Mittel darstellt, das es den Kindern ermöglicht, ihre Ideen zu verbreiten. Einige der Kinder waren ganz typische Initiatoren von Ideen, während andere eher die Rolle von Fragestellern übernahmen und von anderen Bestätigung für ihre Arbeit suchten. Diese Art der Diskussion habe ich nun in meine Unterrichtspraxis als Lehrer aufgenommen (Lawler in Kimbell et al 1991 S. 120-126).

Schlechte Aufgaben

Rittel (1967) war der erste, der sich mit dem Konzept der „schlechten" Probleme beschäftigte und es in „Management Science"[3] darstellte. Entwicklungsaufgaben werden als schlecht angesehen in dem Sinne, daß sie schlecht definiert und multidimensional sind. Buchanan (1996) stellte es so dar: „Das Problem für Entwickler besteht darin, etwas zu visualisieren und zu planen, was noch gar nicht existiert" und das Schlechte an Entwicklungsaufgaben ist, daß sie folgendermaßen aussehen:

• individuell (jede Aufgabe ist einmalig in ihrer Art)
• haben kein bestimmtes Format (der erste Schritt besteht darin, herauszufinden, worin die Aufgabe besteht)
• haben keine Grenzen (die Entwicklung kann immer weiter und weiter gehen)
• können weder richtig noch falsch sein (wohl aber besser oder schlechter)
• haben keine vollständige Auflistung der nötigen Vorgänge
• es sind unter Umständen mehrere Lösungen möglich
• es gibt keinen definitiven „Wahrheitstest"

Entwicklungsprobleme sind „unbestimmt" und „schlecht", zum Teil weil Entwicklung kein spezielles Gebiet für sich ist, sondern nur das ist, wofür es der Entwickler hält. Das Hauptanliegen der Entwicklung ist ein Spektrum der Möglichkeiten, weil sich entwicklungsbezogenes Denken auf jedes Gebiet der menschlichen Erfahrung anwenden läßt. Buchanan ist der Meinung, daß jede neue Entwicklungsaufgabe ihr eigenes, individuelles Hauptanliegen beinhaltet und er geht noch weiter: „Entwicklung beschäftigt sich fundamental mit dem Besonderen, doch es gibt keine Wissenschaft des Besonderen."

Die Suche nach aufgabenbezogenem Wissen

Dieses Argument erklärt die ambivalente Position von Lehrenden im Bereich der Entwicklung in Bezug auf eine spezifizierte Wissensgrundlage für Entwickler, denn dies bedeutet, daß Entwickler in jedem einzelnen Fall ihr jeweiliges Hauptanliegen für das Projekt bestimmen müssen, und dies ist ein Teil des Projektes. Folgende Beobachtungen verdeutlichen den Aspekt im Kontext des Unterrichts von Design & Technology an Schulen.

Es sehr schwierig, eine genau Aussage darüber zu machen, welche Wissensgebiete wirklich wesentlich sind, denn es ist einfach nicht möglich, vorherzusagen, welche Kenntnisse man für die jeweilige Aktivität benötigt. Im Verlauf einer Entwicklungsaufgabe könnte es wichtig sein, darüber Bescheid zu wissen, wie sich Arthritis in den Gelenken alter Menschen ausbreitet, es könnte auch wichtig sein, über das Verhalten von Tieren in der Gefangenschaft Bescheid zu wissen.

---

[3] Churchman 1967

Man muß den Kindern die Fähigkeit zugestehen, sich das für die jeweilige Aufgabe nötige Wissen zu erschließen (SEC 1986).

Wenn man sich auf eine Neuentwicklung einläßt, so werden die für die Aufgabe erforderlichen Fähigkeiten und das Wissen sich während des Entwicklungsprozesses einstellen, und somit ist die Notwendigkeit, sich Wissen und Fähigkeiten für ein erfolgreiches Unternehmen anzueignen (und manchmal die Grenzen des Wissens zu überschreiten und neue Fähigkeiten zu kreieren), eine klare Anforderung an alle Entwickler (CNAA/SCUE 1985).

Dieses Thema führt direkt zu der Frage einer angemessenen Pädagogik für das Fach Design & Technology. Hicks (1983) hat diese Beziehung explizit dargestellt.

Fakten zu unterrichten ist eine Sache, Schulkinder so zu unterrichten, daß sie Fakten anwenden können, eine andere. Doch Schulkindern Lernmöglichkeiten zu vermitteln, die sie dazu ermutigen, Informationen in unbekannten Situationen natürlich zu nutzen, und zwar so, daß daraus eine Fähigkeit entsteht, ist eine ganz besondere Herausforderung (Hicks 1983).

Diese Beobachtung veranschaulicht deutlich, wie wichtig es für die Schüler der Entwicklung ist, zu lernen, wie sie sich selbst die Ressourcen erschließen können, die sie zur Bewältigung einer Aufgabe benötigen. Dies wird noch deutlicher, wenn man sich die Bedeutung dieser Fähigkeit bei einer Entwicklungsaufgabe vorstellt, die unübersichtlich, komplex und unklar ist. Und das bringt uns zum letzten Aspekt, den ich diskutieren möchte, nämlich zur Handhabung komplexer Aufgaben.

Handhabung komplexer Aufgaben

Der vielleicht am schwierigsten zu erlernende Aspekt in Design & Technology ist, das alle oben aufgeführten Merkmale auf einmal zum Tragen kommen. Entwicklung ist eine holistische Erfahrung. Wir versuchen, die (schlechten) Aufgaben einzuordnen, optimieren den Wert der Teilnehmer, spielen mit kreativen Visionen der Zukunft und modellieren sie, wir erkennen und meistern neues Wissen und Fähigkeiten. Dies verlangt nach der hervorragenden Befähigung, Projekte managen zu können einschließlich der zur Verfügung stehenden Ressourcen an Zeit, Geld und Einrichtungen.

Um in Design & Technology erfolgreich zu sein, müssen die Schüler diese Fähigkeiten des Projektmanagements erlernen. Sie müssen ein Projekt vom Anfang bis zur Vollendung übernehmen - häufig über einen langen Zeitraum hinweg. Sie müssen ihre Ressourcen managen, die notwendigen Materialien und die Ausrüstung beschaffen, so daß sie ihre Aufgabe erfüllen können. Zum Schluß müssen sie alle Gedankengänge und Entwicklungen zu einer einzigen holistischen Lösung zusammenfügen. Sie müssen lernen, holistisch und integrativ zu lernen und dabei die ungeordneten und häufig widersprüchlichen Gedankengänge innerhalb eines Projektes managen.

Es überrascht nicht, daß „das Projekt" zu einer herausragenden pädagogischen Strategie geworden ist. Die Schüler lernen, sich selbst durch solche Projekte hindurchzuarbeiten, zunächst meist anhand begrenzter, kleinerer Aufgaben allmählich hin zu immer umfangreicheren und unpräziseren Aufgaben. Vieles des zu Erlernenden konzentriert sich auf das Management der Aktivität: Entwicklung eines Plans und eines Zeitplans, seine regelmäßige Kontrolle und Berichtigung, zu versuchen, Faktoren auszumerzen, die man weniger steuern kann und dafür jene maximieren, die steuerbar sind. Kurzum, Entwickler lernen, mit komplexen Aufgaben umzugehen. Die Lösung für eine Entwicklungsaufgabe enthält vielleicht kein vom Konzept her „schwieriges" Material - doch bringt sie mit hoher Wahrscheinlichkeit hochkomplexe und untereinander verbundene Planungsebenen und Entscheidungen mit sich.

Ein Entwickler muß beim Entwicklungsvorgang viele Details gleichzeitig beachten. Die Überlegungen reichen vom Gesamtkonzept hin bis zu den Kleinigkeiten, vielen Kleinigkeiten, die erst dann auftauchen und mit Sorgfalt behandelt werden, wenn sie wichtig werden[4].

Resultate des D & T Unterrichts

Es gibt viele Lernresultate, die sich aus dem D & T Unterricht ergeben, so wie wir ihn in England ausgelegt haben. Bei ihrer Betrachtung ist es jedoch wichtig zu erkennen, daß wir D & T als Fach für alle Kinder ansehen - und nicht nur für jene, die für sich eine Zukunft im Bereich von Technik und Entwicklung sehen. Für uns stellt Design & Technology einen Teil der Allgemeinbildung dar.

In diesem Sinne lautet die Begründung für diesen Unterrichts auch nicht, einen Nachschub an Entwicklern und Ingenieuren für die Industrie zu liefern - obwohl dies dazu beitragen wird. Die wesentlichen Resultate von Design & Technology beziehen sich auf die Denkmodelle, die ich bereits beschrieben habe. Auf der einen Seite ist es kreativ und vorausschauend und auf der anderen Seite reflektierend und anspruchsvoll.

Wir versuchen einerseits, Jugendliche heranzuziehen, die autonom, innovativ und kreative Problemlöser sind, unabhängig davon, um welche Aufgabe oder um welches Problem es sich dabei handelt. Andererseits sollen reflektierende und scharfsinnige Verbraucher und Konsumenten für die Welt der entwickelten Objekte herangebildet werden. (siehe Abbildung 1)

---

[4] Cross, Naughton &Walker 1989 S. 29

Der besondere Beitrag von D & T

Dies ist nun die Vision vom Unterricht Design & Technology, die wir in England erschaffen haben. Seit dem Jahr 1965 (ca.) wurde an seiner Entwicklung gearbeitet. Im Jahr 1990 (nach 25 Jahren eifrigster Lehrplanentwicklung), wurde er im nationalen Lehrplan eingebettet, als Anspruch für alle Kinder und Jugendliche im Alter von 5-16 Jahren. Seitdem wurde er mehrmals überarbeitet und trägt nunmehr die Vision unserer gemeinsamen Sichtweise in sich, daß D & T von zentraler Bedeutung für die Bildung unserer Kinder ist.

"Design and Technology bereitet Schulkinder auf die schnell veränderlichen Technologien von morgen vor. Sie lernen zu denken und kreativ einzugreifen, um die Lebensqualität zu verbessern. Das Fach verlangt von den Schulkindern, daß sie kreative Problemlöser werden, als Individuum und als Mitglied einer Gruppe. Sie sollen nach Bedürfnissen, Wünschen und Chancen Ausschau halten und darauf reagieren, indem sie eine Reihe von Ideen entwickeln, Produkte herstellen und Systeme erdenken. Sie verbinden praktische Fähigkeiten mit einem Verständnis von Ästhetik, sozialen und umweltbezogenen Themen, Funktion und handwerklicher Praxis. Dabei reflektieren und evaluieren sie gegenwärtige und vergangene Entwicklungen und Techniken, ihren Nutzen und ihre Auswirkungen. Mit Hilfe von Technik und Design, können alle Schulkinder informierte Verbraucher von Produkten und auch Erfinder werden" (QCA 1999/ DfEE 2000).

Literatur

Bronowski J.: „The Ascent of Man" British Broadcasting Corporation. London

Buchanan, R.: „Wicked Problems in Design Thinking" in The Idea of Design (Ed) Margolin V and Buchanan R: The MIT press Cambridge Mass, 1996

Churchman, C.W.: „Wicked Problems" Management Science vol 4, No 14. December 1967

CNAA/SCUE Cuoncil for National Academic Awards / Standing Conference on University Entrance; Alevel design&technology: the identification of a core syllabus. A report by P.M. Threlfall on behlf of CNAA, 1985

Cross, N., Naughton, J., & Walker,D.: „Design Method and Scientific Method" in Technology in Schools Cross A and McCormick B (eds) Open University Press; Milton Keynes 1989

Desmond K.: „A timetable of inventions and discoveries" Evans & Co. New York 1986

DfEE: Department for Education & Employment, Design&Technology in the National Curriculum. Qualifications & Curriculum Authority: DfEE. 2000

Gorman M. and Carlson B.: „Interpreting Invention as a cognitive process: The case of Alexander Graham Bell, Thomas Edison, and the Telephone" in Science Technology and Human Values Vol 15 No 2 Spring, Sage Publications Inc. USA 1990

Hicks, G.: „Another step forward for design & technology" in APU newsletter No 4 , Autumn., Department of Education & Science; London 1983

Kimbell R.A., Stables K., Wheeler T., Wozniak A., Kelly V.: „The Assessment of Performance" in Design & Technology School Examinations and Assessment Council / Central Office ofInformation. London

Papanek, V.: „Design for the Real World: Human Ecology and Social Change" Pantheon press. New York 1972

Qualifications & Curriculum Authority: „The National Curriculum for England Jointly" published by Department for Education and Employment (DfEE) and the Qualifications and Curriculum Authority (QCA) London 1999

Rttel Quote; Churchman, C.W.: "Wicked Problems" Management Sience vol 4, 14. Dezember 1967

Roden C.: „Young children's collaborative problem solving strategies" in D&T, Unpublished PhD Thesis. London Univ. UK. 2000

Secondary Examinations Council (SEC): „Learning and Doing" in a Technological World, SEC London 1985

Secondary Examinations Council: „Craft Design & Technology GCSE: A guide for teachers" Open University Press Buckingham UK 1986

Singer, D. G.; Singer, J. L.: „The House Of Make Believe" Cambridge Mass: Harvard University Press 1990

Stables, K.: "The role of fantasy in contextualising and resourcing design & technological activity" in J Smith (ed): International Conference on Design & Technology Educational Research and Curriculum Development. Loughborough University of Technology 1992

Moderne Beruflichkeit und Arbeitsprozeßwissen
Folgerungen für Berufsaus- und Allgemeinbildung

Felix Rauner

In der aktuellen Diskussion über die Krisensymptome des dualen Berufsbildungssystems wird von den unterschiedlichsten Seiten auf die Erosion der Berufsform der Arbeit verwiesen. So stellt etwa Heidenreich (1998) die „berufsfachlichen Arbeits- und Ausbildungskonzepte" als eine Innovationsbarriere heraus. Er gelangt in einer empirischen Untersuchung in der Maschinenbauindustrie zu dem Ergebnis, daß die Schwierigkeiten bei der Einführung moderner prozeßorientierter Organisationsformen in der deutschen Automobil-, PC- und Werkzeugmaschinenindustrie weniger aus der berufsförmigen Organisation von Arbeit als vielmehr aus dem Beharrungsvermögen, das aus dem herkömmlichen funktionsorientierten, bürokratisch-hierarchischen Organisationsstrukturen herrührt, resultieren. Kern und Sabel hatten in diesem Zusammenhang auf Japan und die USA und die neue Flexibilität schlanker Unternehmen verwiesen. Das deutsche Berufsmodell haben sie als die zentrale Ursache für die mangelnde Flexibilität sowie für betriebliche Demarkationen in deutschen Unternehmen herausgestellt, die damit allenfalls zur Selbstreproduktion, jedoch nicht zur Innovation fähig seien - ganz im Gegensatz zum Japanischen System, das auf Organisation und nicht auf Qualifikation beruht und auf die Berufsform der Arbeit verzichtet (Kern & Sabel 1994, 617). Heidenreich formuliert als seine Schlußfolgerung - differenzierter -, daß es auf die Ausgestaltung beruflicher Ausbildungs- und Arbeitskonzepte ankomme. Von dieser Einschätzung läßt sich die Entwicklung des Konzeptes der offenen dynamischen Beruflichkeit leiten (Punkt 4).

Die Biographieforschung (Beck 1993) sowie die Arbeitsmarktforschung gehen von einer fortschreitenden Erosion von Normalarbeitsverhältnissen und der Herausbildung von Randbelegschaften aus (Dostal 1998).

Die berufspädagogische Diskussion nimmt das eine oder andere dieser Argumente auf und verharrt jedoch eher im Austausch der bekannten Argumente des Für und Wider die Beruflichkeit als Bezugspunkt für die berufliche Bildung. Mit seinem Vorschlag für eine „neue Beruflichkeit" versucht Kutscha, die berufspädagogische Diskussion zur Bedeutung des Berufes als dem zentralen Bezugspunkt für die berufliche Bildung quasi in einem arithmetischen Mittel zusammenzufassen. Sein kritisch-konstuktiver Vorschlag stellt den Versuch dar, in einer dialektischen Figur den alten Gegensatz in der berufspädagogischen Debatte zwischen Entberuflichung und Beruflichkeit miteinander zu verknüpfen und zu versöhnen (Kutscha 1992).

In dem seit Mitte der neunziger Jahre intensiv geführten Reformdialog zur beruflichen Bildung (Heidegger & Rauner 1997; Haase, Dybowski & Fischer 1998; Berliner Memorandum 1999) kristallisiert sich zunehmend deutlicher ein Festhalten am Konzept der Beruflichkeit heraus. Soweit sich in diesem Dialog die an der Berufsbildung beteiligten Akteure zu Wort melden, bedeutet dies eher ein Festhalten an den etablierten Formen der Beruflichkeit.

Beiden Positionen, der grundlegenden Kritik am Konzept der berufsförmig organisierten Arbeit (Baethge, Baethge-Kinski 1998) sowie der Position des Festhaltens am Konzept traditioneller Beruflichkeit, ist gemeinsam, daß die Begründung von Entwicklungsperspektiven für die berufsförmig organisierte Arbeit und die darauf bezogenen beruflichen Bildung eher wage ausfallen oder gar ganz unterbleiben.

In unserem Gutachten zum „Reformbedarf in der beruflichen Bildung" haben wir das Konzept der offenen dynamischen Beruflichkeit vorgeschlagen und begründet. Die zentrale These lautet: Das Konzept der offenen, dynamischen Beruflichkeit „erlaubt es, die Vorzüge des traditionellen Berufskonzeptes zu erhalten und es zugleich so zu transformieren, daß es sowohl den Strukturwandel im Handwerk unterstützt als auch den Bedingungen hoher Flexibilität im Produktions- und Dienstleistungssektor genügt. Dies erfordert, die Zahl der Ausbildungsberufe weiter zu reduzieren und ihre „Weite" zu vergrößern. Mit diesem Begriff der 'Weite' wird vom Subjekt aus argumentiert, gegenüber dem Begriff 'Breite', der von den objektiven Qualitätsanforderungen her bestimmt ist" (Heidegger & Rauner 1997, 29).

Bevor dieses Konzept detaillierter dargestellt und begründet wird, soll zunächst die auf einen Beruf zielende Bildung als Aspekt des Übergangs von der Schule in die Arbeitswelt als miteinander konkurrierende Berufs- und Berufsbildungstraditionen skizziert werden. Mit vier Modellen des School-to-Work-Transition lassen sich die Eckpunkte für das Experimentierfeld beschreiben, in dem sich die berufliche Bildung auf der Suche nach Best Practices befindet.

Übergänge von der Schule in die Arbeitswelt

Die Untersuchung der „School-to-work-transition"-Probleme im internationalen Vergleich hat an Aktualität zugenommen, seit sich mit der Globalisierung der Märkte und der Entstehung supranationaler Strukturen wie z. B. der EU übernationale Arbeitsmärkte herausbilden. So hat etwa die EU die Instrumente für eine präventive Arbeitsmarktpolitik über zahlreiche Programme und Fonds in den letzten Jahren deutlich verstärkt (BMBW 1993, Kap. 6.15 und 6.16). Trotzdem zeigt sich, daß die Situation der Jugendlichen im Übergang von der Schule in die Arbeitswelt nach wie vor durch die nationalen Traditionen und die verschiedenen Industriekulturen geprägt wird (Dybowski/Pütz/Rauner 1995). Ein internationaler Vergleich der „School-to-work" Problematik in den OECD-Ländern setzt daher einerseits eine Darstellung der Analyse der jeweiligen nationalen Situation voraus und legt andererseits nahe, diese Situations- und Probleminventur zu systematisieren. Einleitend soll daher ein Rahmen skizziert werden, in dem der Bericht über die deutsche Situation eingeordnet werden kann.

In einem internationalen Ländervergleich des „School-to-work-transition" lassen sich vier Modelle unterscheiden, bei denen der Übergang von der (allgemeinbildenden) Schule in die Berufsbildung (1. Schwelle) sowie der Übergang von der Berufsbildung in die Arbeitswelt (2. Schwelle) zeitlich, institutionell und inhaltlich höchst unterschiedlich ausgeprägt ist.

1. Schwelle   2. Schwelle

Abb. 1: Schwellen beim Übergang von der Schule in die Arbeitswelt

Im ersten Modell (Abb. 2) fallen die erste und zweite Schwelle des Übergangs von der Schule in die Arbeitswelt zu einer Schwelle zusammen, da auf der einen Seite innerbetriebliche Arbeitsmärkte dominieren, in denen die Berufsform der Arbeit keine oder eine untergeordnete Rolle spielen und daher auf der anderen Seite eine darauf bezogene berufliche Qualifizierung als eigenständiger Karriereabschnitt zwischen Schule und Beschäftigungssystemen entfallen kann. Qualifizierung erfolgt in diesem Modell als eine Dimension betrieblicher Organisationsentwicklung. In der Kombination von hoher Allgemeinbildung, abstrakten Arbeitsqualifikationen und hoher Arbeitsmoral sowie Betriebsbindung markiert dieses Modell einen Eckpunkt des Experimentierfeldes, in dem die „School-to-work-transition"-Traditionen miteinander konkurrieren. Am ehesten läßt sich die japanische Situation diesem Modell zuordnen (Bowman 1981; Georg 1990; Moritz, Rauner & Spöttl 1995; National Council on Education Reform 1986).

Das zweite Modell (Abb. 3) ist gekennzeichnet durch eine - im Durchschnitt - relativ lange und wenig regulierte Übergangsphase mit langwierigen Such- und Orientierungsprozessen für die Jugendlichen, eine damit einhergehende hohe Jugendarbeitslosigkeit und andere soziale Risikolagen sowie einem extrem nachfrageorientierten flexiblen Weiterbildungsmarkt mit wenig qualifizierten betrieblichen Ausbildungsplätzen. Dieses Modell zeichnet sich sowohl durch eine hohe erste als auch eine hohe zweite Übergangsschwelle aus. Die Beteili-

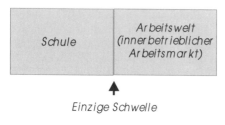

Abb. 2: Modell 1: Unmittelbarer Übergang

gung an Qualifizierungsprogrammen ist einerseits eng mit dem Einstieg in das Beschäftigungssystem sowie der Aufnahme einer Erwerbstätigkeit verbunden und kann andererseits eine „Parksituation" auf der Suche nach einem Arbeitsplatz im Beschäftigungssystem sein. Um Qualifizierungsdefizite zu vermeiden, setzt dieses Modell auf Arbeitsplätze mit möglichst niedrigen Qualifikationsanforderungen auf der Ebene der ausführenden Tätigkeiten sowie auf das „On the Job Training". Großbritannien und die USA haben eine deutliche Affinität zu diesem Modell (Doeringer 1991; Münch 1989; Rauner 1995).

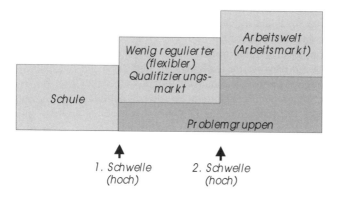

Abb. 3: Modell 2: Deregulierter Übergang

In einem dritten Modell (Abb. 4) wird der Übergang vom Schul- in das Beschäftigungssystem durch ein reguliertes System dualer Berufsausbildung ausgestaltet. In diesem Modell ist der Jugendliche als Auszubildender zugleich Schüler (in einer berufsbegleitenden Schule) als auch Arbeitnehmer in einem Ausbildungsbetrieb.

Sowohl die erste als auch die zweite Schwelle ist relativ niedrig. Der Übergang in das Ausbildungssystem ist sehr weich, da beim Jugendlichen die Rolle des

Schülers nach und nach durch die Rolle des qualifizierten Facharbeiters abgelöst wird. Als Auszubildender wird er Betriebsangehöriger und erhält damit eine sehr hohe Chance für ein über die Ausbildungszeit hinausreichendes Beschäftigungsverhältnis. Bildungssystem und Arbeitswelt sind in diesem Modell über die Institution des Berufes zugleich nachfrage- und angebotsorientiert miteinander verknüpft. Die Berufsform der Arbeit ist

- konstitutives Moment für einen überbetrieblichen offenen Arbeitsmarkt,
- eine entscheidende Größe für die Organisation betrieblicher Arbeitsprozesse und
- der Bezugspunkt für eine duale Berufsausbildung.

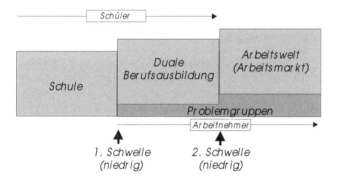

Abb. 4: Modell 3: Regulierter, überlappender Übergang

Die Berufsbildung wird so zur Brücke zwischen Arbeitswelt und Berufsbildungssystem. Die Jugendarbeitslosigkeit ist entsprechend niedrig. In mitteleuropäischen Ländern wie Belgien, Deutschland, Holland und Dänemark dominiert dieses Modell (Mertens 1976).

Im vierten Modell ist der Übergang von der Schule zur Arbeitswelt als System schulischer Berufsausbildung ausgestattet. An einen allgemeinbildenden Bildungsabschluß schließt sich eine berufsbezogene oder berufsorientierte Schulform an. Mit dem (Berufs-) Schulabschluß wird in der Regel ein staatliches Zertifikat über den erreichten „Schul-Beruf" erworben. Während in diesem Modell die erste Schwelle für die Jugendlichen unproblematisch ist, wird hier die zweite Schwelle zum entscheidenden Übergang in das Beschäftigungssystem. Der Übergang von der Schule in den Arbeitsprozeß wird um die Zeit der schulischen Berufsbildung hinausgeschoben. Schule und Arbeit bleiben institutionell getrennt. Berufliche Bildung ist deutlich angebotsorientiert. Die große Zahl der

Länder mit einem ausgeprägten schulischen (staatlichen) Berufsbildungssystem lassen sich diesem Modell zuordnen.

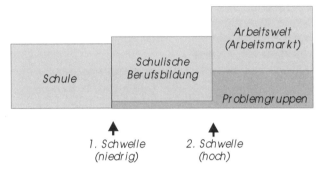

Abb. 5: Modell 4: Verschobener Übergang

Die vier Modelle des „School-to-work-transition" unterscheiden sich wesentlich durch die Bedeutung, die den Berufen als dem organisierenden Prinzip für Arbeitsmärkte, die betriebliche Arbeitsorganisation und die berufliche Bildung zukommen. Im ersten Modell (etwa in Japan) hat die Berufsform der Arbeit und damit auch die darauf bezogene Berufsbildung kaum eine Bedeutung, während Berufe das zentrale Moment im dritten und vierten Modell darstellen. Es soll daher einleitend die Frage diskutiert werden, welche Bedeutung diese Polarität für den sich herausbildenden europäischen Arbeitsmarkt sowie den darin integrierten Facharbeiter-Arbeitsmärkten zukommt.

Erste Ansätze für einen europäischen Arbeitsmarkt bildeten sich in den 50er und 60er Jahren durch beachtliche Migrationsströme von den südeuropäischen Ländern nach Mitteleuropa heraus. Dabei handelte es sich zunächst um Massenarbeit, für die keine besonderen fachlichen Qualifikationen erforderlich waren. Parallel dazu setzte sich innerhalb der Länder der seit Ende des vorigen Jahrhunderts begonnene Prozeß der Urbanisierung und der damit einhergehende Trend zur Abwanderung der Arbeitskräfte aus der Landwirtschaft in die Industrie fort. Aus der Sicht der industriellen Massenproduktion und des Scientific Managements (Taylorismus) schien es zunächst möglich, beliebige Arbeitskräfte rasch und flexibel an die sich ändernden Bedürfnisse eines europäischen Arbeitsmarktes - für die jeweilige konkrete Arbeit - anzupassen. Diese arbeitsmarktorientierte Sichtweise blendete das Moment der Leistungsbereitschaft der Beschäftigten als einer wesentlichen Voraussetzung für die Realisierung wettbewerbsfähiger Industrieunternehmen und -strukturen aus. Arbeitsmärkte sind jedoch wie andere Märkte, so der Soziologe Giddens (1988), „soziale Realitäten" und eben deshalb in ihrer zeitlichen Entwicklung nicht ohne explizite Berücksichtigung der Dynamik normativer Felder erklärbar (Jäger 1989, S. 565).

Ein europäischer Arbeitsmarkt, der sich im wesentlichen auf Jedermanns-Arbeitsplätze und damit auf eine abstrakte europäische Arbeitskraft stützt, erfordert von den Arbeitskräften vor allem Leistungsbereitschaft in der Form von Arbeitsmoral. Nach Jäger liegen vielfältige Belege dafür vor, daß im gesamten OECD-Raum in den 60er Jahren die Lohnkostenexplosion nicht einherging mit einer entsprechenden Steigerung der Arbeitsproduktivität. Er führt dies vor allem auf einen Zerfall der Arbeitsmoral zurück. Anders als die in der Folge der Reformation entstandene Tradition der fraglosen Anerkennung von Arbeitsmoral, kann diese heute nur noch durch die die subjektive Existenz bedrohende Massenarbeitslosigkeit oder extrem gespaltene Arbeitsmärkte aufrechterhalten werden. Als Alternative dazu bietet sich an, Kompetenz und Leistungsbereitschaft über die seit einigen Jahrhunderten in Europa tradierte Berufsförmigkeit der Arbeit und die damit einhergehende Berufsethik zu realisieren. „Es ist ein großer Unterschied, ob die Identität einer Person an die Verrichtung von Arbeit gebunden ist oder an die Ausübung eines Berufes. Ersteres entspräche der Arbeitsmoral, letzteres der Berufsethik. ... Berufe haben eine biographische Qualität, welche der bloßen Arbeit abgeht. Denn Berufe stellen eine Form komplementärer (d. h. im Sinne Durkheims: organischer) Differenzierung her, bei der nicht einfach Arbeiten, sondern Lebensgeschichten aufeinander abgestimmt werden. Dies schlägt sich in den Institutionen beruflicher Bildung nieder" (Jäger 1989, S. 568).

Geht man davon aus, daß der technische Wandel und die Flexibilisierung der Produktion nicht zwangsläufig zu einer Erosion des Berufskonzeptes führen müssen (Heidegger, Jacobs, Martin, Mizdalski & Rauner 1991), dann verdienen die Berufsbildungssysteme der Industrieländer bei der Analyse des „School-to-work-transition" eine besondere Bedeutung.

Mit der zunehmenden europäischen Integration stellt sich daher deutlicher als bisher die Frage nach dem zentralen konstitutiven Moment für einen europäischen Arbeitsmarkt. Zwei alternative Lösungswege markieren ein Spannungsfeld, in dem die künftige europäische Berufsbildungspolitik ihren Weg finden muß. Weltweit konkurrieren miteinander das auf Berufen, Beruflichkeit und Berufsethik basierende offene Arbeitsmarktmodell (z. B. in Deutschland) mit dem auf hoher Allgemeinbildung, On the Job Training (In Company Training), Arbeitsmoral, Corporate Identity und fester Betriebsbindung basierende Modell geteilter Arbeitsmärkte mit einem ausgeprägten innerbetrieblichen Arbeitsmarkt für die Kernbelegschaften (z. B. Japan). Geht man davon aus, daß die Wettbewerbsfähigkeit der Unternehmen auf Beschäftigte angewiesen ist, die sowohl über entsprechende Qualifikationen als auch über eine hohe Leistungsbereitschaft verfügen, dann zeigen die beiden Modelle, daß Kompetenz und Motivation auf sehr unterschiedlicher Weise realisiert werden können. Die Diskussion über moderne Produktionskonzepte in der Automobilindustrie hat dies ein-

drucksvoll verdeutlicht (vgl. Womack, Jones & Roos 1991). Berufe sind in
Deutschland tief verwurzelt in der protestantischen Ethik, sie repräsentieren
staatlich geordnete Aufgabenfelder im Beschäftigungssystem und bilden die Basis des Facharbeiterarbeitsmarktes. Innerbetrieblich ist die berufsförmig organisierte Facharbeit ein zentrales Moment für die Arbeits- und Betriebsorganisati-
on. Für die Entwicklung der Persönlichkeit gilt der Beruf weithin als eine identitätsstiftende Institution, die den Beschäftigten für die betriebliche Aufgaben
qualifiziert und ihn zugleich vom Einzelbetrieb unabhängig macht. Facharbeiter
definieren sich zunächst über „ihren" Beruf und nicht über das Unternehmen.
Die nach dem Berufsbildungsgesetz (BBiG) geordneten Berufe sind weniger der
Ausdruck eines nach diesen Berufen dimensionierten Qualifikationsbedarfes als
vielmehr Ausdruck einer spezifischen mitteleuropäischen Industriekultur. Die
Pragmatik der historisch geprägten deutschen Berufsstruktur ist mit einiger Sicherheit keine hinreichende Basis für eine zukunftsweisende Berufsbildung. Das
Beispiel der Berufsfelder "Elektrotechnik" und "Metalltechnik", in denen sich je
eine gewisse Zahl von Berufen spezifischen Technologien zuordnen lassen,
zeigt, daß Berufe, die an eine Technologie oder ein technologisch definiertes
Produkt gebunden sind, höchst instabile Berufe sind, die es ebenso wenig erlauben, langfristig berufliche Identität zu stiften sowie solide Facharbeiter-
Arbeitsmärkte zu konstituieren (Drescher u.a. 1995). So wie der Beruf des Arz-
tes - unabhängig vom technologischen Wandel der Medizintechnik - über ein die
Jahrhunderte überdauerndes Berufsbild verfügt, das nicht an die Oberfläche des
medizintechnischen Wissens, sondern an die ärztliche Kunst gebunden ist, so
kommt es darauf an, die nach BBiG geordneten Berufe derartig weiterzuentwik-
keln, daß sie sich (wieder) stärker an Arbeitszusammenhängen sowie am Arbeitsprozeßwissen (Kruse 1986) orientieren.

Bindung von Berufsbildern an die Oberfläche des technischen Wandels

Unter dem Primat des sich beschleunigenden technischen Wandels würden und
werden Berufe konstruiert, denen zentrale Qualitätsmerkmale fehlen. An Stelle
von beruflichem Zusammenhangswissen (Laur-Ernst, Gutschmidt, Lietzau
1990) und grundlegendem Arbeitsprozeßwissen (Kruse 1986; Rauner 1996; Fischer 1995) wurden seit den 20er Jahren dieses Jahrhunderts mit dem Beginn
der Berufsbildungsplanung für die industriellen Berufe berufliches Wissen und
Können über abstrakte Grundfertigkeit und enge berufliche Verrichtungen (Verrichtungsprinzip) definiert. Dies entspricht weitgehend den von Taylor formulierten Grundsätzen für das Scientific Management. Damit rückten Tätigkeiten
und Qualifikationsanforderungen in den Vordergrund, die sich primär an den
vorübergend aktuellen Ausformungen und an der Oberfläche einer speziellen
Technologie sowie an abstrakten Grundfertigkeiten orientierten. Schnell wechselnde Berufe und Berufsbezeichnungen waren die Folge (Howe 1998) und zu-

gleich die Ursache dafür, daß sich die Berufe weder im gesellschaftlichen Bewußtsein einprägen konnten (Drescher u. a. 1995, Kap. 8), noch eine nennens-
werte Qualität für die Herausbildung von Fach-Arbeitsmärkten aufwiesen. Die
Kurzlebigkeit und Flüchtigkeit dieser Berufe entwertet sie für die in diesen Berufen Beschäftigen (vgl. Hoff, Lempert, Lappe 1991).

Ordnen von Berufen mittels Analyse-Synthese-Verfahren

Industrieberufe, die in der Tradition desTaylorismus entwickelt wurden, sind das
Ergebnis von Analyse-Synthese-Prozeduren: aus Tätigkeitsanalysen werden ge-
bündelte Arbeitstätigkeiten und -aufgaben synthetisiert. Ausgangspunkt ist dabei
weniger ein umfassender und übergreifender Arbeitszusammenhang, sondern
eine Bündelung von Tätigkeiten nach dem Verrichtungsprinzip (z. B. Drehen,
Fügen) oder nach Technologien (Kommunikationselektroniker).[1]

Durch eine enge Tätigkeitsorientierung der Ausbildungsordnungen geraten die
in den 80er Jahren neugeordneten Industrieberufe zunehmend in Widerspruch zu
den durch den internationalen Qualitätswettbewerb induzierten flachen betriebliche Organisationsstrukturen und zu einer partizipativen betrieblichen Organisationsentwicklung, wie sie - wenn auch mit unterschiedlichen Interessen - sowohl vom Management als auch von Seiten der Gewerkschaften gefordert werden. Geschäftsprozeßorientierte Organisationskonzepte mit ihren höheren Anforderungen an die Verantwortung und Motivation der Mitarbeiter eröffnen die
Chance für die Implementierung moderner - offener, dynamischer - Berufsbilder. Sie bergen zugleich aber auch das Risiko der Erosion des Berufskonzeptes
sowie der darauf bezogenen Berufsbildung.

Kriterien moderner Beruflichkeit

Gestaltungskompetenz als Leitidee für die berufliche Bildung

Berufliche Gestaltungskompetenz ist als ein Leitziel für die berufliche Bildung
mittlerweile vielfältig als Bildungsauftrag in Bildungsgesetzen und Verordnungen verankert. Die KMK hat 1991 als Bildungsauftrag für die Berufsschule formuliert: „Die Auszubildenden sollen befähigt werden, Arbeitswelt und Gesellschaft in sozialer und ökologischer Verantwortung mitzugestalten." Mit dieser
Formulierung hat die KMK das in den 80er Jahren entwickelte Konzept einer
gestaltungsorientierten Berufsbildung aufgenommen (Rauner 1988). In einer
Reihe von Modellversuchen wurde diese Leitidee in ihrer Tragfähigkeit für das

---

[1] Vgl. dazu aus Heidegger u.a. (1991, Kap. III, S. 93-211) sowie Datsch, 1912, Bd. III, S. 5ff;
Riedel 1957; Nutzhorn 1964; Molle 1965; Krause 1970; Pfeuffer 1972; Ferner 1973; ZVEI
1973; Bürgi 1976.

didaktische Handeln von Lehrern und Ausbildern sowie in ihrem Stellenwert für die Qualität der Berufsbildung vielfältig untersucht.[2]

Prospektive Berufsbildungsplanung

Eine gestaltungsorientierte Berufsbildung legt eine Berufsbildungsplanung nahe, die prospektiv angelegt ist. Sie beansprucht, über die betriebliche Praxis - und darin eingeschlossen die Berufsbildungspraxis - hinauszuweisen. Die betriebliche Praxis wird nicht nur als eine gegebene, sondern auch als eine kritik- und gestaltungsbedürftige begriffen. Berufs- und Berufsbildungsplanung wird danach nicht darauf reduziert, die existierende Praxis durch Aufgabenanalysen und Tätigkeitsstudien zu erfassen und zu analysieren sowie Berufsbilder und Ausbildungspläne daraus abzuleiten und zu synthetisieren.

Ebenso problematisch erscheint es aus dieser Sicht, die zukünftige betriebliche Praxis zu prognostizieren, um darauf hin eine antizipative Berufsbildung zu begründen. Dies wäre nichts anderes als eine in die Zukunft weisende Form der Anpassungsqualifizierung in der Tradition eines deterministischen Verständnisses des Zusammenhangs zwischen technischen Innovationen, Arbeitsgestaltung und beruflicher Bildung. Prospektive Berufsbildungsplanung nimmt vielmehr Bezug auf die konkrete und vielfältige sowie die vielfältig widersprüchliche, betriebliche und berufliche Praxis.

Eine prospektive Berufsbildungsplanung betrachtet die aktuelle berufliche und betriebliche Praxis immer auch als eine exemplarische, die im Prozeß der Berufs(aus)bildung angeeignet und zugleich in gestaltungsorientierter Perspektive transzendiert wird. Prospektivität zielt also nicht auf verbesserte Prognoseinstrumente zur Vorhersage zukünftiger Arbeitsstrukturen, sondern auf die Beschreibung der alternativen Entwicklungspfade zukünftiger Praxis mit dem Ziel, Kompetenz für die Gestaltung des Wandels zu erwerben.

Für das Konzept einer modernen Beruflichkeit und ein daran orientiertes Ordnungsverfahren für die Berufsbildungsplanung schlage ich darüber hinaus vier Kriterien vor:

Arbeitszusammenhang und Arbeitsprozeßwissen als zentrale berufskonstituierende Merkmale

---

[2] Hier sei v.a. auf vier vom ITB wissenschaftlich begleitete Modellversuche hingewiesen, in denen das Konzept einer gestaltungsorientierten Berufsbildung erprobt und weiterentwickelt wurde: BLK-Modellversuch „handlungsorientierter Fachunterrichte in Kfz-Mechanikerklassen" (Hessen 1982-1986) (Weisenbach 1988), BLK-Modellversuch: Integration neuer Technologien in dem Unterricht berufsbildender Schulen und Kollegschulen unter besonderer Berücksichtigung der Leitidee: sozial- und umweltverträgliche Gestaltung von Arbeit und Technik (1993-1995) (Heidegger, Adolph, Laske 1997), BLK- und Wirtschaftsmodellversuche: gestaltungsorientierte Berufsbildung im Lernortverbund von Klein- und Mittelbetrieben und der Berufsschule (1994-1998) (Bauermeister, Rauner 1996).

Die Definition von Berufen über Arbeitszusammenhänge löst die Berufsstrukturen von der Oberfläche des technischen Wandels und abstrakten Tätigkeiten und erhöht zugleich die Qualität für die Berufsorientierung dieser Berufe und ihre Verankerung im gesellschaftlichen Bewußtsein. Als Arbeitszusammenhang soll dabei in Anlehnung an ein handwerkliches Berufsverständnis ein auch für Außenstehende klar abgrenzbares und erkennbares Arbeitsfeld verstanden werden, das sich aus umfassenden und zusammenhängenden Arbeitsaufgaben zusammensetzt und einen im Kontext gesellschaftlicher Arbeitsteilung klar identifizierbaren und sinnstiftenden Arbeitsgegenstand aufweist. Der Rückzug auf abstrakes, fachsystematisches Grundlagenwissen wirkt sich eher als Barriere bei der Vermittlung beruflicher Handlungs- und Gestaltungskompetenz aus. Ebensowenig können Kernberufe durch ein Konzept kontextfreier Schlüsselqualifikationen beschrieben werden.

Rücknahme horizontaler Spezialisierung durch die Einführung von Kernberufen

Die in einer funktionsorientierten Arbeitsorganisation zum Ausdruck kommende Arbeitsteilung bis hin zur Arbeitszergliederung findet sich auch in bestehenden Berufsstrukturen wieder. Die Rücknahme von Arbeitsteilung in geschäftsprozeßorientierten Organisationsstrukturen erfordert entsprechend eine deutliche Reduzierung der Anzahl der Berufe und ihre Aufhebung in Kernberufen. Die Anzahl der Berufe im Bereich Produktion und Instandhaltung könnte z. B. durch die Einführung von Kernberufen um mehr als die Hälfte reduziert werden.

Kernberufe können kaum als „Kurzausbildungsberufe" unterhalb des Facharbeiterniveaus realisiert werden, da sie in ihrem Ausbildungsumfang meist mehr als einen traditionellen Beruf abdecken. Die Verbreiterung der beruflichen Grundlage stellt hohe Anforderungen an die Qualifizierung für anspruchsvolle berufliche Facharbeit. Die Kernberufe stellen dabei eine breitere Ausgangsposition für die beruflichen Karrierewege dar. Sie bilden ein neues Fundament für eine enge Verzahnung mit einer modularisierten Fort- und Weiterbildung, die in zertifizierte Fortbildungsberufe einmündet. Kernberufe sind keine „Grundbildungsberufe" im Sinne traditioneller beruflicher Grundbildung.

Zeitlich stabile Berufe

Die Verankerung von Berufsbildern im gesellschaftlichen Bewußtsein, ihre Tauglichkeit für die Orientierung bei der Berufswahl sowie das identitätsstiftende Potential eines Berufes für Auszubildende und Beschäftigte hängen entscheidend von der Stabilität der Berufe ab. Berufsbilder mit einer Lebensdauer von nicht mehr als 15 Jahren, wie die industriellen Elektroberufe von 1972 und 1987, genügen diesem Kriterium nicht. Da der technische und ökonomische Wandel sowohl Chancen für die Entwicklung neuer, wie auch das „Absterben" alter Berufe birgt, stellt die Entwicklung langlebiger Berufe hohe Anforderungen an die Berufsbildungsplanung. Die Begründung von Berufsbildern über Arbeitszusammenhänge entscheidet wesentlich über die Lebensdauer von Berufen. Danach lassen sich entlang abnehmender Orientierung an einem Arbeitszusammenhang als Strukturmerkmal unterscheiden:

- „zeitlose" und langlebige Berufe (z. B. Arzt, Pilot, Erzieher) sowie eine größere Zahl von Handwerksberufen;
- technologisch induzierte Berufe (z. B. Elektro- und Chemieberufe);
- technologiebasierte Berufe (z. B. Prozeßleitelektroniker);
- eng verrichtungsorientierte Berufe (z. B. Fernmeldekabelleger, Dreher).

Technologiebasierten und verrichtungsorientierten Berufen fehlen nahezu alle Merkmale einer modernen Beruflichkeit. Der Beruf des „Setzers" ist ein Beispiel für einen verrichtungsorientierten und zugleich an die Oberfläche einer speziellen Technologie gebundenen Beruf. Wäre die berufliche Tätigkeit des Setzers von Anfang an als Textgestaltung definiert und weniger eng auf die Handhabung des Bleisatzes eingeschränkt worden, dann hätte die Berufsentwicklung sicher einen ganz anderen Verlauf genommen, der unter den aktuellen Bedingungen der Textverarbeitung wohl eher zu einer Aufwertung und nicht zum Absterben geführt hätte.

Offene dynamische Berufsbilder[3]

Die offene, dynamische Beruflichkeit geht nach wie vor von einem bestimmten Arbeitszusammenhang aus, muß aber

- diesen in adäquaten Bildungsprozessen als exemplarisch für berufliche Tätigkeit von Fachkräften erfahrbar werden lassen;
- sich ausweiten können im Zuge eigenständiger Mitgestaltung von Arbeit, Arbeitsorganisation und Technik und damit der Aufgabenzuschnitte;
- zu neuen, auch berufsübergreifenden Aufgaben wandeln können.

Das Bewußtsein, einen Beruf zu haben, sollten sich die Absolventen unter diesen Bedingungen unbedingt erhalten können, auch wenn sie in einem mehr oder weniger ausbildungsfremden Feld arbeiten. Wichtige Aspekte der Beruflichkeit sollten sie beim „Wandern" gleichsam mitnehmen können. Dazu zählen insbesondere zum einen Schlüsselkompetenzen mit ihrem Kern der Gestaltungskompetenz, zum anderen das Wissen, es in einem bestimmten Tätigkeitsfeld schon einmal zur Meisterung eines komplexen Aufgabengebietes gebracht zu haben. Die Realisierung des Konzeptes offener, dynamischer Berufsbilder soll es erlauben,

- zeitlich und inhaltlich stabile Berufsbilder zu etablieren,
- diese wieder stärker im öffentlichen Bewußtsein zu verankern,

---

[3] Zum Konzept der offenen dynamischen Berufsbilder vgl. Heidegger & Rauner 1997 sowie Heidegger u.a 1991.

- berufs- und berufsfeldspezifischen Arbeitsmärkten eine zugleich hohe Flexibilität, Stabilität und Transparenz zu erreichen,
- die Zahl der Ausbildungsberufe im Sektor Produktion und Wartung deutlich zu reduzieren.

Die zeitliche und inhaltliche Stabilität ist die Voraussetzung dafür, daß die Berufsbilder in der öffentlichen Diskussion bei der Berufswahl und für die Entwicklung beruflicher Identität der Berufsinhaber (vor allem der Auszubildenden) wieder an strukturierender Kraft gewinnen, die ihnen im Zuge der unablässigen Umbenennungen durch die am Verrichtungsprinzip orientierte Organisation von Unternehmen verloren gegangen ist.

Das Konzept der offenen, dynamischen Beruflichkeit läßt sich am ehesten durch die Einführung von „Kernberufen" realisieren. Kernberufe umfassen neben einem bundeseinheitlich geregelten Kernbereich (ca. 50 % der Ausbildungsinhalte) je einen betriebs- und regionalspezifischen Anwendungsbereich sowie einen Integrationsbereich, der auf das arbeits- und betriebsbezogene Zusammenhangswissen zielt.

Konsequenzen für die allgemeinbildende Schule

An den dicht geregelten Verfahren der Berufsbildungsplanung in Deutschland wirken eine große Zahl von Sachverständigen und Experten der Arbeitgeber- und Arbeitnehmerorganisationen, Ministerien des Bundes und der Länder mit. Das Bundesinstitut für Berufsbildung (BIBB) begleitete diese Berufsentwicklung moderierend und gelegentlich durch Forschungsprojekte.

Trotz - oder gerade wegen - der langjährigen und komplexen Abstimmungs- und Entwicklungsprozesse, fallen die Ergebnisse nicht immer innovativ aus. So ist der Versuch, die industriellen Elektroberufe seit Beginn der 70er Jahre in mehreren Anläufen grundlegend zu modernisieren, immer wieder mißlungen. Zur Zeit wird ein neuer Modernisierungsversuch vorbereitet. Ein zentrales Defizit der Berufsentwicklung in Deutschland ist, gerade im Bereich der innovativen Wirtschaftszweige, daß die neuen und neu geordneten Berufe in der Regel nur vom engen Kreis der Sachverständigen durchschaut werden. Schon die Berufsbezeichnungen werden allenfalls zufällig der richtigen Funktion der Berufsorientierung der Jugendlichen und ihrer Eltern gerecht.

Vergleichbares gilt für die Entwicklung von Fach-Arbeitsmärkten. Außer den für die betriebliche Berufsausbildung zuständigen Ausbildern, haben oft schon die Personalabteilungen der Unternehmen Schwierigkeiten im Umgang mit der hochfragmentierten Berufslandschaft und den oft komplizierten Berufsbezeichnungen.

Lehrer der allgemeinbildenden Schule, die im Bereich der Berufsorientierung unterrichten, sind für die erste Schwelle des Überganges von der Schule in die Arbeitswelt wichtige Akteure, die sich in der Tradition traditioneller Berufsorientierung aktiv mit der Berufsentwicklung befassen.

Berufe und berufsförmig organisierte Arbeit sind zutiefst verwurzelt in den verschiedenen Industriekulturen. Sie sind keineswegs durch die ökonomisch-technologische Entwicklung determiniert, sondern vielmehr gesellschaftlich konstituiert. Die berufsorientierende und -beratende Bildung ist daher herausgefordert, an der Entwicklung von Berufen, Berufsbildern und Berufsfeldern mitzuwirken - aus der Perspektive jener, die diese Berufe schließlich als für sich attraktiv bewerten und später erlernen und ausüben müssen. Die Berufsbildungsplanung und die Berufsbildungsforschung täten daher gut daran, in ihren Planungen die Akteure der berufsorientierenden Bildung einzubeziehen. Nur so kann die berufsorientierende Qualität und die Attraktivität der Berufe und der Berufsbildung für diejenigen, auf die es vor allem ankommt, auf die Schüler, die sich für einen Beruf und einen beruflichen Karriereweg entscheiden, erhöht werden.

Eine berufsorientierende Bildung, die eine reflektierte Entscheidung für eine Berufsausbildung bei Schülern begründen soll, wird durch den Wandel der berufsförmigen Arbeitsprozesse und der darauf bezogenen Bildung zunehmend herausgefordert. Ein kurzes Betriebspraktikum in einer der letzten Schuljahre der allgemeinbildenden Schule bildet schon in Zeiten stabiler Berufs- und Arbeitsmarktstrukturen eine völlig unzureichende berufsorientierende Bildung. In einer Phase eines grundlegenden Wandels in der Arbeitswelt, von der die berufsförmige Arbeit zutiefst berührt ist, kann dies nur bedeuten, daß das Konzept des punktuellen Betriebspraktikums durch eine prozeßorientierte Berufsorientierung abgelöst wird. Eine prozeßorientierte berufsorientierende Bildung hätte in der Grundschule zu beginnen und in einem die schulische Bildung begleitenden Prozeß in zunehmend komplexer angelegten Studien über die Arbeitswelt die Kompetenz zu vermitteln, den Wandel der Arbeitswelt zu verstehen und die Einsicht zu gewinnen, daß es im Beruf vor allem darauf an kommt, die Arbeitswelt in sozialer, ökologischer und ökonomischer Verantworung mit zu gestalten. Eine gestaltungsorientierten berufsorientierende Bildung bedarf eines prozeßorientierten, die Schulstufen und Schulformen übergreifenden Curriculums. Es spricht alles dafür, dazu ein großes Innovationsprojekt zu initiieren, daß die Schule in die Lage versetzt, Schüler so an die erste Schwelle des Übergangs in die Arbeitswelt heran zu führen, daß sie willens und darauf vorbereitet sind, schon in der Berufsausbildung immer wieder aufs Neue zwei Fragen nachzugehen:

• Warum sind die Dinge so und nicht anders?
  - Die Frage nach der Genese von Arbeit und Technik -
• Geht es auch anders?
  - Die Frage nach den Gestaltungsspielräumen und Alternativen -

Literatur

Baethge, M.; Baethge-Kinski, V.: Jenseits von Beruf und Beruflichkeit? - Neue Formen von Arbeitsorganisation und Beschäftigung und ihre Bedeutung für eine zentrale Kategorie gesellschaftlicher Integration. In: MITTAB 3/98. S. 461 bis 472.

Bauermeister, L.; Rauner, F.: Berufsbildung im Lernortverbund oder wie man aus der Not eine Tugend machen kann. In: Berufsbildung in Wissenschaft und Praxis (BWP). Jahrgang 25, Heft 6, 1996.

Beck, U.: Nicht Autonomie, sondern Bastelbiographke. In: Zeitschrift für Soziologie, Heft 3/93, S. 178-187.

Berliner Memorandum: Zur Modernisierung der Beruflichen Bildung. Hrsg. von der Berliner Senatsverwaltung für Arbeit, Berufliche Bildung und Frauen. Berlin 1999.

Demes, H.; Georg, W.: Bildung und Berufskarriere in Japan. In: H. Demes und W. Georg (Hrsg): Gelernte Karrieren. Bildung und Berufsverlauf in Japan. München 1994. S. 13 bis 34.

Dostal, Werner: Berufs- und Qualifikationsstrukturen in offenen Arbeitsformen. In: Euler, Dieter (Hrsg.): Berufliches Lernen im Wandel - Konsequenzen für die Lernorte? Dokumentation des 3. Forums Berufsbildungforschung 1997 an der Friedrich-Alexander-Universität Erlangen-Nürnberg. BeitrAB 214. S. 173-187. Nürnberg 1998.

Drescher, E.; Müller, W.; Petersen, W.; Rauner, F.; Schmidt, D.: Neuordnung oder Weiterentwicklung? Evaluation der industriellen Elektroberufe. Ein Forschungsprojekt im Auftrag des Bundesinstituts für Berufsbildung (Kenn-Nr. 3.601). Bremen 1995.

Dybowski, G.; Pütz, H.; Rauner, F. (Hrsg.): Berufsbildung und Organisationsentwicklung „Perspektiven, Modelle, Grundfragen". Bremen 1995.

Fischer, M.: Überlegungen zu einem arbeitspädagogischen und -psychologischen Erfahrungsbegriff. In: ZBW - Zeitschrift für Berufs- und Wirtschaftspädagogik. Heft 3, 1995.

Giddens, A.: Die Konstitution der Gesellschaft. Frankfurt 1988.

Gronwald, D.; Rauner, F. (Hrsg.): Neuordnung der Elektroberufe. Bremen 1981.

Haase, P.; Dybowski, G.; Fischer, M.: Berufliche Bildung auf dem Prüfstand. Alternativen beruflicher Bildungspraxis und Reformperspektiven. Donat Verlag, Bremen 1998.

Heidegger, G., u. a.: Berufsbilder 2000. Soziale Gestaltung von Arbeit, Technik und Bildung. Opladen 1991.

Heidegger, G.; Adolph, G.; Laske, G.: Gestaltungsorientierte Innovation in der Berufsschule. Begründungen und Erfahrungen. Bremen 1997.

Heidegger, G.; Rauner, F.: Reformbedarf in der beruflichen Bildung. (Hrsg.): Ministerium für Wirtschaft und Mittelstand, Technologie und Verkehr des Landes NRW. Düsseldorf 1997.

Hoff, E.H.; Lempert, W.; Lappe, L.: Persönlichkeitsentwicklung in Facharbeiterbiographien. Bern 1991.

Howe, F.: Historische Berufsbildungsforschung am Beispiel der industriellen Elektroberufe. In: Pahl, J. P.; Rauner, F. (Hrsg.): Betrifft: Berufswissenschaften. Beiträge zur Forschung und Lehre in den gewerblich technischen Fachwissenschaften. Bremen 1998.

IGM: Die Stufenausbildung in der Elektrotechnik. In: Gronwald, D; Rauner, F. (Hrsg.): Neuordnung der Elektroberufe. Bremen 1981.

Jäger, C.: Die kulturelle Einbettung des europäischen Marktes. In: Haller, M.; Hoffmann-Nowottny, H.-J.; Zopf, W. (Hrsg.): Kultur und Gesellschaft. Frankfurt 1989.

Jäger, C.; Bieri, L.; Dürrenberger, G.: Berufsethik und Humanisierung der Arbeit. In: Schweizerische Zeitung für Soziologie. Heft 13/1987. S. 47-62.

Jürgens, U.; Lippert, I.: Schnittstellen des deutschen Produktionsregimes. Innovationshemmnisse im Produktentstehungsprozeß. In: Naschold, F./Soskice, D./Hancké, B./Jürgens, U. (Hrsg.), Ökonomische Leistungsfähigkeit und institutionelle Innovation, Berlin, 1997, S. 65-94.

Kern, H.; Sabel, C.: Verblaßte Tugenden - die Krise des deutschen Produktionsmodells. In: Soziale Welt, Sonderband „Umbrüche gesellschaftlicher Arbeit", Göttingen, 1994, S. 605-624.

Kocka, J.: Von der Manufaktur zur Fabrik. Technik und Werkstattverhältnisse bei Siemens 1847-1873. In: Hansen, K.; Rürup, R.: Moderne Technikgeschichte. Köln 1975.

Kruse, W.: Bemerkungen zur Rolle der Forschung bei der Entwicklungs- und Technikgestaltung. In: Sachverständigenkommission „Arbeit und Technik". Universität Bremen 1986.

Kutscha, G.: „Entberuflichung" und „Neue Beruflichkeit" - Thesen und Aspekte zur Modernisierung der Berufsbildung und ihre Theorie. In: Zeitschrift für Berufs- und Wirtschaftspädagogik 88. S. 535-548.

Laur-Ernst, U.; Gutschmidt, F.; Lietzau, E.: Neue Fabrik-Strukturen - veränderte Qualifikationen. Ergebnisse eines Workshops zum Forschungsprojekt „Förderung von Systemdenken und Zusammenhangsverständnis - Lernen und Arbeiten in komplexen Fertigungsprozessen". Hrsg. vom Bundesinstitut für Berufsbildung (BIBB). Berlin 1990.

Lipsmeier, A.: Herausforderungen an die Berufsbildungsforschung im Prozeß der europäischen Integration. In: Gronwald, D.; Hoppe, M.; Rauner, F. (Hrsg.): 10 Jahre ITB. Festveranstaltung und Berufsbildungskonferenz 21.-23. Februar 1997. Bremen 1997. S. 50-74.

Mertens, D.: Beziehungen zwischen Qualifikation und Arbeitsmarkt - 2x4 Aspekte. In: Schlaffke, W. (Hrsg.): Jugend, Arbeitslosigkeit - ungelöste Aufgaben für das Bildungs- und Beschäftigungssystem. Köln 1976.

Münch, J.: Berufsbildung und Bildung in den USA. Berlin 1989.

Petersen, W.; Rauner, F.: Evaluation und Weiterentwicklung der Rahmenlehrpläne des Landes Hessen - Berufsfeld Metall- und Elektrotechnik. Gutachten im Auftrage des Hessichen Kultusministeriums. ITB-Arbeitspapiere, Nr. 15. Bremen 1996.

Rauner, F.: Die Befähigung zur (Mit)Gestaltung von Arbeit und Technik als Leitidee beruflicher Bildung. In: Heidegger, G.; Gerds, P.; Weisenbach, K. (Hrsg.): Gestaltung von Arbeit und Technik - Ein Ziel beruflicher Bildung. Frankfurt/M., New York 1988.

Rauner, F.: Gestaltung von Arbeit und Technik. In: Arnold, R.; Lipsmeier, A. (Hrsg.): Handbuch der Berufsbildung. Opladen 1995.

Rauner, F.: Lernen in der Arbeitswelt. In: Dedering, H. (Hrsg.): Handbuch zur arbeitsorientierten Bildung. München 1996.

Rauner, F.: Moderne Beruflichkeit. In: Euler, Dieter (Hrsg.): Berufliches Lernen im Wandel - Konsequenzen für die Lernorte? Dokumentation des 3. Forums Berufsbildungforschung 1997 an der Friedrich-Alexander-Universität Erlangen-Nürnberg. BeitrAB 214. S. 153-171. Nürnberg 1998.

Rauner, F.; Spöttl, G.: Kfz-Mechatroniker - Ein arbeitsprozeßorientiertes Konzept für die berufliche Erstausbildung. ITB-Arbeitspapiere, Nr. 13. Bremen 1995.

Rauner, F.; Spöttl, G.; Olesen, K.; Clematide, B.: Weiterbildung im Kfz–Handwerk. Eine Studie im Rahmen des FORCE-Programms. Luxemburg 1995.

Rauner, F.; Zeymer, H.: Auto und Beruf. Bremen 1991.

Sennett, R. (1998): Der flexible Mensch. Die Kultur des neuen Kapitalismus. Berlin 1998.

Womack, J.P.; Jones, D., Roos, D.: Die zweite Revolution in der Automobilindustrie. Konsequenzen aus der weltweiten Studie aus dem Massachusetts Institute of Technology. Frankfurt a. M.; New York 1991.

Technische Bildung – Ideologische und theoretische Aspekte

Jean-Louis Martinand, Joël Lebeaume

Während der letzten Jahre wurde der Technikunterricht an Frankreichs Hauptschulen völlig neu gestaltet. Im Verlauf der Diskussionen und Verhandlungen wurden viele grundlegende Themen behandelt. Diese Themen sind ideologischer und theoretischer Natur.

Ideologische Aspekte

Es ist wichtig festzuhalten, daß sich Technische Bildung noch nicht durchgesetzt hat. Ihre Existenz wird ständig diskutiert, wie z. B. in Polen, in dessen neuem Lehrplan Technische Bildung zugunsten von Computerwissenschaft gestrichen wurde. In Frankreich wird, auch wenn Technische Bildung für alle Schüler ein Pflichtfach ist, ihre Stellung im Lehrplan ständig neu überdacht.

Aktuelle Motive

Wie in den meisten Ländern, so begann die Entwicklung der Technischen Bildung auch in Frankreich zu Beginn der sechziger Jahre. Dies war aus drei Gründen von Bedeutung: Der Schulbesuch wurde bis zum 16. Lebensjahr zur Pflicht und die Ausbildung verschob sich zeitlich nach hinten, technischer Fortschritt mit seinen weitreichenden kulturellen und sozialen Veränderungen war nicht mehr rückgängig zu machen, und in Frankreich wurden, wie auch in anderen Ländern, Techniker benötigt.

Die Einführung dieses neuen Faches stellt eine große Herausforderung dar und man braucht sehr viel Zeit dafür. Aus diesem Grund heraus wird fast alle fünf Jahre ein neuer Lehrplan erstellt, um einen fundierten Unterricht in Technischer Bildung zu gewährleisten. Es hat unterschiedliche Lehrpläne gegeben mit unterschiedlichen Inhalten. Diese Entwicklungen und Veränderungen können durch die Beziehung zwischen Technischer Bildung und den wirtschaftlichen und kulturellen Strukturen erklärt werden. Doch es gibt noch viele weitere Faktoren, die innerhalb und außerhalb des Faches liegen: die Einstellung der Lehrer, verfügbare Ausstattung ebenso wie politische Ansichten und die Ziele, die Politiker der Technischen Bildung zuschreiben.

Die Gründe und Motive, die zur Implementierung der Technischen Bildung geführt haben, sind nicht mehr dieselben wie heute und es gibt in diesem Bereich viele Ungereimtheiten.

Falsche Sichtweisen, Mißverständnisse, Ablehnung

Für Angehörige der Verwaltung, Minister, Lehrer und Eltern hat der Begriff „Technik" jeweils eine ganz unterschiedliche Bedeutung und es ist wichtig, die unterschiedlichen Bedeutungen von Technik in der Gesellschaft und Technik in der Wirtschaft zu erkennen, ebenso wie in der Forschung und in der Schule. Diese Begriffsverwirrung führt zu Schwierigkeiten bei der Definition der Technischen Bildung. Trotzdem sind Fragen zur unterschiedlichen Bedeutung des Begriffes weniger wichtig als Fragen bezüglich der ideologischen Bedeutung von Technik als menschliche Tätigkeit, besonders in Bezug auf die Beziehung zwischen Tätigkeiten und Werten.

Von Menschen ausgeübte technische Tätigkeiten und technische Realisierungen oder Produktionsverfahren werden nicht anerkannt, weil technische Verfahren nicht als eine Reihe intelligent organisierter Aufgaben angesehen werden, sondern nur als praktische Handlungen, die ohne nachzudenken und nur mit einem Trick durchgeführt werden. Mit dieser Auffassung von Technik und der falschen Sichtweise bezüglich technischer Tätigkeiten ist es naheliegender, sich Technik wie angewandte Mathematik oder Naturwissenschaften vorzustellen, als Technische Bildung als eigenständiges Thema anzusehen.

Viele ideologische Streitfragen basieren ebenfalls auf der Mißachtung der Technik. Dieser Punkt ist nicht nur ein Mißverständnis, sondern eine regelrechte Mißachtung, einschließlich der Ablehnung technischer Beweisführung mit ihren Merkmalen und spezifischen Kennzeichen. Diese Ablehnung technischen Denkens, verbunden mit der Ablehnung technischer Kultur, verursacht viele Schwierigkeiten, „Technische Bildung" in die Allgemeinbildung zu integrieren. Unterrichtseinheiten über technische Verfahren, Diskurse oder Analysen technischer Objekte oder Systeme werden als ausreichend für den Schulunterricht angesehen. Projekte und praktische Tätigkeiten werden als nicht erforderlich angesehen, um sich der Welt der Technik zu nähern

Aufgrund dieser falschen Sichtweisen wird Technische Bildung disqualifiziert. Es ist somit unmöglich, die grundlegenden Themen und Merkmale zu diskutieren.

Verwaltungsbeamte können sich nur dann auf Technische Bildung einigen, wenn es hier um aktuelle Fragen oder Absichten geht, die vorgegeben werden und dem Zeitgeist entsprechen. So denken sie dabei zum Beispiel an Informationstechnologie entsprechend der Entwicklung von Computern oder Umwelttechnologien hinsichtlich der Bevölkerungsentwicklung. Auf entsprechenden Druck hin könnte Technische Bildung auch als Fach zur Entwicklung von Arbeitskräftepotential genutzt werden und zum Beispiel zur Veränderung des Verhältnisses von Mädchen zu Technik beitragen. Auch anderes wäre denkbar, doch mit großem Abstand zu technischen Tätigkeiten und technischer Beweisführung.

Argumente

Während der Neubearbeitung des Lehrplans für Technische Bildung waren diese ideologischen Fragen sehr wichtig und es war erforderlich, von zwei Positionen aus zu argumentieren.

Die erste ist das Wesen der Technik, eines der wichtigsten Kennzeichen technischer Tätigkeiten, doch nicht allein in diesem Bereich menschlicher Tätigkeiten. Bei den meisten schulischen Angelegenheiten, gruppieren sich Unterricht und Lernen um spezifische technische Tätigkeiten. Von dieser Warte aus betrachtet, wäre Technische Bildung ein Schulfach so wie alle anderen auch. Technische Bildung kann zur Allgemeinbildung beitragen, weil Allgemeinbildung nur kulturspezifisch ist und weil das Lernen es lediglich ermöglicht, an den unterschiedlichen Technikarten teilzuhaben.

Die zweite Position mit ihren Argumenten zur Diskussion der Existenz von Technischer Bildung innerhalb der allgemeinen Bildung, präzisiert die unterschiedlichen Aufgaben hinsichtlich des soziopolitischen Vertrags mit den unteren Klassen der High-School. Ein Beitrag von Technik an den Schulen ist es notwendigerweise, sich mit aktuellen Arbeitssituationen zu beschäftigen, der jeweiligen Art der Technik und den Aspekten, welche die Umwelt betreffen. Eine zweite Aufgabe besteht darin, die Welt der Technik zu entdecken und zu erforschen und sich praktisch mit ihr zu beschäftigen. Die Vermittlung von Grundkompetenzen, wie z. B. der Gebrauch von Computern in und außerhalb der Schule und das Reflektieren über die Bedeutung der Kompetenzen ist die dritte Aufgabe Technischer Bildung. Die letzte Aufgabe besteht in der Entwicklung einer aktiven Pädagogik, für oder mit Teamarbeit zur Realisierung von Aufgaben. Dies steht im Gegensatz zu Fächern, die auf einem intellektuellen Ansatz beruhen.

Doch dieses Schulfach mit seinem schulischen Projekt kann abgelehnt werden. In diesem Fall ist es wichtig, seine Merkmale zu überdenken.

Theoretische Themen

Andere Themen sind weitaus theoretischer. So fehlen zum Beispiel Konzepte und Werkzeuge, die es den Forschern ermöglichen, einen neuen Lehrplan zu entwickeln.

Welche Technische Bildung?

Es gibt erhebliche Probleme bezüglich der Erstellung und Organisation des Lehrplanes mit einer konstanten Strukturierung: Entwicklung einer elementaren und allgemeinen Technischen Bildung, Organisation eines sich weiterentwickelnden Lehrplans für den Schulunterricht, ohne daß die selben Tätigkeiten ständig wiederholt werden. Es ist einfacher, das Fach und seine Strukturierung

mit einer „Methode" zu erstellen, die auf den reziproken Beziehungen zwischen
Aufgaben, ihrem Zweck und ihrem Bezug beruht.

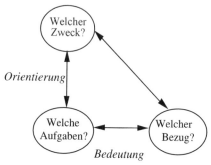

Abb. 1: Darstellung der „Methode"

Diese «Methode», verstanden als allgemeine Methodologie des Schulfaches,
ermöglicht die Vorstellung unterschiedlicher Formen Technischer Bildung mit
Konstanz zwischen ihren drei Komponenten: Was machen die Schüler während
des Unterrichts Technischer Bildung (Herstellung, Gebrauch, Entwicklung, Problemlösungen, projektbezogene Prozesse...)? Welche Bilder der technischen
Welt und Arbeit werden den unteren Klassen der High-Schools gezeigt? Welcher Art ist die Orientierung der Aufgaben für Personen, Arbeiter, Bürger? Es ist
auch ein Instrument, mit dem die Implementierungsbedingungen hinsichtlich der
Lehrer und der Einrichtungen analysiert werden können. Auf diese Weise können Ministern, Verwaltungsbeamten oder Politikern unterschiedliche Möglichkeiten mit ihren Konsequenzen und Einschränkungen zur Auswahl vorgelegt
werden. Die Verantwortung der Forscher hinsichtlich der Didaktik von Technischer Bildung ist es, diese unterschiedlichen Denkansätze in der Schule zu un-
terbreiten und nicht nur schulische Tätigkeiten vorzuschlagen

Welche Lehrplanstruktur?

Die Wahl ist in Frankreich zur Zeit auf Projektarbeit gefallen. Es ist jedoch
wichtig, die Aufgaben bezüglich der Projektarbeit präzise zu bestimmen. Es
handelt sich um technische Aufgaben, wenn sie das Wesen der Technik integrieren. Es handelt sich um echte technische Aktivitäten, wenn jeder Schüler mit
technischem Material arbeitet, aus technischer Perspektive heraus denkt (z. B.
mit Effizienz) und eine Rolle bei der Teamarbeit innehat, die der in der realen
technischen Arbeitswelt entspricht.

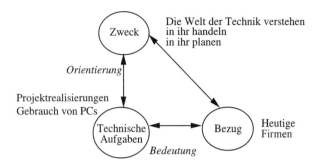

Abb. 2: Unterrichtsstruktur in Frankreich

Hinsichtlich des Vorgehens wurde unter unterschiedlichen Prinzipien das von Vergleich und Unterscheidung gewählt. Ausgehend von unterschiedlichen technischen Erfahrungen erlaubt der Vergleich den Aufbau eines konzeptionellen Rahmens, um projektorientierte Prozesse und technische Produkte zu analysieren. Ein idealisiertes Modell von projektbezogenen Prozessen ist dem systematischen, stufenweisen Erlernen der Prozesse entgegengesetzt.

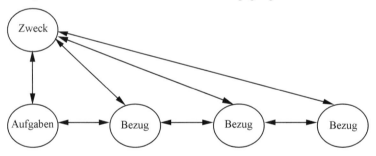

Abb. 3: Unterscheidung und Vergleich verschiedener technischer Aufgabengruppen

Diese theoretischen Themen betreffen die Grundlage und die Organisation des Lehrplanes. Es gibt weitere Themen, besonders hinsichtlich der Orientierung und der Regulierung von Tätigkeiten, wenn diese als Projekttätigkeit definiert werden, die einen Bezug zu sozio-technischen Aktivitäten außerhalb der Schule haben.

Welche Rolle spielen Ziele?

Tatsächlich stehen zielorientierte Tätigkeiten im Gegensatz zu projektbezogenen Aktivitäten. Ziele bestimmen das Produkt schulischer Aktivitäten und Projekte (technischer Projekte) bezüglich des Lernprozesses.

Wenn projektbezogene Tätigkeiten das Kernstück schulischer Aktivitäten sind, dann ist der Lernprozeß lehrreicher als Kompetenzen oder Wissen am Ende der Aufgaben. Da in Frankreich der Lehrplan der Technischen Bildung überwiegend projektbezogenen Unterricht vorsieht, ist es nicht zweckdienlich, die Programme von Standpunkt der Kompetenzen aus zu diskutieren. In den zwei Teilen des Lehrplanes - projektbezogene Tätigkeiten und Informationstechnologie - spielen Ziele nicht die gleiche Rolle. Nur Informationstechnologie ist zielorientierte Pädagogik.

Informationstechnologie

Jeder Schüler arbeitet ungefähr zehn Stunden allein mit einem Computer und Textverarbeitungsprogrammen, einer einfachen Datenbank, Graphikprogrammen, CAD und CAM, um diese auszuprobieren und effizient nutzen zu können. Der Lernvorgang wird durch progressive Übungen organisiert, um den Gebrauch von Computern zu erlernen, wie man Dateien öffnet, auswählt, sichert und wiederfindet. Diese Fähigkeiten müssen im Zusammenhang mit zukünftigen Tätigkeiten und Situationen des täglichen Lebens stehen. Informationstechnologie steht jedoch nicht für den unreflektierten Gebrauch von Computern. Das Wissen über Systeme und die Grundlagen der Datenverarbeitung gehören ebenfalls dazu. Die Schüler müssen diese Prozesse kennen, um in der Lage zu sein, Vorteile oder Grenzen von Programmen erkennen zu können und um zwischen ihnen auswählen zu können. Sie müssen ebenfalls ein effizientes Modell für die Bearbeitung von Aufgaben am Computer aufbauen. Während der ersten Phase der Arbeit mit Textverarbeitung müssen sich die Schüler mit Dateien auseinandersetzen.

Projektbezogene Tätigkeiten

Durch projektbezogene Tätigkeiten erhalten die Schüler praktische Erfahrungen und einen konzeptionellen Rahmen, um die realen technischen und wirtschaftlichen Umstände beschreiben und analysieren zu können und um einen Beitrag zu den unterschiedlichen berufsspezifischen Projekten leisten zu können. Diese projektbezogenen Aktivitäten werden progressiv in den Stundenplan integriert. Während der ersten Phase finden lediglich vorbereitende Aktivitäten zur Arbeit mit Werkzeugen aus dem Maschinenbau und der Elektronik statt, sowie eine Einführung in das Marketing. Während der Hauptphase gibt es vier Projektreihen und in der letzten Phase gibt es ein weiteres technisches Projekt, das von den Schülern selbst durchgeführt wird, sowie zwei CAD-Projekte in den Bereichen Kommunikation und Produktion (Anhang 1).

Dieses Vorgehen wurde gewählt, um einen kohärenten Unterricht zu gewährleisten. Mit einem Lehrplan, der in erster Linie durch eine Auflistung von Kompetenzen und Fähigkeiten definiert wird, müßte dieses Schulfach viele graduell abgestufte Übungen enthalten und damit wären die Tätigkeiten der Schüler bedeutungslos.

Bei den projektbezogenen Tätigkeiten müssen die Schüler eine Reihe von Aufgaben erledigen, die auf unterschiedliche, real existierende Firmen (Industrie und Dienstleistung) zugeschnitten sind. Während des ersten Jahres der Hauptphase beispielsweise enthält die Projektreihe „Serienproduktion eines Prototyps" unterschiedliche Aufgaben, so wie die Erstellung eines Produktionsplans, Kostenkalkulation, Berichterstattung über die Produktion, etc. Im zweiten Jahr der Hauptphase beinhaltet das Projekt „Erbringung einer Dienstleistung" andere Tätigkeiten: Bedarfsanalyse, Planung und Durchführung, Erstellung des Entwicklungsvorschlags, Kostenvoranschlag, etc.

Organisation

Die Organisation dieser zwei Teile ist aufeinander bezogen. Die folgende Abbildung verdeutlicht die Organisation in der Hauptphase:

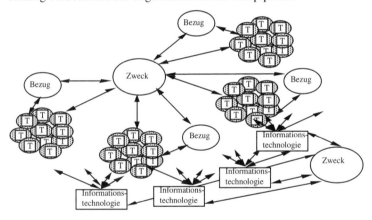

Abb. 4: Lehrplanorganisation in der Hauptphase

Sollten die Aufgaben für die Schüler umgewandelt werden in Probleme, die von ihnen gelöst werden müssen?

Bei diesem zweiten theoretischen Thema geht es um projektorientierte Pädagogik oder auch problemlösungsorientierte Pädagogik. Zur Zeit werden in Frankreich bei Projekten alle Aufgaben auf gleiche Weise präsentiert: gegebene Ressourcen, gegebene Bedingungen oder Einschränkungen und gegebene Ziele. Diese Projektaufgaben weichen kaum von den Aufgaben ab, die für das Fach „Design & Technology" in Großbritannien vorgesehen sind. Tatsächlich hat man dort festgestellt, daß „technische Probleme typischerweise aus diesen (drei)

Komponenten bestehen"[1]. Trotzdem ist die Technische Bildung dort anders, da Problemlösungen im Vordergrund stehen. In Frankreich werden technische Tätigkeiten in erster Linie als empirische Erfahrungen angesehen, die notwendig sind, um ein progressives Modell des Entwicklungsprozesses aufzubauen. Der schulische Zweck liegt nicht darin, allgemeine Kompetenzen zu entwickeln, sondern um Erfahrungen mit der Aufgabenbearbeitung im Team zu sammeln.

Welche Bewertungsmethode paßt zu den jeweiligen Aktivitäten?

Das Thema, welche Rolle Ziele spielen, ist ebenfalls Thema der Evaluierung, da Bewertungen eng mit dem Lehrplan verbunden sind und zur Definition des Schulfaches beitragen. Während jeder der drei Phasen in den unteren Klassen der High-School beinhaltet die Bewertung drei Komponenten.

- Einschätzung, wie sich die Schüler an den Tätigkeiten beteiligen (Produktionen oder Übungen)
- Einschätzung, wie sich die jeweiligen Fähigkeiten durch die Bewältigung unterschiedlicher Aufgaben weiterentwickeln.
- Überprüfung von Wissensgebieten - nur einiger weniger auf einem Basisniveau - die alle Schüler am Ende einer jeden Phase beherrschen müssen, um an den folgenden Phasen teilnehmen zu können. Am Ende der zweiten Phase müssen sie in der Lage sein, mit Meßwerkzeugen umgehen zu können (Schieblehre, elektrisches Meßgerät), Werkzeuge handhaben zu können (Lötkolben, Bohrmaschine) und Präsentationshilfsmittel (Pläne und Tafeln) zu gebrauchen. Neben diesem Know-How gibt es noch einiges Wissenswertes, das mit Worten nicht genau beschrieben werden kann, jedoch wichtig ist für das Stellen von Fragen, Verstehen, Organisation von Zeit und Raum und Auswahlvorgänge. In diesem Sinn enthält der Lehrplan zum Beispiel Produktionspläne, Entwicklungsvorschläge, Markt, Kosten und Lebensdauer von Produkten.

Am Ende der unteren Klassen der High-School werden Bewertungen vorgenommen, die sich mit der Präsentation technischer Projekte beschäftigen, mit der Erklärung von Entscheidungen und mit der Anwendung von Computern. Die Schüler müssen einen Bezug zu ihrer Arbeit und der technischen Realität entwickeln und sie mit Hintergrundwissen (Wert, Fluß, Einschränkungen, Standards, Funktionen und Markt) erklären können.

Während der zentralen Phase gibt es zwei logische Bewertungen; projektbezogene Bewertungen und Bewertungen bezüglich des Erlernens der Information-

---

[1] National Science Foundation (1992). Materials development, Research, and Informal science education. Program Annoncement.

stechnologie. Im Zweck der Technischen Bildung werden diese zwei Bewertungen miteinander verbunden (Abb. 5).

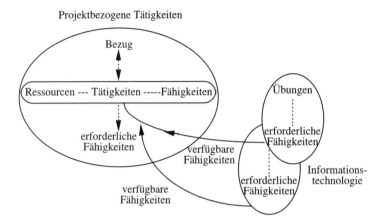

Abb. 5: Beziehungen zwischen den in den zwei Teilen des Lehrplans erforderlichen Fähigkeiten

Diese Lehrplanstruktur ist so komplex (nicht kompliziert), um einer Reihe von heterogenen Tätigkeiten im Unterricht der Technischen Bildung einen festen Rahmen zu geben. Die Tätigkeiten sind auf die Schüler zugeschnitten, ohne jedoch die angewandten Techniken zu verfälschen.

Schlußfolgerung

Die angesprochenen Themen gaben Anlaß zu neuen Ausarbeitungen und auch zu Kontroversen zwischen denen, die die Lehrpläne erstellen, Verwaltungsbeamten, Ausbildern von Lehrern und Forschern auf dem Gebiet der Technischen Bildung. Von der letzten Konferenz in Washington ausgehend, scheint die Situation in Frankreich der in anderen Ländern zu ähneln (1998).

Literatur

Lebeaume, J.; Martinand, J-L.: „Technology education in France : a school subject". in W.E. Theuerkauf et M.J. Dyrenfurth. (Eds). Proceedings of the International Working Seminar of Scolars for Technology Education. Washington   DC September 24-27. 1998. Braunschweig/Ames : EGTB-Wocate. 175-182. 1999

Lebeaume, J.; Martinand, J-L.: „Enseigner la technologie au collège". (Teaching technology education at junior high school). Paris, Hachette.

Lebeaume, J.: „L'Éducation technologique Histoires et méthodes." Paris : ESF.
   (Technological education, histories and methods) 1998

Lebeaume, J.: „Technology education in France - Main questions about curriculum designing". in K. Henseler ; G. Höpken ; Gert Reich (Eds). Hoch-
   schul-Tage Technik-unterricht - Technische Allgemein-bildung. Oldenburg,
   Intitut für Technische Bildung. 18-28. (translated by G. Höpken : "Allgemeine Technische Bildung in Frankreich. 29-40) 1998

Martinand, J-L.: „Problématique introductive au colloque". Actes du colloqueLe
   projet en éducation technologique. Marseille 1999. Skholê. Aix-Marseille :
   IUFM. 11. 21-27. 2000 (Project in technology education : introduction)

Martinand, J-L.: „The purposes and methods of technological education", Pro-
   spects, vol. XXV, 1, 49-56 1995

Martinand, J-L.: „Connaître et transformer la matière" (Understanding and
   transforming matter). Berne, Peter Lang. 1986

Anhang 1
Rahmen des Lehrplans für Technische Bildung in den unteren Klassen der High-School in Frankreich

Phase	Dauer	Technische Projekte	Informations-technologie
Anfangs-phase	1h 30 pro Woche	Vorbereitung der projektbezogenen Tätigkeiten - Materialbearbeitung - Zusammenbau elektronischer Geräte - Einführung Produktmarketing	- Textverarbeitung
Hauptphase Erstes Jahr	1h 30 bis 2h pro Woche	Projektbezogene Tätigkeiten Auswahl von 2 der 3 folgenden Aufgaben: - Fertigung und Verpackung eines Produktes - Serienproduktion eines Prototyps - Studie und Erstellung eines Prototyps	- Graphikprogramm - Automatisierung und Robotik
Hauptphase Erstes Jahr	1h 30 bis 2h pro Woche	Auswahl von 2 der 3 folgenden Aufgaben: - Test und Verbesserung eines Produkts - Erweiterung einer Produktpalette - Erbringung einer Dienstleistung	- Datenbank und Kommunikation - CAD und CAM
Orientie-rungsphase	2h pro Woche	- Implementierung eines technischen Projektes in 4 Schritten: vorherige Studie, Forschung und Auswahl der Lösung, Produktion und Vertrieb - 2 CAD-Realisierungen (auf dem Gebiet der Produktion und Kommunikation) Ergänzung : - Geschichte technischer Lösungen	

Technik in allgemeinbildenden Schulen: Sekundarstufe II Ansätze und Perspektiven

Rolf Oberliesen

Technische Bildung als Allgemeinbildung – Traditionen und curriculare Entwicklungen

Bis heute ist das Bildungswesen in Deutschland geprägt von einer über 150 Jahre vorherrschenden neuhumanistischen Bildungskonzeption mit ihrer Distanz zu gesellschaftlichen Strukturen und materieller Kultur. Das auf Wilhelm von Humboldt (1769 - 1859) zurückgehende neuhumanistische Bildungsverständnis kritisierte gleichermaßen die Beschränkungen der Individualitätsentfaltung durch die politische Unfreiheit im Absolutismus und die materialistische Orientierung im bürgerlichen Erwerbsleben. Daher sollte Menschenbildung in einem von dem herrschenden gesellschaftlichen Werte- und Normensystem abgeschirmten Bildungssystem stattfinden. Alle mit der Nützlichkeit etwa für eine spätere Berufsausübung begründeten und auf die Qualifikationsanforderungen der entstehenden Industriegesellschaft ausgerichteten Bildungsinhalte galten als Beeinträchtigung einer allgemeinen Menschenbildung. Sie waren aus dem allgemeinbildenden Schulsystem zu eliminieren und speziellen Bildungseinrichtungen vorzubehalten. Die wahre Menschenbildung habe letztlich im Medium der philosophischen Reflexion stattzufinden. Erst seit den 60er Jahren des 20. Jahrhunderts verlor dieses Allgemeinbildungskonzept zunehmend an Vorherrschaft: Eine bildungsökonomisch motivierte Begabungsforschung hob die wesentliche Funktion sozialisatorischer Interaktionen, soziokultureller Milieus und damit auch der gesellschaftlichen Organisation der Arbeit für die Persönlichkeitsentwicklung ins allgemeine Bewusstsein.

Technische und ökonomische Inhalte als Bereiche der Allgemeinbildung wurden in der Vergangenheit in Deutschland immer dann gefordert, wenn gesellschaftliche und ökonomische Krisensituationen dies als erforderlich erscheinen ließen. Dies war etwa gegeben mit der Industrialisierung im 19. Jahrhundert oder im Zusammenhang von wirtschaftlicher Wettbewerbsfähigkeit zu den sozialistischen Ländern in den 60er Jahren, als in der Bundesrepublik Deutschland nach den Empfehlungen des Deutschen Ausschusses und der Empfehlung der Kultusministerkonferenz der Länder (KMK 1969) die „Arbeitslehre" eingeführt wurde, in einigen Bundesländern als Technikunterricht mit einem hohen Anteil sich auf Arbeit beziehenden Gegenstandsfeldern. Dieser Bildungsanspruch wurde allerdings nur in bestimmten Schulformen eingelöst (im Gegensatz etwa zu den Entwicklungen der polytechnischen Bildung in der DDR seit den 50er Jahren), obschon wichtige gesellschaftliche Gruppierungen (wie Arbeitgeberver-

bände, Gewerkschaften) deren umfassende Einführung seit längerem nachdrücklich forderten. Eine kritische Auseinandersetzung bzw. Weiterentwicklung
auf dem Hintergrund des Erfahrungshorizontes einer polytechnischen Bildung
als zentrale Bildungsidee des DDR-Bildungssystems mit dem Anspruch, diese
für alle Jugendlichen umzusetzen, konnte auch bis 10 Jahre nach der Vereinigung Deutschlands nicht stattfinden.

Die Suche nach einer informatischen Bildung in der gymnasialen Oberstufe in
den 70er Jahren als auch die breite Diskussion um die informationstechnische
Grundbildung in den 80er Jahren wie auch bildungspolitische Initiativen zur
Medienerziehung in den 90er Jahren[1] fanden zu diesen offensichtlich wenig ge-
festigten Traditionen keine Anknüpfungspunkte. Bleibt die Feststellung für die
Gegenwart, dass in Deutschland zwar offensichtlich ein breiter gesellschaftlicher Konsens darüber besteht, dass Computer und neue Technologien in eine
moderne Schule gehören, die Frage nach einer allgemeinen technischen Bildung
für alle Jugendlichen aber immer noch als ungeklärt anzusehen ist. Dies gilt in
besonderer Weise für die gymnasiale Bildung und damit verbunden auch für die
gymnasiale Oberstufe.

Über eine technische und ökonomische Bildung in der Sekundarstufe II wurde
in der Phase der Bildungsreform in den 60er und 70er Jahren in Auseinandersetzung mit Reformvorschlägen und -maßnahmen diskutiert. Die Argumentation
bezog sich auf die Fortführung der in den 60er Jahren in den Hauptschulen ein-
geführten Arbeitslehre (nach den Empfehlungen des Deutschen Ausssschusses
für das Bildungswesen 1964) für alle Schulformen und Schulstufen, nicht zuletzt
auch mit dem Hinweis auf die Bedeutung dieser Bildungsinhalte sowohl für eine
anschließende Berufsausbildung als auch für den Erwerb der Hochschulreife -
zumindest formal - und der weiteren Durchlässigkeit des Bildungssystems.

Die Vereinbarungen der Kultusministerkonferenz (KMK 1972, 2000) zur Neugestaltung der gymnasialen Oberstufe mit dem darin enthaltenen Konzept „gemeinsame Grundbildung für alle Schüler" sah dann neben der Vermittlung von
Studierfähigkeit auch eine Vorbereitung auf die berufliche Ausbildung vor (im
Sinne einer beruflichen Erstausbildung nach dem Abitur). Dieser Anspruch blieb
aber curricular und in der unterrichtlichen Praxis völlig inhaltsleer und unver-
bindlich, so dass es bei der wissenschaftlichen Grundbildung im Rahmen der
allgemeinen Unterrichtsfächer blieb. Allerdings knüpften hier einige Bundesländer an Entwicklungen an, die verstärkt auch ökonomische und technische Inhalte zuließen, wie etwa Nordrhein-Westfalen. Einen Sonderweg verfolgte da-
neben das Reformkonzept „Kollegschule". Neben der beruflichen Fachbildung
und dem Lernen im obligatorischen Bereich wurde eine „schwerpunktbezogene
Grundbildung" angeboten, die sich auf sämtliche berufs- und studienbezogenen

---

[1] Vgl. etwa Oberliesen/Stritzky (1994), Rein (1996).

Bildungsgänge eines Schwerpunktes vom 11. bis zum 13. Jahrgang bezog. Arbeitslehre sollte hier Kern und „integraler Bestandteil der berufsqualifizierenden Fächer" sein.

Im Bildungskonzept der DDR für die Sekundarstufe II hatten die Schulen demgegenüber, der Leitidee einer allgemeinen polytechnischen Bildung folgend, die Aufgabe, die Jugendlichen auf die Anwendung der Rationalisierungsmethode der „Wissenschaftlichen Arbeitsorganisation" vorzubereiten, mit dem Ziel, Wissenschaft und Produktion zu integrieren. In der allgemeinbildenden Erweiterten Oberschule (EOS) mit den Klassen 11 und 12 erfolgte die Vorbereitung auf die wissenschaftliche Arbeitsorganisation durch „wissenschaftlich-praktische" Arbeit, die in Form von Projekten schulische und betriebliche Elemente beinhaltete (Analysen, Experimente, Betriebspraktika u.a.). Jene Projekte befassten sich mit Rationalisierungs- und Entwicklungsvorhaben in Rahmenprogrammen wie Elektrotechnik/Elektronik, Bauwesen, Technische Chemie, Land-, Forst- und Nahrungsgüterwirtschaft, metallverarbeitende Industrie, Technologie und sozialistischer Betriebswirtschaft, Informationsverarbeitung und Automatisierung. Sie stellten eine Einheit von Forschen, Arbeiten und Lernen dar und zielten auf komplexe Wissensanwendung und interdisziplinäre Arbeit sowie auf gesellschaftliche Verantwortung und soziale Kooperation. Auch diesbezüglich hat nach der Wiedervereinigung Deutschlands bislang keine systematische Aufarbeitung dieser Erfahrungen stattgefunden.

In der Bundesrepublik Deutschland fanden die Überlegungen der 70er Jahre zur Öffnung der gymnasialen Oberstufe auf Horizonte von Arbeit und Beruf, Technik und Ökonomie generell keine Weiterführung, abgesehen von den Versuchen (z.T. in standortbezogenen Schulversuchen) einiger Bundesländer, technische oder wirtschaftlich orientierte Oberstufen oder auch Fächerkonzeptionen wie Technik zu erproben (z.B. in Hamburg, Rheinland-Pfalz, Schleswig-Holstein und Baden-Württemberg), wenn auch formal der Rahmen hierfür mit dem Fächerkanon der Kultusministervereinbarung von 1972 (KMK 1972, 2000) für alle Länder gegeben war. In wenigen Bundesländern wie z.B. Nordrhein-Westfalen (beginnend 1975, Einführung 1981) und später Brandenburg (1992) und Sachsen-Anhalt (2000) erfolgten hierzu allerdings curriculare Entwicklungen, die ein Gesamtkonzept mit „Grund- und Leistungskursen" in die Perspektive nahmen. Bundesweit sind jedoch in gymnasialen Oberstufen Ansätze zur Berufs- und Studienorientierung entwickelt worden. Entgegen der Empfehlungen der Kultusministerkonferenz von 1997 zur Gestaltung der gymnasialen Oberstufe handelt es sich hierbei eher um sehr enge Berufs- und Studienorientierungen in Form einzelner Seminare und Betriebspraktika (meist ohne Vor- und Nachbereitung) und Expertengespräche. Mit technischen, ökonomischen und arbeitsweltbezogenen Zusammenhängen können sich Jugendliche in diesen curricularen Konzepten allerdings kaum systematisch auseinandersetzen, zumal derartige zusätzlichen Unterrichtsangebote in einem ansonsten fächerbezogenen Curriculum nur eine marginale Rolle spielen.

Technische Bildung in der reformperspektive der gymnasialen Oberstufe

Mit Beginn dieses Jahrzehnts gibt es eine Reihe von Gründen, die Reform der gymnasialen Oberstufe neu in den Blick zu nehmen. Darin ist auch die Frage nach dem Stand und der Begründung einer (arbeitsbezogenen) technischen und ökonomischen Bildung über alle Schulstufen hinweg neu zu stellen und es sind auch insbesondere jüngere bildungspolitische und curriculare Initiativen - bezogen auf deren Reformpotential - für die Sekundarstufe II des Gymnasiums neu zu prüfen und zu bewerten.

Zunächst sind die sich wandelnden gesellschaftlichen Rahmenbedingungen nicht zu übersehen, mit den neuen Herausforderungen einer fortschreitenden Technisierung und den Veränderungen der Arbeitswelt mit neuen Ansprüchen an Ausbildung und Studium. Aber es ist auch das veränderte Schulwahlverhalten der Eltern und die sich damit verändernde Schülerpopulation, die das Gymnasium in eine neue Situation stellt. Obwohl immer mehr das Abitur anstreben, wollen annähernd die Hälfte der Schülerinnen und Schüler in deutschen Gymnasien nicht studieren, das zeichnet sich inzwischen als stabiler Trend ab.[2] Die quantitative Expansion dieses Schultyps hat zugleich auch eine faktische Funktionserweiterung induziert.

Hinzu kommt, dass sich, wie in allen Industrieländern, die Probleme des Übergangs von Jugendlichen in Studium und Beruf erheblich verschärft haben. Die Sicherung der Ausbildungsfähigkeit wird generell als Forderung an alle Schulformen neu gestellt[3], Berufsorientierung und Lebensplanung der Jugendlichen auch als Anspruch an die gymnasiale Bildung eingefordert. Eine nicht zuletzt unter dem Reflexionshorizont der durch den umfassenden Einsatz neuer Technologien und multimedialer Entwicklung hervorgebrachte Allgemeinbildungsdiskussion in der Mitte der 80er Jahre[4] brachte einen Wandel im Verständnis von allgemeiner Bildung, das die mit Arbeit, Technik und Ökonomie verbundenen, sich auf die materielle Kultur[5] beziehenden Bildungssegmente nicht mehr ausklammert.

---

[2] Vgl. die im Abstand von jeweils zwei Jahren durchgeführten Repräsentativbefragungen des Instituts für Schulentwicklungsforschung (IFS 2000) zur Verwertungsperspektive von Bildungsabschlüssen.

[3] Vgl. zum Beispiel KMK (1997).

[4] Vgl. zum Beispiel Haefner (1982) mit der Proklamation einer „neuen Bildungskrise" sowie später auch die bildungstheoretischen Ausführungen von Hansmann/Marotzki (1988) und Sinhart-Pallin (1990).

[5] Vgl. Ropohl (1997)

Desweiteren ergeben sich zugleich mit den bis heute sehr veränderten Lebenssituationen der Jugendlichen auch veränderte Ansprüche an Bildung. Das betrifft in besonderer Weise die Altersgruppe der Schülerinnen und Schüler der Sekundarstufe II. Die Verunsicherungen der Jugendlichen dieses Alters sind – darin stimmen die Jugendstudien der letzen Jahre überein – besonders vielfältig. Sie reichen über die Entwicklung von Normen und der Bewertung alter Lebenszusammenhänge und Ziele des möglichen Neuen zwischen Arbeit und Konsum (verlängerte Ausbildung, Grauzonenjobs), der damit einhergehenden Veränderung sozialer Bezüge und Umwelten bis hin zur Selbststeuerung und der Entfaltung von Wertgefühlen auch im Zusammenhang mit den neuen Anforderungen. Bildungswege, Berufs- und Studienwahl sind nicht mehr durch Traditionen vorgeben, sondern erfordern in unübersichtlichen Marktsituationen und unkalkulierbaren gesellschaftlichen Entwicklungen verstärkt die Agentur eigener Interessen und Lebenswegplanung. Das Maximum an Optionen stellt hierin zugleich für die Jugendlichen die größte Anforderung dar. Der nicht zuletzt durch Technologien und Ökonomie bedingte gesellschaftliche Wandel hat auch die Probleme der Jugendlichen akzentuiert.

Die damit verbundenen Bildungsbedürfnisse stellen neue Ansprüche auch und insbesondere an die Praxis des Unterrichts der Oberstufe des Gymnasiums, aber auch an eine Neubestimmung von Studierfähigkeit, Wissenschaftspropädeutik und die bleibende Aufgabe der Vermittlung einer allgemeinen Bildung. Studierfähigkeit kann nicht mehr länger ausschließlich auf ein anschließendes Hochschulstudium interpretiert werden, so würden etwa andere Ziele dieser Schulstufe für andere Berufswege und Lebensbereiche ausgeblendet. Studienanforderungen müssen zudem zwischen Fächern und Fachkulturen als „allgemeine Studienfähigkeit" neu interpretiert werden (als zu erwerbende basale Fähigkeit). Wissenschaftspropädeutik muss zugleich die Ausweitung individueller Schwerpunktbildung mit entschiedener fachlicher und/oder auch beruflicher Spezialisierung (Beispiel Kollegschule) bedeuten, ggf. auch in problemorientierten Fächerkombinationen (Beispiel Profiloberstufe). In dem Maße, in dem hier eine Auseinanderssetzung und Verständigung über die gegebenen gesellschaftlichen Problemlagen geben ist, in vertieften Lernprozessen in Fächern (vertiefte Sachauseinandersetzung) und auch zugleich zwischen den Disziplinen, zwischen Laien und ExpertInnen, BürgerInnen und Regierenden (nicht nur als Auseinandersetzung zwischen Subjekt und Objekt) wird zugleich der Anspruch einer neuorientierten Allgemeinbildung eingelöst[6].

Curriculare Problemorientierung eröffnet zugleich die Chance sachlich/fachlicher Orientierung aber in der darin enthaltenen Verschränkung von

---

[6] Zum damit korrespondierenden Allgemeinbildungsverständnis vergleiche etwa Rauschenberger (1989) oder auch Klafki (1985/1991).

subjektiven mit objektiven Gegebenheiten. Spezialisierung erfolgt hier mit der Intention, etwas Allgemeines zu lernen (und nicht etwa um eine Studienfachauswahl vorwegzunehmen). Wissenschaftspropädeutik in diesem Sinne impliziert dabei auch zugleich politische Bildung, da es immer auch um die Auseinandersetzung mit gesellschaftlichen, damit auch historischen Bedingungs- und Wirkungskontexten und der hier hineinspielenden Dynamik politischer Kräfte geht.

Für die curriculare Konstruktion und Praxis der Sekundarstufe II bedeutet dies eine Verpflichtung, neben der fachlichen Spezialisierung, eine Orientierung hin auf problemorientiertes Lernen in fächerübergreifenden Kursen und Kolloquien, in Projekten und Praktika zu organisieren. Damit ist unmittelbar eine verstärkte Ausweitung von Erfahrungen in Prozessen der Auseinandersetzung mit den Gegebenheiten realer gesellschaftlicher Praxis (ein absolutes Desiderat der gegenwärtigen gymnasialen Oberstufe) gefordert. Wissenschaftspropädeutik umfasst dann in der Verbindung dieser Elemente erst das oberstufenspezifische Medium sowohl der Allgemeinbildung als auch der Vorbereitung auf das Studium.

Folgt man diesem weitergefassten Verständnis von Wissenschaftspropädeutik, ergeben sich damit auch Konsequenzen für die inhaltliche Gestaltung der gymnasialen Oberstufe, dann kann die Auseinandersetzung mit den gesellschaftlichen Schlüsselproblemen der Veränderung von Arbeit und Technologieentwicklung nicht mehr ausgeklammert werden. Bezogen auf die wissenschaftspropädeutische Annäherung an den Gegenstandsbereich Technik erscheinen allerdings noch folgende gegenstandsspezifische Momente besonders gewichtig:

Viele Erwachsene, Heranwachsende, Jugendliche oder auch PolitikerInnen und technische Akteure sind in ihren Einstellungen zu technischer Realität immer noch von Spuren des Mythos von „technologischem Fortschritt" und der Sachgesetzlichkeit von Technik bestimmt. Technische Hervorbringungen erscheinen den Individuen darin als Dinge eigener, unabänderlicher Faktizität. Trotz vielfältiger Brüche und Widersprüche scheint der Mythos vom „vermeintlichen Selbstlauf technischer Innovationsprozesse" nach wie vor vielfach leitend für hierauf bezogenes Denken und Handeln zu sein. Die konkreten Formen der gesellschaftlichen Produktion und Reproduktion stehen in dieser Ideologie als Ergebnisse eines Selbstlaufes, der sich aus Sachzwängen ergibt, die aus einer wie auch immer geordneten, aber übergeordneten Gesetzmäßigkeit resultieren. Hiermit verbunden ist in einigen Interpretationen zugleich die Annahme, dass allein durch die planmäßige Entfaltung materiell-rationaler Prozesse gleichsam automatisch eine verbesserte Lebenswelt für alle Menschen verbunden sei. Dieses Verständnis einer zwanghaften technischen Entwicklung kennt keine Beeinflussungsmöglichkeit.

Spätestens mit der Entwicklung und umfassenden Verwendung der Informations- und Kommunikationstechnologien wurde auf breiter Basis unmittelbar erfahrbar, dass sich technologische Entwicklung stets auch als Ergebnis sozialer Beziehungen und Auseinandersetzungen ergibt. Die Analyse der Entwicklung dieser Technologien, die über die Maschinisierung mechanischer und energetischer Prozesse hinausgehen und geistige Arbeitätigkeiten durch Übertragung auf jene Maschinensysteme automatisieren, bestätigen deutlich den Einfluss gesellschaftlicher Interessen und Herrschaftsstrukturen sowohl in den Phasen ihrer Entstehung als auch ihrer Durchsetzung und Entwicklung. Hier ist sehr sinnfällig, dass nicht die Sachlogik der Technik die Strukturen und Dynamik ihrer Entwicklung bestimmte, sondern gesellschaftliche Bedürfnisse und soziale Konflikte, genauer: die in ihnen zum Ausdruck kommenden Interessen setzen die Bedingungen und Ziele, unter denen sich Technik entfaltet[7].

Wenn auch erst in den letzten 30 Jahren die öffentliche politische Debatte um Fragen von Technologie-Entwicklung und der Verwendung von Technik eine neue Qualität erreichte, ist doch nicht zu übersehen, dass Auseinandersetzungen um technische Entwicklung eine längere Tradition haben, ist doch beispielsweise der gesamte Prozess der Industrialisierung letztlich verbunden mit einer Diskussion um interessenverbundenen Technologie-Einsatz. Im vergangenen Jahrhundert machten in den 50er und 60er Jahren die Durchsetzung der Automatisierung mit ihren konkreten Erfahrungen von Arbeitslosigkeit und der Wirkung von Rationalisierung sowie der Entwertung von Arbeit die Technologie-Entwicklung zum Gegenstand öffentlicher Auseinandersetzung[8]. Eine völlig neue Qualität der Technikdebatte eröffnete die Kernenergiediskussion in den 70er Jahren: Wurde zu Beginn nur rein technikzentriert diskutiert (negative Begleiterscheinungen und Folgen von Atomkraftwerken), weitete sich später die Diskussion aus auch auf generelle Fragen der Energieversorgung mit vergleichenden Technikbewertungen. Es ist unübersehbar, dass inzwischen große Teile der Gesellschaften der westlichen Industrieländer auf konkrete Beteiligung und auf die Einflussnahme auf technologische Entwicklungen drängen und dort zumindest generelle Orientierungen vorgeben wollen[9]. Dabei geht es längst nicht mehr 'nur' um Kriterien der Technikbewertung, sondern auch um die Formulierung allgemeiner Ziele wünschenswerter stofflich-technischer Entwicklungen.

---

[7] Vgl. etwa Rammert (1993).

[8] Zu den intensivsten Phasen der theoretischen Technikkontroversen gehören die Debatten um die Bewertung der industriellen Technologien, beginnend bereits mit der Kritik von Marx (Entfremdung gegenüber Produktionsprozess und Produkt), dann auch zum Beispiel mit der Aufdeckung der Verschränkung von Technik und Herrschaft bei Mumford (1966).

[9] Selbst instrumentell verstandene Abschätzungsprozesse zu Technikfolgen, die sich im Kern als wissenschaftliche Politikberatung verstehen, kommen an einer Anknüpfung an öffentlichen Technikkontroversen nicht mehr vorbei, vergleiche etwa Hennen (1994, 455).

Der Blick ist damit auf den Gesamtprozess der Technikgenese gelenkt. Technikgenese erscheint darin generell als Ergebnis komplexer gesellschaftlicher Aushandlungsprozesse und Konflikte:[10] Technik und Technologien existieren hierin nicht einfach, sie sind in ihrem Entstehungsprozess auch nicht einfach als Umsetzung von wissenschaftlichen Erkenntnissen oder Erfahrungswissen in technische Verfahren oder Produkte zu begreifen. Vielmehr sind sie mit ihren Entstehungszusammenhängen, ihrer Einführung und ihren Nutzungszusammenhängen vielfältig eingebettet in ein komplexes System gesellschaftlicher Interessenauseinandersetzungen, die von sehr verschiedenen Gruppierungen und Institutionen getragen werden. Technik und Gesellschaft sind in diesem Verständnis historisch und strukturell aufeinander bezogen: Technik ist Bestandteil gesellschaftlicher Entwicklungsprozesse ebenso wie gesellschaftliche Entwicklungsprozesse Bestandteil von Technik sind. Technische Systeme können daher niemals als wertneutral angesehen werden; in ihnen vergegenständlichen sich einerseits bestimmte Interessen und Werte, andererseits werden Interessenlagen und Wertstrukturen durch den Einsatz von Technik geprägt. Ein solches Verständnis von Technik und technologischer Entwicklung geht davon aus, dass dieser wechselseitig verschränkte Prozess von technischen Innovationen und sich verändernden gesellschaftlichen Rahmenbedingungen prinzipiell gestaltbar ist. Die konkreten Gestaltungsorte und Gestaltungsmöglichkeiten sind jedoch nicht unabhängig von den vorfindbaren gesellschaftlichen Herrschafts- und Machtstrukturen[11].

Entwicklung und Verwendung einer Technologie bestimmen sich zentral durch strategisches Handeln von Akteuren, bei dem auch ökonomische, politische und kulturelle Handlungsinteressen mit einfließen. Technologie-Entwicklung kann damit nicht mehr strukturlogisch beschrieben werden, sondern aus akteurorientierter Sicht wirken hier die verschiedenen involvierten Gruppen und Subjekte zusammen, indem sie die Technologie bestimmenden Strukturen erst schaffen, beziehungsweise diese stabilisieren oder variieren. Damit ist auf das offene Handlungs- und Einflusspotential der sozialen Akteure verwiesen. Die so bestimmten Entstehungs- und Verwendungsprozesse von Technik sind Gegenstand der Technikgenese-Forschung. Die unterschiedlichen Bedingungskonstellationen der Erzeugung und Verwendung in den unterschiedlichen funktionalen Handlungsbereichen und soziokulturellen Milieus der Gesellschaft sind hier in die zentralen Fragestellungen eingebunden .

Folgt man diesem Verständnis technologischer Entwicklung, dann können Prozesse technologischen Wandels und/oder technologischer Innovation nur aus dem Kontext der jeweiligen gesellschaftlich historischen Situation begriffen

---

[10] Vgl. zum Beispiel Rammert (1993).
[11] Vgl. Schudy (1999).

werden. Für ein adäquates Verständnis von Technik bedeutet das, die jeweils vorfindbare Technologie aus diesen Kontexten heraus zu interpretieren und zu begreifen. Damit wird der prozessuale technikgeschichtliche Horizont hierfür unabdingbar. Für die curriculare und unterrichtliche Gestaltung eines Gegenstandsbereichs Technik in der Sekundarstufe II müssen sich hiermit wichtige Kriterien für deren Konstruktion und Bewertung ergeben. Das hier über verschiedene Merkmalsdimensionen gekennzeichnete Verständnis von Technik muss hierfür eine zentrale Prüfebene abgeben.

Ein Bildungssystem, das angesichts der denkbaren Entwicklungen diesen Problembereich der Entwicklung von Technologie und Arbeit ignoriert, steht in der Gefahr, Bildung zu einem Anhängsel eines vorgegebenen und fremdbestimmten technologischen Wandels werden zu lassen. Eine neuorientierte Allgemeinbildung, die mit ihrem Anspruch auch und insbesondere die gymnasiale Oberstufe einschließt, als einer Bildung für alle, die auf die die Menschen gemeinsam betreffenden Probleme (Schlüsselprobleme) abhebt, muss es darum gehen, „ein geschichtliches Bewusstsein von den zentralen Problemen unserer gemeinsamen Gegenwart und der für uns voraussehbaren Zukunft zu vermitteln". „Hierbei gilt es gleichzeitig, die Einsicht in die Mitverantwortlichkeit aller zu wecken und die Bereitschaft anzubahnen, sich diesen Problemen zu stellen und am Bemühen um ihre Bewältigung teilzuhaben" (Klafki, 1985). Allgemeinbildung in diesem Verständnis steht daher in einem sozialen Implikationszusammenhang, der die Analyse der die durch Technologieentwicklung und –verwendung veränderte gesellschaftliche Wirklichkeit wie auch insbesondere der wünschbaren Zukunft miteinbezieht. Hierüber müssen sich auch die Bewertungsmaßstäbe bisheriger curricularer Ansätze und Konzepte für Technik in der gymnasialen Oberstufe ergeben.

Curriculare Ansätze und Erfahrungen in den Bundesländern Nordrhein-Westfalen, Brandenburg und Sachsen-Anhalt

Die umfassendsten Erfahrungen hinsichtlich der curricularen Praxis von Technik in der gymnasialen Oberstufe liegen mit den Entwicklungen im Land Nordrhein-Westfalen vor. Bereits in den 70er Jahren wurden hier erste Konzeptionen entwickelt, die für die Bildungslandschaft in Deutschland ohne Vorbild waren. Dabei bestand insbesondere das Problem, ein technikwissenschaftlich bezogenes Konzept zu entwickeln. Ein Konzept mit einem Anspruch auf Allgemeinbildung ohne die Anforderungen beruflicher Bildung mit einer entsprechenden fachlichen Differenzierung; ein Konzept, das sich auf die Gesamtheit technikwissenschaftlicher Disziplinen bezog und zugleich in die Methoden technischen Denkens und Handelns einführen sollte. Es stellte sich hier auch die Frage nach dem zugrundeliegenden Verständnis von Technik und ihrer wissenschaftlichen Repräsentation. Beim Technikverständnis konnte angeknüpft werden an jene fachdidaktischen Diskussionen um die Entwicklung einer Technikdidaktik im Zusammenhang der Entwicklung im Sekundarbereich I.[12] Im Auftrag des Kultusministeriums entwickelten Haupt/Sanfleber u.a. 1975 ein „Curriculum Technik" für die gymnasiale Oberstufe, das anschließend landesweit erprobt wurde. Das Curriculum war dabei systemtechnologisch begründet und inhaltlich profiliert. Im Mittelpunkt der curricularen Organisation standen beispielhaft ausgewählte technische Systeme, die in konstruktiven Entwicklungsprozessen erschlossen werden sollten. In einem konstruktionswissenschaftlich gestützten inhaltlichen und formalen Rahmen sollten in der unterrichtlichen Praxis individuelle und/oder gesellschaftliche Probleme, naturwissenschaftliche Erkenntnisse und produktionstechnische Gegebenheiten zueinander in Beziehung gebracht werden. Die zentrale didaktische These war, dass wissenschaftsorientierter Unterricht über Technik konstruktiven und selektiven Modellbildungsprozessen (Bildung von Systemmodellen) zu folgen habe, wobei mit der Optimierung der Systeme auch wirtschaftliche und gesellschaftliche Fragestellungen mit zu implementieren seien. Dem technischen Experiment als spezifisch technikwissenschaftlicher Methode kommt dabei eine herausragende Bedeutung zu.

In der didaktischen Auseinandersetzung mit dieser systemtechnischen Orientierung wurde zunächst die zugrundegelegte Prämisse anerkannt, dass hierüber bedeutende Ordnungsmuster und Verfahren erschlossen bzw. bereitgestellt werden, über die ein metatechnisches Verständnis gegenwärtiger Erscheinungsformen von Technik zu entwickeln sei, Technik sich nicht allein über Ingenieurwissenschaften erschließen lasse, sondern in einem mehrdimensionalen sozioökonomischen Kontext zu stellen sei.

Bedenken wurden allerdings schon sehr früh vorgetragen hinsichtlich der didaktischen Intention über die Auseinandersetzung mit soziotechnischen Systemen „Sinnerschließung und Technikkritik" als auch „technisches Handeln" der von Technik Betroffenen zu vermitteln und die Gefahr einer in der Praxis eher ingenieurmäßigen Ausbildung angedeutet, fehlende sozialwissenschaftliche Kontexte bemängelt. Kritik wurde auch hinsichtlich der damit einhergehenden Lernorganisationen (an den zu Grunde gelegten lerntheoretischen Positionierungen) geübt, zum Beispiel der eingeschränkten methodischen Konzeptionierung (ausschließlich nachvollziehende Übernahme ingenieurwissenschaftlicher Methoden), die den Heranwachsenden nahezu keine eigenen Lernaktivitäten zubillige, ohne planerische und herstellende Tätigkeiten in nahezu ausschließlich analytischen (systembestimmten) Kontexten, die eine Umstrukturierung vorgegebener oder eigenständig zu identifizierender Problemlagen nicht zuließen, also mit nur

---

[12] Vgl. Oberliesen/Ohletz/Pichol (1980).

bedingten eigenen Handlungsmöglichkeiten der Lernenden[13]. Damit steht dieses Curriculum „Technik" unter der Generalkritik an der weitgehend abbilddidaktischen Grundposition[14].

In Nordrhein-Westfalen wurden 1981 hierzu Richtlinien veröffentlicht, damit konnte dieses Fach auch als drittes oder viertes Abiturfach gewählt werden. Die systematisch aufbauende curriculare Grundstruktur bestand dabei aus den Inhaltsbereichen „Allgemeine Technologie / Einführung" (a), "Systeme des Stoffumsatzes" (b), „Systeme des Energieumsatzes" (c) „Systeme des Informationsumsatzes" (d) und „Verbund und Wechselwirkung technischer Systeme" (e,f).[15] Der Denkansatz einer allgemeinen Technologie sei darauf gerichtet, „die wissenschaftliche Lösung technischer Probleme zu verallgemeinern und zu einer - die einzelnen Technikwissenschaften übergreifenden und überschreitenden – technikwissenschaftlichen Methoden- und Erkenntnislehre zu verdichten" (KM-NRW 1981, 29). In den Berichten des Kultusministeriums (KM-NRW 1988) zu den Modellversuchen wird die „Beschränkung auf die Behandlung technischer Sachsysteme", die die „naturale, humane und soziale Dimension von Technik" aus dem Blick geraten lasse, nachdrücklich kritisiert. Eine curriculare Revision müsse eine „Überwindung dieser monotechnischen, einseitig an den jeweiligen ingenieurwissenschaftlichen Einzeldisziplinen orientierten Fachtheorie" aufnehmen. In den 90er Jahren wurde Technikunterricht in der gymnasialen Oberstufe in diesem Bundesland (Jahrgänge 11-13) an etwa 50 Gymnasien (10% aller Gymnasien) in Grundkursen (6 Stunden wöchentlich in 6 Halbjahren) und auch vereinzelt in Leistungskursen unterrichtet.

Die Mitte der 90er Jahre einsetzenden Reformüberlegungen der gymnasialen Oberstufe führten auch zu einer Revision dieses Lehrplans (KM-NRW,1999). Hierin ging der Anspruch und die kritische Feststellung ein, dass einzelne Fächer mit ihren isolierten Fachstrukturen nicht mehr dem allgemeinbildenden Anspruch schulischen Lernens gerecht werden können, soziale Verantwortlichkeit, personale Selbstständigkeit und gesellschaftliche Handlungsfähigkeit hervorzubringen. Es gehe vielmehr darum, Lernziele und Kompetenzen zu formulieren,

---

[13] Vgl. zum Beispiel Fies (1979), aber auch später die kritische Bewertung des allgemeintechnologischen Ansatzes als didaktisches Konzept bei Pichol (1990,4).

[14] Zur grundsätzlichen Kritik vergleiche auch Sellin (1997,102).

[15] Zu bemerken ist hierzu noch, dass im Land Nordrhein-Westfalen zeitgleich ein umfangreiches Lehrerausbildungs- und -weiterbildungsprogramm gestartet wurde, wenn auch die Gesamtzahl der bis in die 90er Jahre zur Verfügung stehenden auszubildenden Lehrerinnen und Lehrer als längst nicht ausreichend angesehen wurde. Immerhin besteht jedoch dort eine inzwischen über 20 Jahre reichende Erfahrung in der Lehrerausbildung, vergleiche Wagner/Haupt/Bergemann (1996) und Sonnenberg (1997).

die in fächerübergreifenden, interdisziplinären und kooperativen Lernorganisationen diese genannten Kompetenzen entwickeln lassen[16].

Für die Lehrplanrevision waren u.a. die Richtlinien für die Sekundarstufe II in
Nordrhein-Westfalen (Gymnasiale Oberstufe des Gymnasiums und der Gesamtschule) leitend, die insbesondere jene Forderung von fachbezogenem und fä-
cherübergreifendem Lernen konzeptionell berücksichtigt. Darüber hinaus ist ein
neuer didaktischer Anspruch unverkennbar, ausgewiesen über drei Determinie-
rungen: „aktuelle und zukünftige Bedürfnisse und Interessen der Schülerinnen
und Schüler,"... „die mit der Gesellschaft gegebenen Normen, deren ökonomischen, sozialen und politischen Verhältnissen" sowie als wissenschaftlicher Bezugshorizont die „Allgemeine Technologie mit dem Kernstück des soziotechnischen Handlungssystems". Die Neuorientierung drückt sich dazu aus in einer
ausgeweiteten Intentionalität und einer neuen inhaltlichen Profilierung: Technische Handlungskompetenz (die zentrale Intention) wird als Fähigkeit und Bereitschaft verstanden, in durch Technik mitbestimmten Situationen sach- und
fachgerecht und in gesellschaftlicher Verantwortung zu handeln, was sich zum
Beispiel in der Kompetenz konkretisiert, „Fähigkeiten und Bereitschaften, Ent-
wicklungschancen und Einschränkungen im eigenen Umfeld zu reflektieren und
zu beurteilen, eigene Begabungen zu erkennen und zu entfalten, Lebenspläne zu
entwickeln und auf Grund veränderter Bedingungen zu revidieren bzw. weiter-
zuentwickeln" (KM-NRW 1999,6). „Fachliche Inhalte" (wie z.B. „Stoffum-
wandlung") werden mit „Kontexten" (wie z.B. „Versorgung und Entsorgung")
und methodischen Arrangements (wie z.B. „Konstruktionsaufgabe", „Projekt",
„Fertigungsaufgabe", „Fallstudie", „Planspiel" u.a.) verschränkt. Die Erweiterung dieses methodischen Repertoires („Methoden und Formen selbstständigen
Arbeitens") sowie die Aufnahme des „Lernens in Kontexten" sind mit die herausragenden Merkmale der Neukonzeption dieses curricularen Konzepts bei
Beibehaltung der fachlich systematischen Orientierung an der allgemeinen
Technologie. Dennoch gilt hier weiterhin mit Einschränkung die allgemeine kritische Bewertung von Ropohl (1997, 117), die „Verwechselung von Fachsyste-
matik mit einer didaktischen Rezeptur" und dass „der soziotechnische Aspekt,
trotz aller Bekenntnisse zu 'mehrperspektivischem Technikunterricht' großen-
teils vernachlässigt" wird.

Das Land Brandenburg war nach der Wiedervereinigung das zweite Bundesland
in Deutschland, das für den Wahlpflichtbereich der gymnasialen Oberstufe
(Jahrgang 11, alternativ zu Informatik) eine curriculare Konzeption für ein Fach
Technik entwickelte. Bereits 1992 wurde ein vorläufiger Rahmenplan erarbeitet
(KM-BB 1992), nach dem 1992/93 die ersten Schulen dieses Flächenlandes die
unterrichtliche Arbeit aufnahmen. Bei der curricularen Konzeption konnte dabei

---

[16] Vgl. Jenewein/Nowak (1997).

zum einen auf die bisherigen umfassenden Erfahrungen mit technisch-ökonomischer Bildung im Rahmen des Polytechnischen Unterrichts (Wissenschaftlich praktische Arbeit) in der Sekundarstufe II der DDR zurückgegriffen, zum anderen jedoch auch an den bisherigen Erfahrungen im Partnerland Nordrhein-Westfalen partizipiert werden. Im Unterschied zu diesem bestand jedoch im Land Brandenburg mit den Lehrplanentwicklungen der 90er Jahre die Situation (und Chance) einer durchgehenden über alle Schulformen und Schulstufen hinweg zu konzipierenden Technischen Bildung (von der Primarstufe bis zur Sekundarstufe II).[17] Der Einfluss des in Nordrhein-Westfalen bestehenden Konzepts ist daher unverkennbar, insbesondere in der stringenten strukturellen Orientierung an der allgemeinen Technologie.[18] Hinsichtlich der Intentionalität erfolgte jedoch hier bereits eine deutliche Erweiterung, wie sich auch die inhaltliche Profilierung klar von jener unterscheidet. Hierfür waren offensichtlich auch fachdidaktische Konzepte wie jene des „mehrperspektivischen Technikunterrichts" der Sekundarstufe I von größerem Einfluss. Neben den Funktions- und Strukturprinzipien technischer Sachsysteme erscheinen jetzt hier als Lernbereiche zum Beispiel deren historische Entwicklung (technische Phylogenese), deren Entstehung (technische Onogenese), deren bedarfsgerechte Organisation, deren Wechselwirkung im gesellschaftlichen Umfeld als auch deren Verwendung in „privaten, beruflichen und öffentlichen Lebenssituationen". Im Mittelpunkt steht jedoch auch hier das soziotechnische System, welches in den Phasen seines Werdegangs von der Systemplanung, über die -entwicklung und -nutzung bis zur –entsorgung verfolgt wird. Dabei sollen spezifische methodische Kompetenzen entwickelt werden, die auch als Beitrag zur Entwicklung einer allgemeinen Studierfähigkeit verstanden werden.

Die curriculare Organisation sieht für jede Jahrgangstufe (11-13) zwei Kurse vor, also insgesamt 6 Kurshalbjahre, die eine systematische Sequenz sicherstellen, beginnend mit Kurs 11/I „Konstruktion und Optimierung eines technischen Systems" bis hin zu Kurs 13/II „Technologische Entwicklungstendenzen eines technischen Systems". Was die Umsetzung dieses Rahmenplans anbetrifft, konnten bereits in den ersten Jahren ca. 30-40 Kurse an Brandenburger Gymnasien eingerichtet werden, die dann auch in eine erste Evaluationsphase einbezogen wurden[19]. Mit dieser Evaluation ergaben sich bereits deutliche Hinweise auf eine offenere curriculare Gestaltung als auch insbesondere auf offene Fragen

---

[17] Vgl. Czech (1996, 179).

[18] Hier ist nicht zuletzt auch der theoretische Einfluss der Arbeiten von Wolffgramm (1994) unverkennbar.

[19] Hinsichtlich der Frage der einzusetzenden Fachlehrer und -lehrerinnen konnte zunächst auf die Lehrenden der früheren Polytechnik zurückgegriffen werden. Zugleich wurde aber auch mit der Entwicklung einer eigenen Lehrerausbildungskonzeption begonnen, vergleiche Meier (1995).

fächerübergreifender Kooperationen und einer stringenteren didaktischen Orientierung im Hinblick auf wissenschaftliche Erkenntnisprozesse[20] aber auch der inhaltlichen Ausweitung auf andere Wissenschaftsbezüge, wie etwa der Arbeitswissenschaften und weitere Inhaltsorientierungen wie Berufsorientierung (Czech 1997).

Kritisch wurde angemerkt, dass der Anspruch „technischer Allgemeinbildung" nicht immer durchgehend erkennbar sei, das Gesamtkonzept damit „eher technizistische Züge" trage, da allein in der Formulierung der Kursthemen sozioökonomische und soziokulturelle Aspekte der allgemeinen Technologie nicht erkennbar seien (Ropohl)[21]. Gymnasial vermittelte Allgemeinbildung habe vor allem „Orientierung, Wissenssynthese und Kriterien der Urteilsfähigkeit zu bieten, nicht jedoch die Wissenszersplitterung der ersten Semester der universitären Fachstudien vorwegzunehmen".

Eine jüngere Entwicklung von Technik in der gymnasialen Oberstufe stellt die im Land Sachsen-Anhalt dar, die mit „vorläufigen Rahmenrichtlinien Technik Gymnasium/Fachgymnasium" (KM-SA 2000) in die schulische Erprobung ging. In einem gewissen Gegensatz zu den bisherigen Konzepten einer Technischen Bildung für die Sekundarstufe II des Gymnasiums ist hier verstärkt das Allgemeinbildungsmoment konstitutiv, wenngleich der wissenschaftstheoretische Bezug ebenfalls der allgemeinen Technologie folgt, allerdings verknüpft mit Orientierungskategorien einer mehrperspektivischen Technikdidaktik[22]. So werden in der fachdidaktischen Konzeptionierung sowohl ingenieurwissenschaftliche, naturgesetzliche, ökologische, sozialwissenschaftliche, wertphilosophische als auch vorberufliche Perspektiven beschrieben. Im Zentrum des Lernens steht dabei das „Technische Handeln" (Herstellung, Verwendung, Entsorgung), der „technische Problemlösungsprozess" (KM-SA 2000, 14).

Ähnlich der Rahmenplangestaltung in Brandenburg bestand hier die curriculare Organisation anbetreffend die Chance einer einheitlichen Gestaltung von Sekundarstufe I /II (für die Schulform Gymnasium). Dabei bilden in der Sekundarstufe I einzelne technische Artefakte und deren Nutzung den inhaltlichen Schwerpunkt, während in der Sekundarstufe II die Entstehungs- und Verwendungsprozesse selbst thematisiert werden. Schülerinnen und Schüler machen sich im Jahrgang 11 mit typischen Denk- und Arbeitsweisen von technischen Wissenschaften vertraut (Einführungsphase) und wenden diese in der Bearbeitung komplexer technischer Problemlösungen in den Schuljahrgängen 12-13 (Qualifizierungsphase) an (KM-SA 2000, 16f). Dabei spielen auch heuristische Methoden (divergierende und konvergierende) eine wichtige Rolle. Die Ge-

---

[20] Vgl. Czech (1995, 34).
[21] Vgl. die diesbezüglichen Berichte bei Czech (1995,32,36).
[22] Vgl. Schulz (1999).

samtanlage der Rahmenrichtlinien folgt damit nur bedingt einer fachlichen Kurssequenz (Einführungsphase, Qualifizierungsphase), sie ist ansonsten thematisch problemorientiert ausgeführt. Im Mittelpunkt stehen eher technische Probleme (in naturalen und gesellschaftlichen Kontexten), wie zum Beispiel „Errichtung/Sanierung eines Bauwerks in der Gemeinde", „Analyse regionaler Verkehrssysteme" oder "Entwicklung von Arbeitsschutzvorrichtungen für Maschinensysteme" und „Nutzung regenerativer Energie". Dabei spielen Fragen der technischen Gestaltung (im engeren Sinne als auch im weiteren Sinne als gesellschaftliche Gestaltungsaufgabe) und der aktiven (auch politischen, konfliktorientierten) Einflussnahme durchaus eine orientierende Rolle. Die meisten Themenvorschläge (vielfach werden Alternativen benannt) versuchen Kontexte der historischen-gesellschaftlichen Entwicklung nahe zu legen.

Insgesamt gesehen, lässt der Rahmenplan allerdings die Begründung für die Themen offen, es bleibt bei einer gewissen Beliebigkeit der ausgewählten thematisierten Problemfelder als individuelle und gesellschaftliche Handlungsfelder. Die curriculare Erprobung wird zeigen, wie sich zukünftig die Rahmenrichtlinien inhaltlich weiter konstituieren, ob die tatsächlich gewählten Aufgabenfelder eher marginal verbleiben oder jene Probleme thematisiert werden, die im Hinblick auf die zukünftige gesellschaftliche Entwicklung und die darin enthaltenen Lebensperspektiven der Individuen von entscheidender Bedeutung sind, ob es sich in diesem Sinne um Schlüsselprobleme handelt. Erst dann könnte sich der Anspruch einer umfassenden Allgemeinbildung einlösen.

Es bleibt gegenwärtig auch die Frage nach einer diesen curricularen und unterrichtlichen Ansprüchen von Technik in der Sekundarstufe II (gymnasiale Oberstufe) entsprechenden Professionalisierung in der Lehrerbildung offen, dazu gibt es gegenwärtig im Land Sachsen-Anhalt, abgesehen von ersten umfassenden Lehrerfortbildungsmaßnahmen in der Kooperation von Landesinstitut, Universität und anderen Bildungseinrichtungen, im Zusammenhang mit der curricularen Implementation noch keine Erfahrungen und konzeptionelle Konkretisierungen.

Zukunft technischer Bildung in der gymnasialen Oberstufe – Zusammenfassende Schlussfolgerungen

Die Analyse der curricularen Entwicklungen um Technik in der Sekundarstufe II (gymnasiale Oberstufe) am Beispiel der Konzeptionalisierung der drei Bundesländer kennzeichnen spezifische Entwicklungslinien und -profile, die nicht unabhängig sind von den veränderten Anforderungen an Schule und Unterricht, nicht zuletzt auch unter dem Einfluss gesellschaftlichen (technisch-ökonomischen) Wandels. Das betrifft sowohl die curriculare Organisation (isolierter Fachunterricht / Unterricht im Fächerverbund oder Lernfeld, Stufen- und Schulformintegration) als auch die inhaltliche Bestimmung zum Beispiel die Auflösung enger fachlicher Orientierung (z.B. die zentrale Stellung technischer Sachsysteme in konstruktionswissenschaftlichen Zusammenhängen) bis hin zu weiteren Kontextuierungen im Zusammenhang der Auseinandersetzung mit soziotechnischen Systemen, technischen Anwendungsfeldern und gesellschaftlich hervorgebrachten Problemlagen. Dabei ist der wissenschaftliche Bezugshorizont einer allgemeinen Technologie zumindest in den hier analysierten Länderentwicklungen scheinbar unstrittig, Unterschiede ergeben sich allerdings mit der Bedeutung, die dieser Bezugsebene für die curriculare Konstruktionen selbst eingeräumt wird: ist sie nach wie vor das strukturierende Element für die Bestimmung und Organisation der Inhalte (so etwa ausgeprägt im Konzept von Nordrhein-Westfalen, 1981) oder bildet sie allein die fachliche Orientierungsebene, den Systematisierungshorizont für vorgängig nach anderen Kriterien (zum Beispiel gesellschaftlichen Schlüsselproblemen)[23] bestimmten Inhalten der Auseinandersetzung mit technologischer Entwicklung (wie etwa tendenziell in der Entwicklung der Rahmenrichtlinien für das Gymnasium in Sachsen-Anhalt).

Insgesamt sind mit diesen Analysen (mit zwar länderspezifisch graduellen Unterschieden) durchaus auch die Einflüsse der Entwicklung um ein umfassenderes Verständnis von Lernen[24] zu erkennen. Ebenso werden die Impulse aus der Allgemeinbildungsdiskussion der 80er Jahre deutlich (angestoßen durch die Frage nach der Leistung von Bildung angesichts der aktuellen technologischen und ökonomischen Entwicklung), wie auch jene von Schulentwicklung und Qualitätssicherung (90er Jahre) und nicht zuletzt die damit korrespondierenden Diskurse zur Reform der gymnasialen Oberstufe (90er Jahre).

Besonders deutliche Auswirkungen ergaben sich auch hinsichtlich des in den Konzeptuierungen erkennbaren gewandelten Verständnisses von Wissenschaftspropädeutik. Dieses lässt sich durchaus in den zeitlichen Entwicklungen (von den 70er bis in die 90er Jahre) ausmachen, wenn auch wieder mit länderspezifischen Unterschieden, die sich auch mit den zum Teil sehr heterogenen bildungspolitischen Entwicklungen im föderalen Bildungssystems Deutschlands überlagern. In diesem Zusammenhang ist beispielsweise die Ausweitung der methodischen Profilierungen (erweitertes Methodenrepertoire, erweitertes Lernortespektrum) aber auch der beanspruchten, formulierten Intentionalitäten (Kompetenzbildungen) auffällig. In allen Entwürfen wird daher seit den 90er Jahren der Anspruch Technische Bildung in der Sekundarstufe II viel umfassender formuliert als zuvor, bezogen auch etwa auf die Persönlichkeitsentwicklung der Jugendlichen, der Entfaltung von sozialen als auch politischen Fähigkeiten und

---

[23] Vgl. hierzu die grundsätzlichen Ausführungen von Sellin (1997,103): „Inhalte für den allgemeinbildenden Technikunterricht sind auszuwählen nach aktuellen, gesellschaftlichen und globalen Schlüsselproblemen, die durch Technikanwendungen verursacht sind .. und die durch demokratisch mitbestimmte neu zu gestaltende Technik bewältigt werden müssen..".

[24] Vgl. zum Beispiel Bildungskommission NRW (1995).

Fertigkeiten, wenn auch wiederum unterschiedlich ausgeprägt und akzentuiert. Dennoch, von einer adäquaten Entsprechung hinsichtlich der zuvor entfalteten Reformansprüche an eine Technische Bildung in der gymnasialen Oberstufe kann allerdings nur erst bezogen auf Ansätze gesprochen werden, am weitesten entwickelt in den Entwürfen der Länder Sachsen-Anhalt (2000) aber auch Nordrhein-Westfalen (1999). Diesbezügliche Hinweise dazu gibt es allerdings auch in den Evaluationsberichten des Landes Brandenburg.

Hinsichtlich der fachdidaktischen Entwicklung ist bemerkenswert, dass die abbildungsdidaktischen Tendenzen der ersten curricularen Konzeptionen endgültig aufgegeben wurden zugunsten von auf die gegenwärtige und zukünftige Lebenssituation der Heranwachsenden gerichteten   gesellschaftlichen Problemlagen und Handlungsfelder. Es sind hier deutlich die Einflüsse fachdidaktischer Diskurse zu den Konzeptionen Technischer Bildung in anderen Schulstufen und Schulformen zu erkennen, eine „gymnasiale Technikdidaktik", wie sie scheinbar in den 70er Jahren angedacht war[25], scheint endgültig überwunden. Das hat sich auch in veränderten Sichtweisen und Aufmerksamkeiten in der Gestaltung von Lernorganisationen und den dort angesprochenen Handlungsfeldern (wie zum Beispiel Versorgung und Entsorgung, Transport und Verkehr, u.a.) ausgewirkt. Damit kann aber noch nicht festgestellt werden, dass die in der Technikdidaktik geführten jüngsten Diskussionen um einen Paradigmenwechsel[26] hier schon perspektivisch erkennbar wirksam gewesen wären. Ähnliches gilt bezüglich der seit spätestens der 80er Jahre erörterten technikdidaktischen Fragestellung historisch-genetischen Lernens als auch der Gestaltungs- und Arbeitsorientierung[27] in der Technischen Bildung. In der Konzeption von Sachsen-Anhalt (KM-SA 2000) sind hier allerdings schon beachtliche Ansätze zu erkennen. Das gilt auch hinsichtlich des dort zu Grunde gelegten Verständnisses von Technik, welches den oben dargestellten Interpretationen der Technikgenese (Technik als gesellschaftlich-historisches Projekt) mit den Optionen notwendiger interessenorientierter (gesellschaftlicher) Gestaltung zumindest deutlich näher steht, als selbst die jüngste Revision des Konzeptes in Nordrhein-Westfalen (KM-NRW 1999). Das gilt auch hinsichtlich des dort weitgehend ausgeprägten problemorientierten curricularen Ansatzes[28].

Hier müssten Weiterentwicklungen ansetzen, auch und insbesondere Ansätze von gestaltungsorientierter und arbeitsbezogener didaktischer Konzeptionierun-

---

[25] Vgl. hierzu entsprechende Interventionen bei Oberliesen/Ohletz/Pichol (1980).

[26] Vgl. Oberliesen /Sellin (1997).

[27] Vgl. Oberliesen (1988).

[28] Hinsichtlich der Bedeutung eines problemorientierten curricularen Konzepts sei zum einen noch einmal auf die Allgemeinbildungsdiskussion verwiesen (Probleme als Gegenstände der Bildung), zum anderen erfährt dieses Konzept gegenwärtig eine neue Unterstützung in der Auseinandersetzung um die Reichweite konstruktivistischer Lerntheorie.

gen für die gymnasiale Oberstufe neu bedacht werden[29]. Deutlich unterstrichen sei, dass sich Technische Bildung nicht an den Mustern ingenieurwissenschaftlicher Technikgestaltung orientieren kann. Technik in der allgemeinbildenden Sekundarstufe II muss, wenn sie ein für den Gegenstandsbereich angemessen differenziertes Technikverständnis entwickeln will, Technische Artefakten in den Kontext ihrer Entstehungs- und Wirkungszusammenhänge stellen, in den Handlungskontext sehr verschiedener Akteure und Gruppen von Akteuren (und nicht etwa als evolutionären Prozess beschreiben). Eine „allgemeine Technologie vermag dabei den Horizont über die herkömmlichen speziellen Technologien hinaus auszuweiten, als sie auch die Entwicklung und die Verwendung der Sachsysteme systematisch in den Blick nimmt. Während sich die etablierten Technikwissenschaften herkömmlicherweise weder für die Vorsorge noch für die Nachgeschichte ihrer Hervorbringungen interessieren, betont die Allgemeine Technologie ...ein Technikbild, das die gesamte ‚Lebensgeschichte' der sachtechnischen Lösung, von der Erfindungsidee über die Nutzung bis zur schlussendlichen Auflösung" (Ropohl 1997, 115)[30] in den Blick zu nehmen vermag.

Dazu sind auch technikhistorische Analysen und Rekonstruktionen erforderlich, die die prinzipielle Gestaltungsoffenheit technologischer Entwicklung erkennbar werden lassen und vorfindbare Technik als immer schon vorgängig gestaltet interpretieren[31]. Darin sind zugleich Fragen einer nachhaltigen Technologieentwicklung mitumfasst, zum Beispiel nach gebrauchswertorientierter wünschbarer Technik, aber auch der nach technischem Handeln in Zielkonflikten auf dem Hintergrund von gesellschaftlich und ökonomisch gegebenen Herrschafts-, Macht- und Marktstrukturen. In der Ausbildung der Fähigkeit zu technischem Handeln (im umfassenden Sinn als gesellschaftliches Handeln) muss die Subjektkomponente allerdings zum zentralen Bestimmungsmoment werden.

Hier schließt sich der Kreis zum Anspruch neuorientierter Allgemeinbildung: Vermittlung von Gestaltungsfähigkeit über historische Orientierungen und Wertorientierungen etwa in der Frage nach einer wünschbaren auf Zukunft orientierten technologischen Entwicklung, exemplifiziert an technologischen Schlüsselproblemen, von deren Lösung entscheidend zukünftige gesellschaftliche Strukturen bestimmt sein werden und damit die individuellen Lebensperspektiven aller Mitglieder der (Welt-)Gesellschaft betreffen. Die „Untersuchung technischer Systeme wird dann weniger den gegenwärtigen, scheinbar abge-

---

[29] Vgl. die Analysen von Dedering (1996) oder auch die konzeptionellen Überlegungen bei Schulz (1999).

[30] Ropohl verweist in diesem Zusammenhang auch auf das aus seiner Sicht zu enge Verständnis der allgemeinen Technologie bei Wolfgramm, „der die Vor- und Nachgeschichte der Sachsysteme lediglich marginal erwähnt und nicht systematisch in seine Theorie einbezieht" (Ropohl 1997, 115).

[31] Vgl. Oberliesen (1988).

schlossenen Zustand als vielmehr z.b. den unerwünschten Output, dessen Ursachen und die Suche nach alternativen Lösungen zum Ziel haben", dabei stünde „nicht etwa die Analyse bestehender technischer Systeme, sondern die handelnde Auseinandersetzung mit ökosoziotechnischen Problemen und die Erarbeitung von Lösungsvorschlägen" im Mittelpunkt (Sellin 1997, 105).

Besondere Aufmerksamkeit sollte hier auch den Diskursen um veränderte Lernkulturen,[32] partizipativer Lernorganisationen und konfliktdidaktischer Gestaltung der Auseinandersetzung mit technologischer Entwicklung gewidmet werden. Mit dem Horizont der Erfahrungen der curricularen Konzeptionen von Technik in der gymnasialen Oberstufe könnten sich dabei zugleich auch neue Impulse für eine Weiterentwicklung einer allgemeinen Fachdidaktik Technik ergeben, die sich auf die Auseinandersetzung mit Technik in den verschiedenen Bildungs- und Lebenssituationen bezieht, angefangen von der Primarstufe bis zu einer gestaltungsorientierten Erwachsenenbildung[33]. Dringender Entwicklungsbedarf ist auch bezogen auf eine professionalisierte Lehrerbildung anzumahnen: diesbezügliche curriculare Implementationen werden nur von entsprechend fachlich qualifizierten Lehrerinnen und Lehrern getragen werden können. Unter den zuvor formulierten Ansprüchen der Reform der Oberstufe ist insbesondere auch über neue stufenübergreifende Lehrerausbildungsmodelle nachzudenken, die einen qualifizierten Verbund von fachpraktischer und schulpraktischer Ausbildung sicherstellen. Hier dürften insbesondere die konzeptionellen Erfahrungen in Brandenburg von Bedeutung sein, wo seit 1991 eine stufenübergreifende LehrerInnenausbildung für Technik in den Sekundarstufen I/II erprobt wird.

Zusammenfassend darf jedoch nicht übersehen werden, dass die in diesem Beitrag thematisierten curricularen Entwicklungen Konzeptionen darstellen, die in drei (!) von 16 Bundesländern verfolgt werden[34]. In den übrigen Oberstufen der Gymnasien hat ein solches, auf die Vermittlung materieller Kultur orientiertes Bildungssegment (abgesehen von wenigen Initiativen einzelner Schulstandorte) immer noch keine Akzeptanz gefunden, obschon hierfür mit dem Kultusministerbeschluss von 1972 (KMK 1972) und den nachfolgend hierin eingegangenen

---

[32] Vgl. Oberliesen (1999).

[33] Vgl. Duismann/Martin/Oberliesen (1999).

[34] Im Bundesland Hamburg gibt es jetzt allerdings hierzu die Initiative einer Rahmenplankommission, die beauftragt wurde, einen Lehrplan für Technik in der gymnasialen Oberstufe zu erarbeiten. In einigen anderen Bundesländern (wie zum Beispiel Schleswig-Holstein) können jedoch Schulen beim Vorliegen besonderer Voraussetzungen weiter Wahlgrundkurse anbieten wozu dann die Schulen eigene curriculare Konzepte entwickeln müssen. Weiterhin wird aber für die Oberstufe der Gymnasien und Gesamtschulen kein gesondertes Fach Technik angeboten, Schulversuche dazu sind derzeit scheinbar auch nicht geplant.

Reformmomenten[35] längst die formalen Voraussetzungen geschaffen wurden. Die in der Eingangsanalyse zur Entwicklung der Technischen Bildung in Deutschland aufgezeigten Ursachenmomente greifen offensichtlich noch beharrlich weiter.

Literatur

Ackermann, H.; Bröcker, B. u.a. (Hrsg.): Technikentwicklung und politische Bildung. Opladen 1988.

Banse, G. (Hrg.) : Allgemeine Technologie zwischen Aufklärung und Metatheorie: Johann Beckmann und die Folgen, Berlin 1997.

Bildungskommission NRW: Zukunft der Bildung - Schule der Zukunft, Denkschrift der Kommission „Zukunft der Bildung - Schule der Zukunft" beim Ministerpräsidenten des Landes NRW. Neuwied 1995.

Blandow, D.; Theuerkauf, W.E. (Hrsg.): Strategien und Paradigmenwechsel zur Technischen Bildung. Report der Tagung "Technische Bildung", Braunschweig 18.-20.10.1996. Hildesheim 1997.

Czech, O. (Hrsg.): 3 Jahre Technikunterricht in der gymnasialen Oberstufe im Land Brandenburg. Internationales Kolloquium vom 1.-3.11.1995. Potsdam 1995.

Czech, O.: Allgemeine Technische Bildung in der Gymnasialen Oberstufe - Land Brandenburg. In: Schulte, H.; Wolffgramm, H. (Hrsg.): Beiträge zur Technischen Bildung. Allgemeine Technische Bildung 5 Jahre nach der Wende. Bad Salzdetfurth 1996.

Czech, O.: Technische Bildung - ein Beitrag zur Abiturreform, In: Fast, L.; Seifert, H. (Hrsg.): Technische Bildung. Geschichte, Probleme, Perspektiven. Didaktische Materialien zur technischen Bildung. Weinheim 1997.

Dedering, H.: Didaktische Aspekte einer praxisorientierten Arbeitslehre in der Sekundarstufe II. In: Gewerkschaftliche Bildungspolitik, H. 5, 1977, 112-121.

Dedering, H.: Polytechnische Bildung in der Sekundarstufe II. Konzept einer praxisbezogenen Arbeitslehre. In: Schoenfeldt, E. (Hrsg.): Polytechnik und Arbeit. Beiträge zur einer Bildungskonzeption. Bad Heilbrunn 1979.

Dedering, H.: Zur Auseinandersetzung mit den neuen Techniken in der Sekundarstufe II, In: Schweitzer, J.: Bildung für eine menschliche Zukunft. Weinheim/München 1986.

Dedering, H. (Hrsg.): Handbuch zur arbeitsorientierten Bildung. München, Wien 1996.

---

[35] Vgl. hierzu auch die jüngste Fassung dieser Vereinbarungen vom Juni 2000 (KMK 1972, 2000).

Dedering, H.: Entwicklung und Perspektive der arbeitsorientierten Bildung in der Sekundarstufe II, In: Schudy, J. (Hrg.): Arbeitslehre 2001 – Bilanz, Perspektiven, Initiativen, Baltmannsweiler 2001.

Deutscher Bildungsrat: Strukturplan für das Bildungswesen. Empfehlungen der Bildungskommission. Stuttgart 1970.

Duismann, G.; Martin, W.; Oberliesen, R. u.a.: Grundlinien einer allgemeinen Technikdidaktik. Ein Beitrag zur Eröffnung eines neuen fachdidaktischen Diskurses. In: Zeitschrift für Berufs- und Wirtschaftspädagogik, Jg. 1999, H. 2, 199-215.

Eberle, F.: Didaktik der Informatik bzw. einer informations- und kommunikationstechnologischen Bildung auf der Sekundarstufe II. Ziele und Inhalte. Bezug zu anderen Fächern sowie unterrichtspraktische Handlungsempfehlungen. St. Gallen 1996.

Fies, H.: Notwendigkeit und Aspekte einer Allgemeinen Technologie als Grundlage für die Technikdidaktik. In: Didaktik - arbeit, technik, wirtschaft, 1979, 79-91.

Forneck, H.-J.: Bildung im informationstechnischen Zeitalter. Untersuchung der fachdidaktischen Entwicklung der informationstechnischen Bildung. Aarau, Frankfurt, Salzburg 1992.

Haefner, K.: Die neue Bildungskrise - Herausforderung der Informationstechnik an Bildung und Ausbildung, Basel/Boston/Stuttgart 1982.

Hansmann, O.; Marotzki, W. (Hrsg.): Diskurs Bildungstheorie, Bd.I, Weinheim 1988.

Haupt, W.; Sanfleber, H.: Ansatz einer Didaktik der Technik für den Technikunterricht der Sekundarstufe II (differenzierte gymnasiale Oberstufe). In: Traebert, H.E.; Spiegel, H.R. (Hrsg.): Technik als Schulfach, Düsseldorf 1976.

Huber, L.: Nur allgemeine Studierfähigkeit oder doch allgemeine Bildung? Zur Wiederaufnahme der Diskussion über die „Hochschulreife" und die Ziele der Oberstufe. In: Die Deutsche Schule, 1994, H.1, 12-26.

Jenwein, K.; Nowak, W.: Aktuelle Handlungsperspektiven für die technische Bildung in der gymnasialen Oberstufe des Landes Nordrhein-Westfalen. In: Fast, L.; Seifert, H. (Hrsg.): Technische Bildung - Geschichte, Probleme, Perspektiven. Weinheim 1997.

Klafki, W.: "Schlüsselprobleme" als thematische Dimension eines zukunftsorientierten Konzepts von "Allgemeinbildung". In: Die Deutsche Schule, 1995, H. Beiheft 3, 9-14.

Klafki, W.: Neue Studien zur Bildungstheorie und Didaktik. Weinheim/Basel 1985 (1991).

Konferenz der Kultusminister der Länder in der Bundesrepublik Deutschland (KMK): Weiterentwicklung der Prinzipien der gymnasialen Oberstufe und des Abiturs. Abschlussbericht der Expertenkonferenz. Bonn 1995.

Konferenz der Kultusminister der Länder in der Bundesrepublik Deutschland (KMK): Stärkung der Ausbildungsfähigkeit als Verbesserung der Ausbildungssituation, Bericht der KMK vom 13.06.1997. Bonn 1997.

Konferenz der Kultusminister der Länder in der Bundesrepublik Deutschland (KMK): Vereinbarung zur Gestaltung der gymnasialen Oberstufe in der Sekundarstufe II (Beschluss der Kultusministerkonferenz vom 07.07.1972 in der Fassung vom 16.06.2000). Bonn 2000.

Kultusministerium Brandenburg (KM-BB): Technik - vorläufiger Rahmenplan Sekundarstufe II (Gymnasiale Oberstufe). Potsdam 1991.

Kultusministerium Nordrhein-Westfalen (KM-NRW): Modellversuch Richtlinien und Lehrpläne für die gymnasiale Oberstufe. Berichte zu den Unterrichtsfächern: Technik. Düsseldorf 1988.

Kultusministerium Nordrhein-Westfalen (KM-NRW): Technik - Richtlinien und Lehrpläne Sekundarstufe II - Gymnasium/Gesamtschule. Frechen 1999.

Kultusministerium Sachsen-Anhalt (KM-SA): Rahmenrichtlinien Technik Gymnasium, WP 7-10, Grundkurs 11-13. Halle 2000.

Meier, B: Zu einigen Aspekten der Ausbildung von Lehrerinnen und Lehrern für das allgemeinbildende Fach Technik der Sekundarstufe II. In: Czech 1995.

Ministerium für Bildung und Wissenschaft der DDR (MBW): Standpunkte und Vorschläge zur weiteren Umsetzung der Lehrpläne für den polytechnischen Unterricht der Klassen 7 bis 12. In: Polytechnische Bildung und Erziehung, H. 1, 1990, 2-4.

Mumford, L.: Mythos der Maschine. (Ersterscheinung 1966) Frankfurt 1977.

Oberliesen, R.; Ohletz, H.; Pichol, K.: Technik am Gymnasium - Neue Perspektiven der Technikdidaktik? - Anmerkungen zu curricularen Ansätzen von Technikunterricht für das Gymnasium. In: technikdidact, Jg. 1980/1981, 131f,57f.

Oberliesen, R.; Sellin, H.: Paradigmenwechsel in der Technikdidaktik? In: Blandow, D.; Theuerkauf, W.E.. (1997)

Oberliesen, R.; Stritzky, R.,v.: Informations- und kommunikationstechnologische Grundbildung als neuorientierte Allgemeinbildung - Bilanz und Perspektiven ihrer curricularen Implementation ein Jahrzehnt nach der Proklamation einer "neuen Bildungskrise". In: Petersen, J.; Reinert, G.-B. (Hrsg.): Lehren und lernen im Umfeld neuer Technologien. Frankfurt, Berlin, New York 1994.

Oberliesen, R.: Gestaltungskompetenz als Lernziel. - Menschengerechte und naturverträgliche Gestaltung von Arbeit und Technik als neue Orientierungsmerkmale technischer Bildung. In: arbeiten und lernen, Jg. 1988, H. 58,7-13.

Oberliesen, R.: Technische Bildung 2000 - Plädoyer für eine veränderte Lernkultur in Schule und Lehrerbildung. In: Uzdzicki, K.; Wolffgramm, H. (Hrsg.): Technikdidaktik: Entwicklungsstand, Theorien, Perspektiven. Zielona Gora 1999.

Pichol, K.: Beckmann. Oder was geht Lehrerinnen und Lehrer der allgemeinbildenden Schule die Allgemeine Technologie an? In: Johann Beckmann-Journal, 1989, H.2, 3-11.

Pichol, K.: Anmerkungen zum allgemeintechnologischen und zum mehrperspektivischen Ansatz in der Technikdidaktik. In: arbeiten und lernen, 1990, H. 68, 3-11.

Porath, M.: Das Leistungsfach Technik in der Sekundarstufe II, In: Zeitschrift für Berufs- und Wirtschaftspädagogik, 1980, 114-126.

Rammert, W.: Technik aus soziologischer Perspektive - Forschungsstand, Theorieansätze, Fallbeispiele. Opladen 1993.

Rauner, F.: Die Befähigung zur (Mit)Gestaltung von Arbeit und Technik als Leitidee beruflicher Bildung. In: Breil,A. (Red.): Sozialverträgliche Technikgestaltung durch berufliche Bildung. Zur Integration von fachlicher und gesellschaftlicher Kompetenz, Soest 1988.

Rauschenberger, H.: Die Bildung in der Wirklichkeit. In: Dauber, H.: (Hrsg.) Bildung und Zukunft. Weinheim 1989.

Rein, A.v. (Hrsg.): Medienkompetenz als Schlüsselbegriff, Bad Heilbrunn 1996.

Rolff, H.-G.; Bos, W.; Klemm, K. u.a. (Hrg.): Jahrbuch der Schulentwicklung, Bd.11, Weinheim/München 2000.

Ropohl, G.: Allgemeine Technologie als Grundlage für ein umfassendes Technikverständnis, In: Banse (1997).

Schudy, J.: Technikgestaltungsfähigkeit. Untersuchungen zu einer neuen Leitidee technischer Bildung. Münster, New York, München, Berlin 1999.

Schulz, H.-D.: Arbeitsorientierte technische Bildung in der Sekundarstufe II. In: Brauer-Schröder, M.; Gerstenberger, D.; Oberliesen, R. (Hrsg): Brennpunkt Arbeit. Landesinstitut für Schule. Bremen 1999 (LIS Arbeitsberichte 130).

Sellin, H.: Die Orientierung an Technischen Schlüsselproblemen. In: arbeiten und lernen/ Technik, Jg. 1994, H. 13, 45-48.

Sellin, H.: Allgemeine Technologie in technikdidaktischer Perspektive, In: Banse (1997.

Sinhart-Pallin,D.: Technik als ein Schlüsselproblem der Bildung, In: Vorgänge 1990, H.107, 56-71.

Sonnenberg, U.: Die Position des Schulfaches Technik in der Sekundarstufe II an allgemeinbildenden Schulen in Nordrhein-Westfalen. In: Blandow, D.; Theuerkauf, W.E. (1997).

Wagener, W.; Haupt, W.; Bergmann, H.: Ausbildung von Techniklehrern für die Sekundarstufe II in NRW. In: Schulte, H.; Wolffgramm, H. (Hrsg.): Beiträge zur Technischen Bildung. Allgemeine Technische Bildung 5 Jahre nach der Wende. Bad Salzdetfurth 1996.

Werner, P.: Möglichkeiten und Strukturen eines Faches Arbeitslehre im Sekundarbereich II. In: Der Bundesminister für Bildung und Wissenschaft (Hrsg.): Arbeitslehre-Gutachten. Schriftenreihe Bildungsplanung 32. Bonn 1979, 174-184.

Wolffgramm, H.: Allgemeine Technologie. Hildesheim 1994.

Technik in der allgemeinbildenden Sekundarstufe II
Curriculare Entwicklungen in Deutschland

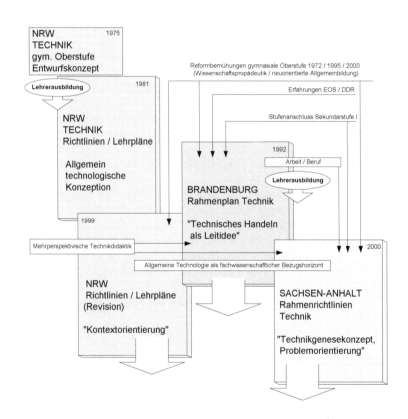

Positionen zur technischen Bildung in der Sekundarstufe II im Bundesland Brandenburg

Olaf Czech

Situationsbeschreibung

Nach der Wiedervereinigung Deutschlands hatten wir, gestützt durch damalige politische Entscheidungen, die Möglichkeit, im Jahr 1992 das Fach Technik in der Stundentafel der gymnasialen Oberstufe zu etablieren. Im Vergleich zu anderen Bundesländern war Brandenburg Wegbereiter technischer Allgemeinbildung der gymnasialen Oberstufe in den neuen Bundesländern, ebenso wie Nordrhein Westfalen in den alten Bundesländern. Insgesamt ist bis heute ein Defizit technischer Allgemeinbildung in der gymnasialen Oberstufe in Deutschland zu verzeichnen. Seit dieser Zeit lässt die brandenburgische Stundentafel eine theoretische Linie technischer Allgemeinbildung in allen Schulformen und -stufen erkennen. Wie aus der Übersicht zu ersehen ist, ist diese Linienführung aber tatsächlich nur theoretisch, da Arbeitslehre und Technik nicht durchgängig dem Pflichtbereich zugeordnet sind.

Damit wird eine Tradition technisch-ökonomischer Bildung fortgesetzt, die in der Oberstufe - entspricht der 11. und 12. Jahrgangsstufe- der ehemaligen DDR unter dem Begriff wissenschaftlich - praktische Arbeit (WPA) bekannt war und in enger Beziehung zur betrieblichen Praxis stand.

Bei ersten Betrachtungen des Curriculums fällt eine bestimmte Nähe zu den Rahmenrichtlinien in Nordrhein Westfalen auf. Die hier gesammelten Erfahrungen waren eine gute Voraussetzung, unter Beachtung eigener Bedingungen und spezifischer Ziele, zur Gestaltung eines Konzeptes technischer Allgemeinbildung für die Sekundarstufe II im Bundesland Brandenburg (vgl. Abb. 1).

Technik im Kontext von Allgemeinbildung

Die Überschrift selbst soll das Problem hervorheben, welches seit Jahrzehnten ungelöst geblieben ist, nämlich die Frage nach der Zugehörigkeit von Technik zur Allgemeinbildung. Abgesehen davon, dass jede gesellschaftliche Richtung ihre eigenen bildungspolitischen Akzente setzt, wird diese Frage bis in die einzelnen Schulen hinein diskutiert, und das sollte auch die Grundlage für weitere Entwicklungen und Entscheidungen sein. Die Forderung nach allgemeiner technischer Bildung in allen Schulformen und -stufen wird seit Jahren erhoben. Der strikten Einbeziehung von Erkenntnissen über Theorie und Praxis der materiellen Kultur in einem Fach Technik steht man dennoch in der Sekundarstufe II

	Klasse						
Sek. II Fach Technik	13	3	5	3	5	3	5
	12	3	5	3	5	3	5
		WF GK	WF LK	WF GK	WF LK	WF GK	WF LK
	11	2		2		2	
		Wahlpflichtfach BK					
		Gesamtschule		Gymnasium		Oberstufenzentrum	

	Klasse							
Sek. I Fach Arbeitslehre	10	2	4	2	2	✕	2	4
	9	2	4	2	2	✕	2	4
	8	2	4	✕	✕	2	2	3
	7	✕	4	✕	✕	2	✕	3
		Pflicht	WP I	WP II	nach Be-schluß der SK	Pflicht	Pflicht	WP
		Gesamtschule			Gymnasium		Realschule	

	Klasse		
Grundschule	6	Lernbereich der Naturwissenschaften Arbeitslehre, Biologie, Physik	4
	5	Lernbereich der Naturwissenschaften Arbeitslehre, Biologie, Physik	4
	4	Als Teil des Sachunterrichts	5
	3	Als Teil des Sachunterrichts	5
	2	Sachunterricht im Rahmen des Faches Deutsch	o.A.
	1	Sachunterricht im Rahmen des Faches Deutsch	o.A.

WF = Wahlfach   GK = Grundkurs
WP = Wahlpflichtfach   LK = Leistungskurs
o.A. = ohne Angaben   BK = Basiskurs
SK   = Schulkonferenz

Abb. 1: Stundentafel Allgemeine Technische Bildung (Land Brandenburg)

verhalten gegenüber. Das sich Lösen von humanistischen Bildungskonzepten scheint in manchen Bereichen bis heute nicht abgeschlossen zu sein. Standesdenken und Vereinsklischees sind in diesem Prozess nicht immer Triebkräfte moderner Bildungsstrategien. Demzufolge ist zu begrüßen, wenn der DPhV (Deutscher Philologenverband) und der VDI (Verein Deutscher Ingenieure) 1999 ein gemeinsames Memorandum „Für die Stärkung der naturwissenschaftli-

chen und der technischen Bildung" herausgegeben und der Öffentlichkeit über-
geben haben, in dem darauf hingewiesen wird, dass grundlegende Entwicklungen dieses Jahrhunderts aus Wissenschaft und Technik an den „... Jugendlichen
vorbeigehen und diese mit Weltbildern aus dem 19. ins 21. Jahrhundert wech-
selt" (DPhV / VDI 1999, S. 2). Bei einer Anerkennung von Technik als Bereich
der Allgemeinbildung sollte es zum Recht für jeden Lernenden gehören, entsprechende Bildungsangebote unterbreitet zu bekommen. Klafki nennt drei Be-
stimmungsgrößen, auf die die Allgemeinbildung in unserer Zeit ausgerichtet
sein sollte: die Selbstbestimmungsfähigkeit, die Mitbestimmungsfähigkeit und
die Solidaritätsfähigkeit (Klafki 1991, S. 52). Neuere Veröffentlichungen, wie
die Delphi-Studie, fordern von einer „"Gesellschaft, die vom Wissen lebt, muss
deshalb ihre Bürger in die Lage versetzen, mit der Informations- und Wissens-
flut zurechtzukommen" und Allgemeinwissen wird vorwiegend mit Kompetenzen interpretiert, wie:

• Instrumentelle bzw. methodische Kompetenzen;
• Personale Kompetenzen;
• Soziale Kompetenzen;
• Inhaltliches Basiswissen (Delphi-Studie 1998 S. 42/43).

Daraus ist abzuleiten, welche Anteile technische Allgemeinbildung an der Herausbildung dieser übergeordneten Ziele haben kann. Es darf nicht übersehen
werden, dass es sich gegenwärtig mindestens subjektiv so darstellt, dass sich die
gesellschaftlichen Veränderungen und die Technik selbst schneller entwickeln
als die bildungspolitischen und wissenschaftlichen Auseinandersetzungen um
die Fragen der technischen Allgemeinbildung an den Schulen und wir somit
nicht unschuldig an der Tatsache sind, wenn die Auseinandersetzung mit der
materiellen Kultur weiter ins Abseits gerät. Allein die Entwicklung der Begriffe
von Technik, technischen Wissenschaften und Allgemeiner Technologie zeigen
solche Prozesse auf. Johann Beckmann als „Vater" der Allgemeinen Technologie geht noch im Vorfeld der industriellen Revolution von der relativ reinen
handwerklichen Technik aus. Wolffgramm formulierte in Anlehnung an K.
Marx die Technik als „...Gesamtheit der Verfahren und Mittel die der Mensch
sich mit dem Ziel der Befriedigung seiner materiellen und kulturellen Bedürfnisse schafft und dienstbar macht". (Wolffgramm 1978, S. 22). Es ist zu erkennen,
dass hier der reine Sachgegenstand nicht mehr allein betrachtet wird, sondern
der Zusammenhang zum individuellen und gesellschaftlichen Handeln hergestellt wird. Ropohl analysiert die Entwicklung und arbeitet weitere Unzuläng-
lichkeiten im herkömmlichen Paradigma heraus und stellt Ansätze fest, die
„...ihren Horizont in Dimensionen erweitern, die dem traditionellen szientifi-
schen Paradigma unbekannt sind" und nennt folgende Horizonte:

- Systemhorizont;
- Zeithorizont;
- Qualifikationshorizont;
- Methodenhorizont;
- Werthorizont (Ropohl 1999).

Wenn diese Horizonterweiterungen zum Aufhellen der Krise in den Technikwissenschaften beitragen können, dann trifft das auch für die Allgemeine Technologie zu und damit für die soziotechnischen Betrachtungsweisen ausgewählter
Technischer Systeme im Unterricht. Das ist eine Entwicklung, in der die Widerspiegelung der Technik, die immer enger werdenden Verflechtungen technischer
Wissenschaften, auch in der Ausbildung von Ingenieuren, mit Gesellschaftswis-
senschaften, Geisteswissenschaften und Sozialwissenschaften deutlich werden
lässt.

Das kann nicht ohne Konsequenzen für eine Verschiebung im Ansatz der Zielstellungen für den Technikunterricht der allgemeinbildenden Schulen bleiben,
wenn sie zukunftsorientiert ausgerichtet sein sollen. Es sollten stärkere Akzente
auf eine Ausrichtung der Beziehungen zwischen Mensch und Maschine und eine
Verbindung zur Nachhaltigkeit im Entstehungs-, Verwendungs- und Auflö-
sungsprozess erkennbar werden. Das rückt zwangsläufig Fragen der Technikbewertung und -folgeabschätzung in den Mittelpunkt (vgl. VDI 1999, S. 82).

Der allgemeinbildende Charakter des Faches Technik in der gymnasialen Oberstufe wird durch die starke Anlehnung an eine relativ junge technische Wissenschaft deutlich, die auf Beckmann (1739 - 1811) zurückzuführen ist und in jüng-
ster Vergangenheit als „Allgemeine Technologie" von Wolffgramm (Wolffgramm 1978) sowie als eine „Systemtheorie der Technik" von Ropohl (Ropohl
1979) bekannt geworden ist. Die zentralen Themen der Allgemeinen Technologie und ihre strukturelle Gliederung in stoff-, energie- und informationsumset-
zende Systeme kommen einer didaktischen Aufarbeitung entgegen. Die Allgemeine Technologie als allgemeine Techniklehre ist ein möglicher wissenschaftlicher Zugang um ein Ableiten in ingenieurwissenschaftliche Kategorien zu
verhindern. Wir verstehen wie Rohpohl Technologie als die Wissenschaft von
der Technik, und die Allgemeine Technologie „...umfasst generalistisch-
interdisziplinäre Technikforschung und Techniklehre und ist die Wissenschaft
von den allgemeinen Funktions- und Strukturprinzipien der Sachsysteme und
ihrer soziokulturellen Entstehungs- und Verwendungszusammenhänge." (Ropohl 1991). Das schließt nicht aus, dass bei der Behandlung konkreter technischer Sachsysteme auf ingenieurwissenschaftliche Einzeldisziplinen zurückgegriffen werden muss. Das ist sicher auch für die Mehrheit unstrittig. Problemati-
scher sind die zunehmenden Diskussionen um die Notwendigkeit eines eigenständigen Faches Technik in der Stundentafel der Schule und die Forderung

nach Übernahme technischer Inhalte in naturwissenschaftliche Fächer. Motive dafür sind sicher weniger in der Realisierung von Zielen allgemeiner technischer Bildung, als mehr zur Schaffung eines Gegengewichtes gegen schwindendes Interesse am naturwissenschaftlichen Unterricht selbst zu sehen. Spezifische Betrachtungsweisen des Technikunterrichts bleiben dabei aber unberücksichtigt. Dazu gehört zum Beispiel, das die Erkenntnismethoden in den Naturwissenschaften vorwiegend auf die Ursache-Wirkung Relation gerichtet sind und in den Technikwissenschaften sich mehr an der Anwendung, wie Zweck - Mittel und Funktion - Konstruktion orientiert wird und damit die Zieldeterminiertheit der Technik, wie Wolffgramm sie beschreibt, deutlich wird.

Technik als Unterrichtsfach in der Sekundarstufe II

Gegenwärtig werden noch zu viele Aktivitäten darauf gerichtet, entsprechende Akzeptanz für ein Unterrichtsfach Technik in den gymnasialen Oberstufen zu erlangen oder zu sichern, ein Fach, was eigentlich keiner so richtig protegiert. Um so mehr sollten die Lehrkräfte Anerkennung finden, die oft als Einzelkämpfer überdurchschnittliche Lernergebnisse bei ihren Schülern erzielen. Wenn eine Schule in Brandenburg überhaupt die beiden Fächer Informatik und Technik anbietet, muss sich der Schüler laut Verordnung in der Jahrgangsstufe 11 für eines dieser beiden Fächer entscheiden. Er muss also Bereiche trennen, die sich in der unterrichtlichen Bearbeitung sehr oft als untrennbar erweisen. Das ist nicht nur Widerspiegelung der gesellschaftlichen Realität, sondern auch Schülerwunsch, da 38% der befragten Schülerinnen und Schüler gern beide Fächer in ihrer Stundentafel hätten (Czech 1997a, S. 7 Anlagen). Zusätzliche Spannungen treten dadurch auf, dass Lehrkräfte sich nicht selten uneins darüber sind, mit welchen Inhalten den Zielstellungen der Rahmenpläne entsprochen wird. Konkurrenzerscheinungen, statt Ideen zum Zusammenführen von Wirklichkeitszusammenhängen, breiten sich aus. Sollen diese Erscheinungen überwunden werden, müssen Konzepte entwickelt werden, die neben dem Fach Technik diejenigen Fächer beteiligen, die zum Verständnis der materiellen Kultur im Sinn der Allgemeinen Technologie beitragen können und Interdependenzen ausweisen, wie: Physik, Chemie, Biologie, Informatik, Wirtschaft, Politik und Philosophie. Reibungspunkte ergeben sich zunehmend an der Nahtstelle zu den Naturwissenschaften, Fächer, die im Wahlverhalten der Schüler weiter an Bedeutung verlieren. Da immer noch zu häufig die Ansicht in den Schulen und darüber hinaus vertreten wird, Technik ausschließlich als angewandte Naturwissenschaft zu verstehen, wird öfter der Versuch unternommen, naturwissenschaftlichen Unterricht mit technischen Inhalten „anzureichern". Das resultiert auch aus der für die Schule allgemeingültigen Forderung, Unterricht lebensverbunden und zukunftsorientiert auszurichten. Daraus lässt sich die Frage nach der weiteren Berechtigung der stringenten Stundenordnung und der Aufgabenfelder, wie folgt, für die gymnasiale Bildung ableiten.

- Das sprachlich-literarisch-künstlerische Aufgabenfeld;
- Das gesellschaftswissenschaftliche Aufgabenfeld;
- Das mathematisch-naturwissenschaftlich-technische Aufgabenfeld.

Hier wird gerade das getrennt, was der Technikunterricht durch seine Beziehungen des technischen Sachsystems zu seinen Entstehungs- und Verwendungszusammenhängen in Zusammenhang bringen will und damit starke gesellschaftliche Bezüge herstellt.

Curricularer Ansatz

Die Allgemeine Technologie ist nicht nur wissenschaftliche Plattform, sondern ebenso Ausgangspunkt des weiteren curricularen Aufbaus. Die im Curriculum ausgewiesenen spezifischen Ziele, wie:

- Erwerb eines grundlegenden transferierbaren Sach- und Verfahrenswissens;
- Entwicklung des technischen Denkens und Handelns unter Einbeziehung der Urteils- und Handlungsfähigkeit beim Umgang mit Technik;
- Befähigung zu sachgerechtem, reflektiertem und verantwortungsbewußtem Verhalten in Situationen, die durch Technik mitbestimmt werden (vgl. RP S. 26).

sind darauf gerichtet, die Lebenswirklichkeit zu erschließen, unabhängig davon, ob ein einschlägiges Studium oder eine Berufsausbildung außerhalb der Hochschule vorgesehen ist.

Daraus lassen sich folgende Zielvorstellungen in einen fachdidaktischen Begründungszusammenhang bringen:

- Es ist sicherzustellen, dass die Aussagen dem jeweiligen Entwicklungsstand der Technik in Theorie und Praxis entsprechen. Bei aller subjektiven Brechung des Realitäts- und Wissenschaftsbezuges darf nicht jede Kritik mit Technikfeindlichkeit oder eine kritiklose Unterstützung mit Technikverherrlichung verglichen werden;
- Die aus den Bereichen stoff-, energie- und informationsumsetzenden Systeme abgeleiteten Unterrichtsgegenstände sollen als System technischer Gegenstände und Verfahren betrachtet werden, die sich den Schülern als Teil ihrer Lebenswirklichkeit und der Gesellschaft erschließen. Die Forderung nach Weiterführung des integrativen Ansatzes der Arbeitslehre der Sekundarstufe I verfolgt das Ziel der Ganzheitlichkeit, ohne das notwendige Selektieren des Einzelnen zu vernachlässigen;

- Der didaktische Ansatz ist von den allgemeinen Strukturen der Technik abzuleiten, die durch die Allgemeine Technologie vertreten werden, auf deren Grundlage technische Denk- und Handlungsstrukturen herauszuarbeiten sind.
- Sozialkompetenzen sind besonders dahingehend zu entwickeln, bestehende und künftige technische Systeme zu analysieren, zu entwickeln und entsprechend der gesellschaftlichen Werte und Normen, werten zu können.

Dabei ist zu beachten, dass vor diesem Hintergrund grundlegende Kompetenzen für eine allgemeine Studierfähigkeit erworben werden sollen.

Die Organisation der curricularen Grundstruktur wurde durch die Verschränkung verbindlich vorgegebener Kursthemen mit den Grundfunktionen technischer Systeme erreicht.

Mit den ebenfalls vorgeschriebenen Unterthemen werden verbindliche inhaltliche Schwerpunkte abgesteckt und gleichzeitig eine Strukturierungshilfe für den Unterricht dargestellt. Die sich daraus ableitende Struktur stellt sich in drei Ebenen dar, die Stufen zunehmender Konkretisierung der Technik als Gegenstand und abnehmender Verbindlichkeit für den Unterricht charakterisieren.

- Kursthemen
- Unterthemen
- Lerngegenstände

Kursthemen:

- Konstruktion und Optimierung technischer Systeme;
- Grundlagen stoffumsetzender (energieumsetzender, informationsumsetzender-) Systeme;
- Konstruktion, Analyse und Betriebsoptimierung energieumsetzender (oder stoffumsetzender, informationsumsetzender) Systeme.

In Anlehnung an diese Kursthemen ist vorgesehen, ein technisches System in seinen Lebensphasen von der Systemplanung bis zu seiner Auflösung nicht nur zu betrachten, sondern auch in einzelnen Phasen zu gestalten. Dabei besteht jedoch die Schwierigkeit des Bearbeitens des Gesamtzyklus des technischen Systems. Der Systementwicklung und -fertigung wird zu häufig die ausschließliche Aufmerksamkeit zugeordnet. „Eingefahrene" didaktische Schwerpunktsetzungen bezüglich der Unterrichtsinhalte geben der Systemdistribution, der -nutzung und -auflösung, kaum merkbar, einen nicht zu akzeptierenden geringeren Stellenwert.

Unterthemen:

- Historische und/oder großtechnische Einordnung;
- Analytische/konstruktive Bearbeitung technischer Anlagen und ihre Modellierung für den Unterricht;

- Untersuchung der Prinzipien des Prozessablaufs technischer Anlagen;
- Betrieb technischer Anlagen und Ermittlung der Betriebskennwerte;
- Organisation des Prozessablaufs;
- Diskussion von Optimierungsvarianten und Optimierung der Anlage/oder des Prozesses;
- Untersuchung vernetzter Anlagen/Systeme;
- Entwicklung der Technik unter technologischen, philosophischen und sozialen Aspekten.

Die Unterthemen sind als strukturelles Hilfsmittel für den Unterricht vorgesehen und können entsprechend der inhaltlichen und organisatorischen Gewichtung ausgewählt werden, sind aber nach sechs Kurshalbjahren vollständig zu bearbeiten. Im Rahmenplan sind die Unterthemen als Vorschlag für die Lehrkräfte den Kurshalbjahren zugeordnet.

Lerngegenstände:

In einem Rastersystem mit den Koordinaten der Systemkategorien (Stoff - Energie - Information) und Lebenssituationen (Privat - Beruf - Gesellschaft) werden Vorschläge für Lerngegenstände aufgespannt. So ist zum Beispiel das Niedrigenergiehaus dem Lebensbereich Privat und der Systemkategorie Energieumsatz zugeordnet. Je nach Entwicklungsstand technischer Systeme als Bestandteil gesellschaftlicher Gesamtentwicklung kann das Rastersystem durchaus auch mit weiteren Repräsentanten vervollständigt werden, die nachfolgenden Anforderungen entsprechen sollten:

- Realisierung der verbindlichen Forderungen im Rahmenplan, die durch die fachspezifischen Lernziele, Kursthemen und Unterthemen gekennzeichnet sind;
- Angemessener Bedeutungszusammenhang für Schülerinnen und Schülern zur Realtechnik;
- Möglichkeiten der didaktischen Reduktion mit angemessenem Schwierigkeitsgrad;
- Anpassung an notwendige schulorganisatorische Maßnahmen und Möglichkeiten zur Arbeit in unterschiedlichen Sozialformen.

Die Lerngegenstände müssen darüber hinaus mit den Mitteln der Schule experimentell-analytisch und konstruktiv bearbeitet werden können (vgl. Rahmenplan 1994).

Beim Studium des Rahmenplanes wird deutlich, dass das Bemühen, Technik aus dem Blickwinkel soziotechnischer und soziokultureller Aspekte zu betrachten, vorwiegend in der Präambel und den Lernzielen erkennbar wird, die weiteren inhaltlichen Beschreibungen sich aber kaum noch auf soziotechnische Strukturen beziehen. Ropohl kritisiert die Kursthemen zurecht als „Unterrichtsverfahren" zur Heranbildung von „...Ingenieuren im Westentaschenformat" (Ropohl 1992, Anlage 1). Daran wird ersichtlich, dass die Zielstellung des Rahmenplans und die Ausrichtung an der Allgemeinen Technologie als konsensfähig betrachtet werden kann, die inhaltliche Ausfüllung aber häufig an der Auseinandersetzung der objektiven und subjektiven Integrationsleistung im Sinn der Allgemeinen Technologie teilweise scheitert.

Es ist sicher ein Teil von Normalität, wenn Differenzen zwischen Zielstellung und Erreichtem zu verzeichnen sind und erst nach Konsolidierung von Erfahrungen über einen angemessenen Zeitraum und weitere Diskussionen bezüglich des Theorieverständnisses zur Qualifizierung der Rahmenprogramme beitragen. In diesem Sinn verstehen wir auch diesen Beitrag im Rahmen der hier in Braunschweig stattfindenden internationalen Konferenz und hoffen auf eine Fortsetzung der Gespräche über den Technikunterricht im Allgemeinen wie auch den Technikunterricht der gymnasialen Oberstufe im Besonderen.

Zur Lehrerbildung

Die jüngste Geschichte der Bundesrepublik hat gezeigt, dass Technikunterricht in der Sekundarstufe II nur dann eine Chance hat zum festen Bestand der Stundentafel zu werden, wenn damit eine Lehreraus- und -weiterbildung verbunden wird. Auf der Grundlage der damaligen guten personellen und materiellen Ausstattung zur Ausbildung der Diplomlehrer für Polytechnik in der DDR war es möglich, parallel zur Einführung des Faches Technik in die gymnasiale Oberstufe 1992 das Lehramtsstudium für die Sekundarstufe II im Fach Arbeitswissenschaft (Technik) an der Universität Potsdam anzubieten.

Das gegenwärtige Lehrerbildungsgesetz, gültig ab Oktober 1999, bietet für die allgemeinbildende Schule zwei stufenübergreifende Studiengänge an, zum Lehramt für Bildungsgänge der Sekundarstufe I und der Primarstufe und für das Lehramt an Gymnasien.

Die Tatsache, dass der Universitätsstruktur keine technische Fakultät angegliedert ist, kommt unserem Bestreben entgegen, die Ausbildung stärker und frühzeitiger auf das Arbeitsfeld Schule zu orientieren (Meier 1999, S.123). Wir gehen damit einen anderen Weg der Lehrerbildung als die Ausbildungseinrichtungen in Nordrhein Westfalen. Hier rekrutiert sich die Ausbildung in wesentlichen Bereichen aus ingenieurtechnischen Bildungsangeboten.

Das am Anfang für das Fach Technik zu verzeichnende Defizit an Fachlehrern konnte einerseits mit Diplomlehrern für Polytechnik und andererseits mit einer Reihe von Fortbildungsveranstaltungen relativ gut ausgeglichen werden. Inzwischen verlassen uns seit sieben Jahren fachgerecht ausgebildete Absolventen.

Probleme und Perspektiven

Kein Konsens in der Gesellschaft beim Unterrichtsfach Technik

Kaum ein anderer Bereich der Gesellschaft ist so unflexibel wie die Bildung. Wie sonst wäre es möglich, dass sich wesentliche Bestandteile der neuhumanistischen Bildungskonzepte, die eine zeitgemäße Zukunftsorientierung behindern, bis heute so dominant zeigen. Es ist bisher nicht gelungen, neben dem naturwissenschaftlichen Unterricht den Technikunterricht als normal "gesellschaftsfähig" in der Schule zu positionieren. Die Ursachen dafür liegen auf unterschiedlichen Ebenen.

- Ohne ausreichende Informationen über Ziele und Inhalte sollen sich Schüler und Eltern interessen- und zukunftsorientiert für den Technik- oder Informatikunterricht in der gymnasialen Oberstufe entscheiden, eine Hoffnung, die in den meisten Fällen unerfüllt bleibt. Wenn kein Angebot von Technikunterricht in den Schulen besteht, bleibt dem Schüler zur Informatik keine Alternative. Diese Situation ist im Land Brandenburg weit verbreitet (vgl. Czech 1999, S. 85).

- Die uneinheitlichen technik-didaktischen Positionen in Form des kooperativen und integrativen Ansatzes und die damit unmittelbar verbundenen begrifflichen Spagate, die sogar diejenigen zum Wanken bringen, die aus beruflichen Gründen sich damit auseinandersetzen und die einen sich der Arbeitslehre und die anderen dem Technikunterricht verschrieben haben, sind wenig hilfreich im Sinn allgemeiner technischer Bildung (vgl. Ropohl 1997).

- Bildungspolitik darf keinen Reformsüchten ausgeliefert sein, die spontan und gleichzeitig nur auf Symptome reagieren, Ursache und Wirkung aber vielfach außer Acht lässt. Jüngstes Beispiel ist die zu begrüßende Anstrengung, alle Schulen mit Computern auszustatten, um auf die harsche Kritik der Wirtschaft zu reagieren. Eine Kritik, die dafür spricht, dass die Schulen schon seit Jahren von der Substanz leben und den immer größer werdenden Widerspruch zwischen gesellschaftlicher Entwicklung, die Entwicklung der Technik soll hier mit eingeschlossen sein, und der Entwicklung der Schule immer größer wird (vgl. Kraus 1998, S. 12). Ein solcher finanzieller Klimmzug schafft noch lange keine gesunde Schule, die sich erst dann entwickeln kann, wenn Bildungskonzepte entstehen, die in ihren Grundzügen überparteiliche Zustimmung finden und nicht in kürzester Zeit durch die Entwicklung überrollt werden.

- Für die allgemeine technische Bildung und den Technikunterricht sowie die Technikdidaktik besteht ein eklatantes Theoriedefizit (vgl. Schulte 1999). Punktuelle schulische Entwicklungen bezüglich des Technikunterrichts scheinen der Wissenschaftsentwicklung durch die Hochschulen zu enteilen, wenn auch in unterschiedliche Richtungen. Auch das stärkt das Unterrichtsfach Technik an den Schulen, im Vergleich zu anderen Unterrichtsfächern, in keiner Weise. Erste Schritte zur Formierung einer eigenständigen Wissenschaftsdisziplin liegen in konzeptionellen Ansätzen vor (vgl. Wolffgramm 1999), sie müssten nur aufgegriffen und bestehende Forschungsanstrengungen wesentlich verstärkt werden. Dabei ist eine stufenspezifische Bearbeitung erforderlich, die die Unterschiede in der Akzentuierung der Ziele, Inhalte und Methoden hervorhebt. Die präzise Auseinandersetzung, wenn auch vorwiegend analytisch, mit den „Richtungen der Technikdidaktik" (vgl. Schmayl 1992), „Entwicklungsmöglichkeiten technikdidaktischer Ansätze" (vgl. Hill 1997) und der Versuch eines allgemeinen Technikverständnisses mit Hilfe der Entropie zu entwickeln (vgl. Hein 1997), ist kaum aufgegriffen und weiter diskutiert worden.

Technik und Naturwissenschaften

Die immer größer werdende Unpopularität der Naturwissenschaften in der Schule ist kaum zu übersehen. In der gymnasialen Oberstufe werden die Kurse entsprechend der Wahlmöglichkeiten kaum belegt oder sogar abgewählt.

Ähnliche Tendenzen zeichnen sich im Lehramtsstudium ab. In den Hörsälen wird die Anzahl der Studierenden immer geringer. Um dieser Misere zu begegnen werden unterschiedliche Anstrengungen unternommen. Eine davon ist der Versuch, die Vorstellungen zu verwirklichen, naturwissenschaftlicher Unterricht sollte mit technikwissenschaftlichen Erkenntnissen bereichert und somit für den Schüler interessanter werden. Diese Überzeugung wird ebenso von Lehrern wie auch von Entscheidungsträgern der Bildungspolitik vertreten. Völlig übersehen oder ignoriert werden dabei die unterschiedlichen Zielstellungen, Gegenstände, Methoden und weitere Vergleichskriterien. Dabei ist zu betonen, dass die Notwendigkeit des Zusammenhangs von Naturwissenschaft und Technik / Technologie keineswegs bestritten wird und die Entwicklung der Wissenschaften in einzelnen Bereichen künftig Trennlinien immer unschärfer werden lassen.

Wenn die Schule sich in dieser Frage auf wesentliche Merkmale beider Seiten stützt, werden sich Berührungspunkte abzeichnen, die zum Erkennen des Wirklichkeitszusammenhangs durch die Schüler es zu nutzen gilt. Der nachfolgende Versuch einer Analyse wird mit dem Ziel unternommen, Schulcurricula als Kern zur Synthese der Erkenntnisgewinnung der beiden Bereiche werden zu lassen (Tab. 1).

Gegenstandsbereiche des Technikunterrichts

Nachdem die Zielformulierungen aus dem Rahmenplan in Brandenburg im Abschnitt 3 und eine mögliche künftige Ausrichtung im Abschnitt 1 angesprochen wurden, sollen hier einige Anregungen zur Konzentration auf Auswahlkriterien

Tab. 1: Die Schüler zwischen Naturwissenschaft und Technik

Vergleichskriterium	Naturwissenschaft	Technik / Technologie
Ziele	Die Schüler erwerben theoretische Erkenntnisse über objektive Zusammenhänge in der Natur.	Die Schüler erwerben theoretische Erkenntnisse und praktische Fähigkeiten zur Schaffung künstlicher Gebilde.
Gegenstandsbereiche	Die Schüler setzen sich mit natürlichen Phänomenen auseinander.	Die Schüler setzen sich mit vom Menschen geschaffenen künstlichen Systemen auseinander.
Erkenntnismethoden	Die Schüler wenden sie zur Abbildung der Ursache-Wirkung Beziehung an, und sie sind auf eine isolierende Analyse gerichtet.	Die Schüler orientieren sich mit ihnen auf die Anwendung und stellen die Beziehungen Zweck-Mittel und Funktion - Konstruktion in den Mittelpunkt.
Konzentration	Die Schüler konzentrieren sich auf objektiv Vorhandenes.	Die Schüler konzentrieren sich auf subjektiv Neues, (in den seltensten Fällen objektiv Neues).
Wertung	Die Schüler verifizieren oder falsifizieren Aussagen und Hypothesen.	Die Schüler stellen Vergleiche in den Bereichen Aufwand - Nutzen, Ökonomie - Ökologie an und beziehen den sozialen und ethischen Aspekt ein.
Typische Tätigkeiten	Die Schüler experimentieren.	Die Schüler experimentieren, - konstruieren, - optimieren, - fertigen, - bewerten.
Erkenntniszuwachs, Resultate	Die Schüler erwerben eine neue naturwissenschaftliche Erkenntnis in Form einer idealisierenden Theorie.	Die Schüler erfahren eine technische Lösung (Erfindung) mit Realisierungsregeln, Nutzungsmöglichkeiten, Handlungs- und Arbeitsfunktionen.
Qualität	Die vom Schüler angeeignete Erkenntnis wird durch Wahrheit getragen.	Die vom Schüler angeeignete Erkenntnis wird durch den Erfolg gekennzeichnet.

(vgl. auch Ropohl 1999)

möglicher Inhalte folgen (vgl. Abb. 1). Es kann davon ausgegangen werden, dass Übereinstimmung darüber vorherrscht, die Allgemeine Technologie in der Sekundarstufe II als wissenschaftliche Grundlage für ein allgemeinbildendes Fach Technik anzusehen. Das ermöglicht, ausgehend von der Spannbreite dieser technischen Wissenschaft auch mögliche weitere Systemstrukturen für die Auswahl schulrelevanter Inhalte zu nutzen, und das erfordert das Spannen eines Bogens vom Allgemeinen, der Allgemeinen Technologie zum Konkreten, dem konkreten, im Unterricht zu bearbeitenden soziotechnischen System. Somit ist es möglich, das Wesen der Technik entweder ausgehend vom Spannungsfeld zwischen den globalen Problemen Mensch - Technik - Gesellschaft - Beziehungen und dem technischen Sachsystem, welches sich als Lerngegenstand dem Schüler darstellt zu erschließen, oder der Sachgegenstand ist Ausgangspunkt des Erkenntnisprozesses. In beiden Fällen sind Betrachtungsweisen notwendig, die sich mit dem Urheber, dem Nutzer und demjenigen, der die Artefakte durch Auflösen versucht in den natürlichen Kreislauf zurückzuführen, auseinandersetzen. Es sind Strukturen, die den Lebenszyklus eines technischen Sachsystems nachvollziehen und sind auch als Phasen des technischen Handelns bekannt (vgl. Ropohl 1996) und können auf jedes Sachsystem übertragen werden. Damit bieten sich Überlegungen an, die Phasen des technischen Handelns als didaktische Plattform zu nutzen und beim weiteren unterrichtlichen   Vorgehen die Strukturierung der Bereiche der Allgemeinen Technologie sowie die Erkenntnisperspektiven zu berücksichtigen. Unter diesen Betrachtungen der Aspekte erschließt sie dem Schüler im Unterricht das technische Sachsystem als soziotechnisches System. In Abhängigkeit der Beziehungen zwischen Ziel, Inhalt und Methode ist es bei der Auswahl der Inhalte unerheblich, welcher Systemkategorie zur Bestimmung technischer Systeme (Stoff, Energie, Information) der Lerngegenstand zugeordnet werden kann, da die Konzentration auf eine Kategorie, zwangsläufig die beiden anderen vernachlässigen würde. Dabei wird die Gesamtfunktion des technischen Systems verzerrt, da die Zielfunktion des technischen Systems nur durch ein Zusammenwirken aller drei Kategorien gesichert werden kann. Der Lerngegenstand selbst sollte so ausgewählt werden, dass

- die zur Lösung der jeweils behandelten technischen Probleme erforderliche technikwissenschaftliche Grundlagen einschließen;
- er Problemstellungen enthält, die geeignet sind, technisches Denken und Handeln in ihren charakteristischen Phasen erfahrbar zu machen;
- sie ein Bezug zur Erfahrungswelt der Lernenden haben und insbesondere geeignet sind, technikübergreifende Zusammenhänge aufzuzeigen, die Verantwortung des Menschen für die Technik einsichtig werden zu lassen und zu engagierten Stellungnahmen herausfordern (vgl. Rahmenplan Brandenburg, S. 38).

Parameter für die unterrichtliche Bearbeitung der Lerngegenstände könnten sein:

- Bereiche der Allgemeinen Technologie, wie
- Technikbegriff
- Funktion, Struktur und Klassifikation technischer Sachsysteme;

- Mensch - Maschine - Beziehungen;
- Gestaltungsgrundlagen, wie Erfindungstheorien, Planungs- und Konstrukti-
  onsmethoden sowie Produktionsprinzipien;
- Technikgeschichte und Technische Prognostik;
- Technikbewertung und -folgeabschätzung.   (nach Ropohl)

Die Struktur des technischen Handelns, wie

- Herstellen   (Planung, Produktion, Vertrieb);
- Verwenden   (Inbetriebnahme, Betrieb, Stilllegung);
- Auflösen   (Zerlegen, Aufbereiten, Deponieren, Rezyklieren).

Die Erkenntnisperspektiven, wie

- technikwissenschaftliche Perspektive,
- naturgesetzliche Perspektive,
- anthropologische und sozialwissenschaftliche Perspektive,
- ökologische Perspektive,
- historische Perspektive,
- wertphilosophische Perspektive,
- vorberufliche Perspektive.   (vgl. Meier 1999)

Mit einem Bereich der Allgemeinen Technologie, der Technikbewertung und -
folgeabschätzung, sollten sich die Schüler als lebenslange Nutzer und Konsumenten unter dem Blickwinkel der Allgemeinbildung auseinandersetzen und
besondere Fähigkeiten erwerben. Hier wird der Zusammenhang zwischen Basiswissen und den angestrebten Kompetenzen deutlich. Die Schülerinnen und
Schüler sollten befähigt werden, sich in der Spannbreite von Virilio, der sich am
Ende der Welt bewegt, bis zu Bill Gates, der die Problemlösung in der Informationstechnik sieht, zurechtzufinden, um sich zielgerichtet in die Bewältigung
künftiger Aufgaben einbringen zu können. Ropohl formuliert das Problem wie
folgt: „Die Technisierung mit ihren wachsenden Ambivalenzen schreitet fort,
doch niemand verantwortet sie" (Ropohl 1996, S. 57). Die sich ergebenden
Folgen technischer Entwicklungen werden teilweise immer folgenschwerer und
benötigen zu ihrer Behebung oft Zeiträume, die in Generationen gemessen werden. Ohne die Schwierigkeiten der Technikbewertung zu unterschätzen, ist auch
im Unterricht die von Ropohl beschriebene Notwendigkeit einer Ausweitung der
reaktiven auf eine innovative Technikbewertung zu verfolgen (Ropohl 1996, S.
226f).

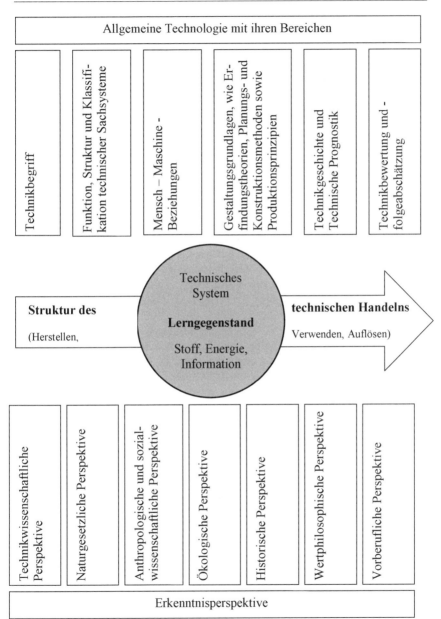

Abb. 2: Bereiche der Allgemeinen Technologie

Das setzt aber zwei Bedingungen voraus:

• Die Struktur technischen Handelns darf im Unterricht nicht vorwiegend auf die Herstellung eines technischen Gegenstandes reduziert werden.

• Der Technikunterricht muss sich, ebenso wie die technischen Wissenschaften sich den Sozialwissenschaften öffnen, neben den naturwissenschaftlichen, auch den gesellschaftswissenschaftlichen Unterrichtsfächern zuwenden (vgl. Czech 1997b).

In diesem Zusammenhang soll ausdrücklich auf die Konfliktpotentiale eingegangen werden, so wie sie in den VDI-Richtlinien 3780 dargestellt und beschrieben sind (Hubig 1999, S. 29f). Sie bestehen fallweise zwischen Wirtschaftlichkeit und Umweltqualität, Sicherheit und Gesundheit, um nur einige zu nennen.

Damit sollte eine Zielstellung des Technikunterrichts unterstrichen werden, die den Schüler befähigt, sowohl das eigene, wie auch das technische Handeln anderer kritisch werten zu können, um möglichst Verhaltensweisen des Einzelnen im Sinn von Nachhaltigkeit zu korrigieren und sachgerechten Einfluss auf politische Entscheidungen zu nehmen, die sich auf technische Zusammenhänge beziehen.

Literatur

Banse, Gerhard; Friedrich, Käthe: Sozialorientierte Technikgestaltung Realität oder Illusion? - Dilemmata eines Ansatzes, In: Banse, Gerhard; Friedrich, Käthe (Hrsg.) 1996: Technik zwischen Erkenntnis und Gestaltung, Berlin 1996.

Blandow, Dietrich; Theuerkauf Walter, E. (Hrsg.): Strategien und Paradigmenwechsel zur Technischen Bildung, Hildesheim 1997, S. 233-243.

Czech, Olaf: Bericht zur wissenschaftlichen Begleitung, Fach: Technik Gymnasiale Oberstufe, Universität Potsdam / Pädagogisches Landesinstitut Brandenburg, Potsdam 1997.

Czech, Olaf: Technische Bildung - ein Beitrag zur Abiturreform. In: Ludger Fast; Harald Seifert (Hrsg.): Technische Bildung Geschichte, Probleme, Perspektiven, Weinheim 1997.

Czech, Olaf: Arbeitslehre in der Sekundarstufe II - Beispiel Brandenburg. In: Margareta Brauer-Schröder; Dagmar Gerstenberger; Rolf Oberliesen; Annette Sälter; Ilka Töpfer (Hrsg.): Brennpunkt Arbeit, LIS-Arbeitsberichte, Bremen 1999, S. 83 - 86.

Delphi-Befragung: Potentiale und Dimensionen der Wissensgesellschaft - Auswirkungen auf Bildungsprozesse und Bildungsstrukturen, München/Basel 1998.

Deutscher Philologenverband / Verein Deutscher Ingenieure: Für die Stärkung der naturwissenschaftlichen und der technischen Bildung, (Memorandum), Unterhaching, Düsseldorf 1999.

Hein, Christian: Entropie - eine Zugangsgröße zur Herausbildung allgemeinen Technikverständnisses? In: D. Blandow, W.E. Theuerkauf (Hrsg.): Strategien und Paradigmenwechsel zur Technischen Bildung, Hildesheim 1997, S. 245-256.

Hill, Bernd: Entwicklungsmöglichkeiten technikdidaktischer Ansätze. In: D. Blandow, W.E. Theuerkauf (Hrsg.): Strategien und Paradigmenwechsel zur Technischen Bildung, Hildesheim 1997, S. 233-244.

Hubig, Christoph: Werte und Wertkonflikte. In: Friedrich Rapp (Hrsg.): Normative Technikbewertung, Berlin 1999, S. 23 - 37.

Klafki, Wolfgang: Neue Studien zur Bildungstheorie und Didaktik, Weinheim 1991, S. 52.

Kraus, Josef: Spass Pädagogik Sackgassen deutscher Schulpolitik, München 1998.

Langenheder,W.: Sozialorientierte Gestaltung von Informationstechnik, Thesen der Arbeitsgruppe 6. In: InfoTech, 4 (1992) Heft 2, S. 12-14.

Meier, Bernd: Grundstrukturen der Ausbildung von Lehrkräften für den Technikunterricht. In: Uzdzicki, Kazimierz; Wolffgramm, Horst (Hrsg.): Technikdidaktik Entwicklungsstand - Theorien - Aufgaben, Zielona Gora 1999, S. 121 - 134.

Meier, Bernd; Zöllner, Herrmann: Zum Technikbegriff und seinen fachdidaktischen Implikationen hinsichtlich der Curriculumentwicklung für eine arbeitsorientierte Allgemeinbildung in der Sekundarstufe I. In: „Technikbilder und Technikkonzepte im Wandel - eine technikphilosophische und allgemeintechnische Analyse", Ludwigsfelde - Struveshof 2000.

Rahmenplan Technik, Gymnasiale Oberstufe Sekundarstufe II, Land Brandenburg, Ministerium für Jugend, Bildung und Sport, Potsdam 1994.

Ropohl, Günter: Eine Systemtheorie der Technik, München 1979.

Ropohl, Günter: Kurzkritik zum Rahmenplan Technik Sekundarstufe II. In: Czech, Olaf (Berichterstatter), Bericht zur wissenschaftlichen Begleitung Fach: Technik Gymnasiale Oberstufe, Potsdam 1997.

Ropohl, Günter: Ethik und Technikbewertung, Frankfurt am Main 1996.

Ropohl, Günter: Technologische Bildung: Das Programm der Integrierten Arbeits- und Techniklehre, Manuskriptdruck.

Ropohl, Günter: Der Wandel im Selbstverständnis der Technikwissenschaften, In: Beiträge zum Arbeitssymposium Technik und Technikwissenschaften. Berlin, Düsseldorf 1999.

Schmayl, Winfried: Richtungen der Technikdidaktik, In: Zeitschrift für Technik im Unterricht, Heft 3 1992, S. 5 - 15.

Schulte, Hans: Allgemeine technische Bildung - gesellschaftliche Notwendigkeit
und Akzeptanz, Struktur, Forschungsfragen, In: Technikdidaktik Entwick-
lungsstand-Theorien-Aufgaben, Zielona Gora 1999, S. 11 - 27.

Verein Deutscher Ingenieure: Aktualität der Technikbewertung, Düsseldorf
1999.

Wolffgramm, Horst: Allgemeine Technologie, Leipzig 1978.

Wolffgramm, Horst: Zum Gegenstand der Technikdidaktik und ihrem Wissen-
schaftsanspruch. In: Technikdidaktik Entwicklungsstand-Theorien-Aufga-
ben, Zielona Gora 1999, S. 81 - 90.

Arbeitsprozesswissen in der technischen Bildung
Erfahrungen mit einer Lernfirma in der Berufsschule

Martin Fischer, Franz Stuber

Neue Formen der Arbeitsorganisation und berufliches Arbeitsprozesswissen

Das Wissen und Können, das sich Facharbeiter in der Auseinandersetzung mit dem konkreten Arbeitsprozess angeeignet haben, scheint mit der Modernisierung der Produktionsanlagen obsolet zu werden. Überall wird von der sinkenden „Halbwertszeit" beruflichen Wissens geredet. Paradoxerweise wächst in vielen Unternehmen die Sensibilität für das berufliche Arbeitsprozesswissen der Fachkräfte. Von den Facharbeitern wird erwartet, dass sie neben den alltäglichen Arbeitsabläufen vor allem die Störungen, Problemsituationen und unvorhergesehenen Ereignisse auf der Werkstattebene bewältigen. Der Leiter der Personalentwicklung eines großen deutschen Automobilherstellers hat das hierfür notwendige Wissen kürzlich als „Baustellenwissen" charakterisiert; es sei für das Unternehmen ebenso unabdingbar wie das „Architektenwissen" in den Planungs- und Konstruktionsabteilungen. Damit ist die These in den Raum gestellt, dass das facharbeitertypische Wissen in Produktion und Instandhaltung nicht einfach aus dem akademischen Wissen, etwa dem der Ingenieurwissenschaften, abgeleitet werden könne.

Betrachtet man nun die betrieblichen Modernisierungsmaßnahmen, so gehen diese oft mit einer Kritik der traditionellen Zergliederung von Planungs- und Organisationsprozessen einher. Unternehmensweite und funktional gegliederte Planungsabteilungen sollen aufgelöst werden zugunsten von 'Produktsparten', 'Cost- bzw. Profitcenters', 'Product Units' bis hin zu ‚virtuellen Unternehmen', innerhalb derer eine eigenverantwortliche Planung und Produktion realisiert werden und die in flexiblen Netzwerken mit anderen „Units" kooperieren. Dabei wird auch die strikte Trennung von Planung und Controlling einerseits und der Produktion andererseits revidiert. Mit neuen Team- und Gruppenarbeitskonzepten werden Planungs- und Organisationsaufgaben an die direkte Produktion zurückgegeben. Abbildung 1 verdeutlicht die Entwicklungsrichtung neuerer Organisationsansätze.

Für berufliche Bildungsprozesse ist hier besonders bedeutsam, dass die traditionell zur Verrichtung einfacher Handgriffe und zur Erfüllung penibler Vorgaben degradierten Werkstattmitarbeiter eine neue Rolle im Produktionsgeschehen zugewiesen bekommen:

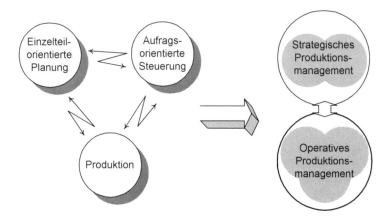

Abb. 1: Von der Abteilungsorganisation zur Stärkung des operativen Produktions-
        managements

Es erfolgt eine Anerkennung von Kenntnissen und Erfahrungen, die auch bislang vorhanden waren und über die die beteiligten Personen verfügten, die aber
in traditionellen Formen der Arbeitsorganisation nicht genutzt und anerkannt
wurden. Dass nämlich Planvorgaben häufig zu modifizieren sind und die dabei
verfolgten Zielsetzungen sich widersprechen, hat schon immer die Erfahrung
und das 'Improvisationstalent' der Werkstattmitarbeiter herausgefordert (vgl.
Fischer 1995).

Eine Erweiterung von Kompetenzen findet durch das Hinzuziehen von Aufgaben aus bislang an- und vorgelagerten Bereichen statt. Die Integration von Pla-
nungs-, Kontroll-, Instandhaltungs- oder Qualitätsprüfungsaufgaben ist nicht
einfach eine Addition isolierter Fertigkeiten, sondern erweitert individuelle und
kollektive Aufgabenprofile.

Es geht um das Erlernen neuartiger Kompetenzen. So erfordern beispielsweise
die zugestandene Kenntnis der logistischen Kette einer kompletten Auftragsabwicklung oder etwaige Eingriffe, um diese zu optimieren, die Herausbildung
neuer Kompetenzen in einem widersprüchlichen Handlungsfeld. Gefordert ist
ein Planungs- und Organisationswissen, das hilft, verschiedene Zielsetzungen
und deren Realisierungsbedingungen gegeneinander abzuwägen. Erinnert sei
hier nur an Maßnahmen zur Minimierung von Rüstzeiten, die sich negativ auf
die zugleich verfolgten Zielsetzungen in bezug auf kurze Durchlaufzeiten und
Termintreue auswirken (vgl. Stuber 1997). Gleiches gilt etwa auch für die Ar-
beitsverteilung: Werden bestimmte anspruchsvolle Arbeiten stets von den Rou-
tiniertesten ausgeführt, werden sie zwar schnell und sicher erledigt; dies läuft

jedoch der zunehmend wichtiger werdenden Personalflexibilität zuwider, denn es nimmt anderen die Chance einer Weiterqualifizierung im Arbeitsprozess. Des weiteren sind neue Kompetenzen gefragt, was die soziale Kooperation und Kommunikation in teamorientierten Arbeitszusammenhängen oder auch veränderte Lieferanten-Hersteller-Kundenbeziehungen angeht.

Für Werkstattmitarbeiter werden im Resultat zunehmend Aufgabeninhalte relevant, die bei traditioneller Unternehmensorganisation in den Büros der Fachabteilungen erledigt wurden. Die Nutzung organisatorischer Kompetenzen der Werkstattmitarbeiter verspricht nun eine bessere Nutzung situativer Freiheitsgrade und Restriktionen und ist damit eine Voraussetzung zur Mitgestaltung der Produktions- und Arbeitsorganisation.

Mit diesen neuen Formen der Arbeitsorganisation wird also der Stellenwert des Wissens im Prozess der Realisierung erhöht. Viele Betriebe gehen zwar bei der Vergrößerung des Handlungsspielraums von Facharbeitern nicht so weit, wie dies aus einer normativen Perspektive wünschenswert wäre (vgl. Dunckel 1997) - Team- und Gruppenarbeitskonzepte sind vorrangig nach dem Muster der bloßen Rotation und nicht der Integration verschiedenartiger auszuführender Tätigkeiten ausgerichtet (vgl. Moldaschl 1996). Dennoch ist als kleinster gemeinsamer Nenner in einem Feld unterschiedlicher Rationalisierungsstrategien folgendes deutlich: Problemsituationen (Maschinen- und Materialausfälle, Eilaufträge etc.) sollen auf der Werkstattebene gelöst werden. Das erfordert von den Facharbeitern Kenntnisse darüber, wie die personellen und sachlichen Elemente der Produktion zusammenhängen. Eine jeweilige konkrete Aufgabenteilung in der Problemsituation bedarf der gegenseitigen Abstimmung der Mitarbeiter untereinander. In solchen Situationen ist es Sache der Facharbeiter mitzuentscheiden,

• ob und unter welchen Bedingungen vorgesehene Aufträge übernommen werden können,
• wie, wo und von wem diese bearbeitet werden,
• mit welchen anderen Teams im Zuge der Auftragsbearbeitung kooperiert werden soll bzw. muss,
• welche Materialien geordert und bereitgestellt werden müssen und
• wie laufende und anstehende Aufträge zu koordinieren sind.

Das dafür erforderliche Wissen sollte auch eine Frage der Ausbildung sein - darauf weisen Produktionsarbeiter auf Grund der von ihnen erlebten Friktionen im Planungs- und Produktionsprozess hin:

„Man bringt uns bei zu feilen, zu bohren, zu schweißen - im besten Fall, und wenn wir hoch ausgebildet sind, noch eine CNC-Maschine zu programmieren oder ein Programm zu verstehen. Man bringt uns aber überhaupt nicht bei zu denken, wie man diese ganzen verschiedenen Fähigkeiten und Fertigkeiten in eine Produktion zusammenfaßt." (zitiert nach Fischer 1995, S.214)

Dieses Wissen um den Zusammenhang des Produktionsablaufs ist von Wilfried Kruse (1985, 1986) als Arbeitsprozesswissen bezeichnet worden. Es ist für innovative Unternehmenskonzepte besonders wichtig, weil Verantwortung nicht auf den individuellen Ort des Arbeitsplatzes beschränkt, sondern auf die im Team zu beherrschende Abwicklung von Geschäftsprozessen ausgeweitet wird. Die Akkumulation von Arbeitsprozesswissen hängt, wie Ulich und Baitsch in einer Längsschnittstudie gezeigt haben, vom Zusammenspiel dreier kritischer Momente ab:

- „Es ist notwendig, dass dem Arbeitenden Widersprüche in der gegebenen Arbeitssituation bewusst werden und neue Ziele für diese Situation, die auf ein neu entwickeltes oder bislang latentes Motiv in der Arbeitstätigkeit bezogen sind, formuliert werden.
- Damit neue Ziele entwickelt werden können, muss Information zur Verfügung stehen, die dem Entwurf von Alternativen dienen kann.
- Der praktische Vollzug einer neuen Tätigkeit, welche die Auflösung dieser Widersprüche bzw. die Einlösung der neuen Ziele darstellt, führt schließlich zur Entwicklung von Kompetenzen." (Ulich/ Baitsch 1987, S. 516)

Widersprüche und Problemsituationen bei der Arbeit führen jedoch nicht automatisch zu neuen Kompetenzen. Sie werden von Menschen ganz unterschiedlich erfahren - von manchen als Ansporn, von manchen auch als Bedrohung. So hat Walter Georg darauf aufmerksam gemacht, dass die Nutzung von Handlungs- und Gestaltungsspielräumen in den neuen Formen der Arbeitsorganisation nicht nur von der Arbeitsgestaltung selbst abhängt, sondern auch davon, welche Motive, Kompetenzen und Lernerfahrungen die Arbeiter in den Arbeitsprozess einbringen.

„Die Beteiligung an betrieblichen Gestaltungsprozessen setzt die gedankliche Vorwegnahme der Gestaltungsmöglichkeiten und die Bereitschaft voraus, sich auf diese Möglichkeiten einzulassen. Die Offenheit und Veränderung von Arbeitssituationen nicht nur als Verunsicherung und als Bedrohung zu erleben, sondern auch als Entwicklungschance zu begreifen, erfordert vorangegangene und jenseits des unmittelbaren Arbeitszusammenhangs stattfindende Lernprozesse, in denen subjektive Ansprüche an das Arbeitshandeln entwickelt werden können." (Georg 1996, S. 655)

Georg gelangt zu dem Resümee, dass die überbetriebliche Berufsbildung an Bedeutung gewinnt - gerade wegen der gestiegenen Anforderungen an eine permanente Veränderung der Arbeits- und Organisationsstrukturen.

- Mit den neuen fachlichen Inhalten wird daher die Frage aufgeworfen, wo und wie dieses planerische Arbeitsprozesswissen erworben werden soll. Als erstes wichtiges Element konnte in diversen Untersuchungen die Arbeitserfahrung identifiziert werden, die zur Herausbildung von Arbeitsprozesswissen verhilft (vgl. Böhle/ Milkau 1988; Böhle/ Rose 1992). Hinzu kommen die erweiterten Handlungsspielräume durch neue Organisationskonzepte. Hier darf jedoch folgendes nicht übersehen werden: In allen Untersuchungen zur Bedeutung von Arbeitserfahrung waren die Untersuchungsteilnehmer ausgebildete Fachkräfte - Menschen also, die eine durchschnittlich dreijährige Berufsausbildung absolviert und sich dabei Fachwissen angeeignet haben. Arbeitserfahrung allein führt nicht automatisch zu kompetentem Arbeitshandeln. Daher ist eine theoretische Durchdringung der neuen Planungsinhalte erforderlich, deren Vermittlung nicht den Zufälligkeiten betriebsindividueller Zugänge überlassen werden darf. Kurz, es ist eine berufliche Identität gefordert, die zum selbständigen Planungs- und Organisationshandeln befähigt. Und dafür sollte die Berufsausbildung den Grundstein legen.

- Die Entwicklung von Arbeitsprozesswissen in der technischen Bildung ist jedoch mit einer besonderen Schwierigkeit konfrontiert. Den traditionellen schulischen Lernprozessen fehlt ein wesentliches Moment dessen, was Dreh- und Angelpunkt für die Aktivierung und Aneignung von Arbeitsprozesswissen ist, da die herkömmliche Techniklehre von den gesellschaftlichen Anwendungszusammenhängen abstrahiert. Damit mangelt es an typischen Problemsituationen, die konstitutiv für berufsrelevantes Lernen sind: angefangen bei Störungen in einem geplantem Arbeitsablauf bis hin zu neuen Aufgabenstellungen, die im Kontext realistischer Bedingungen zu lösen sind. Wie diesem Problem begegnet werden kann, soll im folgenden skizziert werden.

Erfahrungen mit einer Lernfirma in der Berufsschule

Der Modellversuch „Arbeitsorganisation als Gegenstand beruflicher Bildung in den Berufsfeldern Metall- und Elektrotechnik an Berufs- und Fachschulen" (vgl. Projektgruppe Arbeitsorganisation 1997, Stuber/ Fischer 1998) hat sich der Herausforderung gestellt, Voraussetzungen zur Entwicklung von Arbeitsprozesswissen im Kontext der bestehenden Berufsausbildung zu schaffen. Dazu musste eine Konzeption entwickelt werden, die Handlungsfelder der Arbeitsorganisation transparent und als Lern- und Arbeitsinhalte für die Ausbildung an Berufsschulen handhabbar macht. Deshalb konzentrierten sich die Vorhaben des Pilotprojektes auf die Schaffung schulischer Erfahrungsfelder für eine systematische Verbindung von neuen Lerninhalten mit praktischem Tun.

- Mit dem Konzept der metallgewerblichen Übungsfirma wurde für die gewerblich-technische Erstausbildung eine Lern- und Erfahrungsumgebung geschaffen, in der künftige Facharbeiter Kompetenzen in der Planung und

Steuerung von Produktionsprozessen erwerben können, welche den etablierten Kontext gewerblich-technischer Arbeitsprozesse überschreiten (vgl. Abel/ Störig 1998). Die Integration betrieblicher Prozessketten in die gewerblich-technischen Ausbildungsinhalte und -projekte erlaubt die exemplarische Aneignung von Arbeitsprozesswissen durch den experimentellen Umgang mit verschiedenen Aufgabenszenarien und Organisationsvarianten. Indem das in der Industrie viel diskutierte Konzept Fertigungsinsel aufgegriffen wurde, konnte ein Weg beschritten werden, der weit über das traditionelle Verständnis von Schulwerkstätten hinausweist.

- Mit der Einrichtung einer Lernfirma in der Berufsschule soll dem Sachverhalt begegnet werden, dass Auszubildende in traditionell organisierten Ausbildungsbetrieben kaum an Aufgabenstellungen relevanter Planungsabteilungen und -funktionen partizipieren. Normalerweise wird es ihnen nicht ermöglicht, die Konflikte konkurrierender ökonomischer, technischer und sozialer Planungsziele und die damit verbundenen Konsequenzen kennenzulernen, geschweige denn darüber zu diskutieren. Durch die Lernfirma kann 'Hintergrundwissen' über die betrieblichen Planungsziele und -methoden thematisiert und praktisch erarbeitet werden. Der pädagogische Kontext erlaubt eine für Auszubildende angemessenere Thematisierung von Fragestellungen - etwa derart, welche Konsequenzen die Verbesserung der Termintreue sowohl für damit in Konflikt geratende betriebswirtschaftliche Zielsetzungen hat, oder, welche Anforderungen an die Arbeitszeitgestaltung und Qualifizierung damit einhergehen.

- In der Lernfirma MÜFA wird herkömmlicher Unterricht zu arbeitsprozessbezogenem Lernen umgestaltet: weg von passivem Lernkonsum, hin zu aktiver produktiver Lernarbeit. Der neue „Lernplan" besteht in einer projekt- oder aufgabenbezogenen Auftragsabwicklung, bei der alle Arbeitsschritte - von der Auftragsannahme über Arbeitsvorbereitung, Lagerhaltung, Werkstattplanung, Kostenrechnung, Fertigung und Qualitätssicherung bis zur Endabnahme - durchgeführt werden können. Je nach Ausbildungsberuf können dabei unterschiedliche fachliche Schwerpunkte und Szenarien gesetzt werden.

- Das Lernen, Organisieren und Produzieren wird an Produkten vollzogen, die Gegenstand der Kundenaufträge sind. Die Konstruktion einer Buttonpresse zur Herstellung von Ansteckern ist beispielsweise solch ein für vielseitiges Lernen gut geeignetes Produkt. Die Buttonpresse steht als Prototyp zur Anschauung und Erprobung allen Auszubildenden zur Verfügung. Es ist selbstverständlich auch möglich und erwünscht, andere Produkte im Rahmen der technischen Möglichkeiten als Lernaufträge auszuwählen.

- Der Lernbetrieb besteht aus zwei Laborräumen mit einem dazwischenliegenden Lehrerbüro, in dem die Rechnerzentrale eingerichtet ist. Die Laborräume bestehen aus einem EDV-Arbeitsraum mit der Bezeichnung „Betriebsbüro" und einem rechnergestützten Maschinenraum, der „Fertigungsinsel". Im Betriebsbüro finden betriebsorganisatorische und die fertigungsvorbereitende Tätigkeiten statt. Die Fertigungsinsel ist über ein Netzwerk mit dem Betriebsbüro verbunden, es besteht aber auch die Möglichkeit der direkten, persönlichen Kommunikation. Darüber hinaus gibt es einen CNC-Programmierraum, der zwar generell für Schulungen gedacht ist, aber auch in Verbindung mit dem Lernbetrieb genutzt werden kann. Abbildung 2 gibt einen Überblick.

Abb. 2: Lern- und Arbeitsbereiche in der Lernfirma

Es werden Lehrerteams gebildet, die zu einem größeren Teil ihres Stundendeputats in diesem Bereich arbeiten, damit sie die hohen fachlichen Anforderungen und notwendigen Kooperationen erfüllen können. Auf seiten der Schülerinnen und Schüler ist kontinuierliches Arbeiten ebenso notwendig. Beide Voraussetzungen führen zu Veränderungen in der Stundenorganisation der Berufsschule.

Die Auszubildenden lernen und arbeiten idealerweise in der Fachstufe 1 und in der ersten Hälfte der Fachstufe 2 in der MÜFA, nachdem ihnen EDV-Grundlagen in der Grundstufe vermittelt worden sind. Sie können dabei unterschiedliche Formen der Arbeitsorganisation erleben und reflektieren. Diese sind zu drei Szenarien verdichtet worden.

Szenario 1: Projektbezogene Auftragsbearbeitung

Bei diesem Szenario ist z.b. eine Klasse des vierten Ausbildungshalbjahres folgendermaßen auf den Lernbetrieb verteilt: 12 Schüler arbeiten in der Fertigungsinsel unter Anleitung eines Fachlehrers, 12 Schüler sind im Betriebsbüro gemeinsam mit einem Theorielehrer tätig. Alle Schüler haben sich besonderen Arbeitsplätzen zugeordnet und arbeiten in kleinen Teams.

• Ein Schülerteam erhält den Auftrag, die Fertigung von 15 Stempelsätzen für bestimmte Werkzeuge der Buttonpresse vorzubereiten. Die Stempelsätze sollen für eine schnelle Ersatzteillieferung auf Lager gelegt werden, deshalb erfolgt die Maschineneinplanung mit mittlerer Priorität.

• Nach der Buchung des Auftrags prüft das Team vorhandene Fertigungsunterlagen wie Arbeitspläne, CNC-Programme, Bereitstellungslisten usw. und ergänzt die fehlenden Angaben, während gleichzeitig der Lagerbestand geprüft und das Material reserviert wird.

• Auftretende Schwierigkeiten, etwa beim Verständnis der Drehtechnologie an der Schrägbettmaschine, löst das Team durch unmittelbare Anschauung in der Fertigungsinsel, Befragung des Lehrers und mittels verfügbarer Unterlagen. Alsbald können die notwendigen Maschinen eingeplant, der Endtermin festgelegt und die Kosten ermittelt werden. Alle Unterlagen werden abschließend mit dem Lehrer durchgesprochen und gehen dann zurück an die Fertigungsinsel.

• Da in der Fertigungsinsel mehrere Aufträge koordiniert werden müssen, wird der Auftrag 'Fertigung von Stempelsätzen' am Maschinenleitstand eingeplant. Hier wird überprüft, ob die Vorgaben des Betriebsbüro-Teams den Planungen der Fertigungsinsel entsprechen. Kleinere Planungsmodifikationen werden selbständig vorgenommen. Bei größeren Änderungen ist ein nochmaliger Kontakt mit dem Betriebsbüro notwendig.

Szenario 2: Arbeitsteilige Auftragsbearbeitung

In diesem Szenario erfolgt z.B. zum Wochenbeginn ein Auftrag, der die Lieferung von drei Buttonpressen zum Ende der Folgewoche vorsieht.

Das Planungsteam hat den Auftrag eingebucht und versucht die Maschinenbelegung termingerecht zu gestalten. Bereits vorliegende Aufträge verhindern ggf. die termingerechte Einplanung eines neuen Auftrags. In Absprache mit der Fertigungsinsel werden daher andere Aufträge umgeplant, so dass eine fristgerechte Terminierung gelingt.

Währenddessen bearbeitet das AV-Team die fehlenden Arbeitspläne und CNC-Programme. Die Korrektur der ersten Programme durch den Lehrer hat gezeigt, dass die CNC-Kenntnisse der Auszubildenden nicht ausreichend sind. Folglich wird eine Nachbearbeitung der Lerninhalte Fräs- und Bohrzyklen durchgeführt.

Die Lageristen haben die erforderlichen Materialien abgebucht und notwendige Nachbestellungen veranlaßt. Die erstellten Material- und Werkzeuglisten gehen an das Bereitstellungsteam in der Fertigungsinsel. Hier werden die Materialien vorbereitet und die Werkzeugsätze für die CNC-Maschinen vermessen.

Bei der Neuberechnung des Stückpreises der Buttonpresse ist der Prozentsatz der Lohnnebenkosten im Kostenrechnungsteam strittig. Unter Moderation des Lehrers werden die Berechnungskriterien nochmals aufgearbeitet. An den Dreh- und Fräsmaschinen sind bereits jene Teile in Arbeit, für die Fertigungsunterlagen vorlagen.

Szenario 3: Konstruktive Neugestaltung

Die Buttonpresse soll auf ein kostengünstigeres Federsystem umgestellt werden, d. h., die Zentralfedern sollen durch handelsübliche kleine Schrauben- oder Tellerfedern ersetzt werden.

- Die Konstruktionsänderungen werden von Studierenden der Fachschule für Technik ausgeführt; sie nehmen die notwendigen Berechnungen und konstruktiven Bestimmungen vor, den aktuellen Anforderungen entsprechend. Skizzen und Ergebnisse gehen an die Technischen Zeichnerinnen, damit diese CAD-Zeichnungen anfertigen. Die weitere Bearbeitung des Auftrags erfolgt wie in Szenario 1 oder 2.

Anhand der Beispielszenarien wird deutlich, dass die Lernfirma vielfältige Möglichkeiten für eine prozessorientierte, rechnergestützte und weitgehend selbständige Lernarbeit bietet. Die Szenarien 1 und 2 zeigen unterschiedliche Organisationsmöglichkeiten im Lernbetrieb. Zahlreiche Aufgaben können sowohl im Betriebsbüro als auch vergleichend in der Fertigungsinsel bearbeitet werden. Die Auszubildenden erfahren unterschiedliche organisatorische Möglichkeiten und können diese auch mit der Organisation des Ausbildungsbetriebs vergleichen. In einer abschließenden Betrachtung werden von der Klasse die Bedingungen und Auswirkungen im Hinblick auf Qualifikation, Effektivität der Arbeit usw. erörtert.

Schlussfolgerungen aus dem Modellversuch

Das Konzept der Lernfirma

- erweitert die über technisch-organisatorische Arbeitsprozesse hinausreichende Gestaltungskompetenz künftiger Facharbeiter,
- deckt den steigenden Bedarf nach betriebswirtschaftlichen Qualifikationen gewerblich-technischer Mitarbeiter und
- steigert die Kompetenz der Berufsschule als regionalem Innovationsträger.

Aus den Erfahrungen und Erkenntnissen der Unterrichtsgestaltung in der Lernfirma ergeben sich verschiedene Forderungen an die Weiterentwicklung der
Lernkonzepte: Der auftragsorientierte Unterricht mit seinen fächer- und lernge-
bietsübergreifenden Inhalten aus den kaufmännisch-betriebswirtschaftlichen und
metallgewerblich-fertigungstechnischen Fachbereichen erfordert zwangsläufig
eine erhebliche Erweiterung der bestehenden Rahmenrichtlinien. Die mit der
Realisierung der MÜFA verbundenen Intentionen des Modellversuchsteams
werden durch die inzwischen allgemein anerkannten Anforderungen an moderne
Arbeitsorganisationsformen und an eine moderne, prospektive Berufsausbildung
bestätigt. Dazu gehören unter anderem neben fundierten fertigungstechnischen
Kenntnissen der Umgang mit Standardsoftware und grundlegende Kenntnisse in
den Bereichen Qualitätssicherung, Arbeitsvorbereitung sowie Programmierung
und Materialdisposition.

- Solche Inhalte können im Modellbetrieb optimal umgesetzt werden. Die in
  den Rahmenplänen fehlenden kaufmännisch-betriebswirtschaftlichen Inhalte
  werden den Schülern durch die Arbeit im Betriebsbüro sozusagen hautnah
  vermittelt und einer kritischen Bewertung nahegebracht. Des weiteren vermittelt die enge Kommunikation zwischen Betriebsbüro und Fertigungsinsel
  nicht nur traditionelle Fachkenntnisse, sondern auch Einsichten bezüglich der
  Gestaltbarkeit betrieblicher Arbeitsorganisation sowie eine arbeitsprozessbezogene Handlungskompetenz.

- Der Transfer der skizzierten Modellversuchskonzepte kann einen Beitrag dazu leisten, dass Auszubildende bestehende betriebliche Strukturen und Pla-
  nungsaufgaben begreifen und bewältigen können. Ihrer Befähigung zur
  Analyse des Bestehenden, zur Entwicklung von eigenen Gestaltungsvor-
  schlägen und zur Beurteilung von Varianten auf Basis des erworbenen Arbeitsprozesswissens stehen jedoch derzeit noch Hindernisse entgegen. Diese
  können nicht allein durch inhaltliche und didaktische Konzeptentwicklung
  überwunden werden.

Der Modellversuchsbetrieb in der Lernfirma hat gezeigt, dass auf seiten der Lehrenden sowohl fachliche als auch pädagogische und soziale Kompetenzen gebraucht werden, die keineswegs umstandslos erwartet werden können und daher
eine entsprechende Vorbereitung voraussetzen. Bei den fachlichen Kompetenzen handelt sich um eine Integration informationstechnischer, kaufmännisch-
betriebswirtschaftlicher und gewerblich-fertigungstechnischer Qualifikationen.
Um beispielsweise an den sieben Arbeitsplätzen des Betriebsbüros die jeweils
anfallenden Aufgaben bearbeiten zu können, ist ein hohes Maß an Sachkenntnis
und Vertrautheit mit der Vielzahl von Programmen unabdingbar. Das kann jedoch nur durch intensiven und ständigen Einsatz in diesem Bereich und durch
gute Teamarbeit mit den dort eingesetzten Lehrkräften erreicht werden. Kauf-
männisch-betriebswirtschaftliche Inhalte werden in der technischen Bildung

bisher nur als Randthemen behandelt; sie kommen sporadisch allenfalls im Zusammenhang mit der einfachen Kosten- oder Lohnberechnung innerhalb der Technischen Mathematik vor. Daher betreten Schüler wie Lehrer gleichermaßen in diesem Bereich Neuland. Metallgewerblich-fertigungstechnische Themen sind bereits Bestandteil herkömmlichen Unterrichts. Allerdings wird im Regelfall an Beruflichen Schulen zwischen Theorie- und Praxislehrern unterschieden. Daher fehlt den Theorielehrern meistens die fachpraktische Erfahrung für den Umgang mit den in der Fertigungsinsel eingesetzten Maschinen und Arbeitstechniken und den Praxislehrern u. U. der Zugang zu den neuen Lernkonzepten. Dieses Manko wurde schulintern so gelöst, dass das Betriebsbüro von einem Theorie- und parallel dazu die Fertigungsinsel von einem Praxislehrer betreut wird.

Auch neue pädagogische Kompetenzen müssen erlernt werden. Nur während der kurzen Einführungsphasen verläuft der Unterricht lehrerzentriert. In der übrigen Zeit arbeiten die Schüler auftragsorientiert und in hohem Maße eigenständig, so dass der Lehrer vorwiegend helfend und beratend eingreift. Das bedeutet eine permanente Inanspruchnahme des Pädagogen, weil die Arbeitsplätze voneinander abhängig und die Auszubildenden auf wechselseitige Arbeitsergebnisse angewiesen sind, damit die jeweils eigene Arbeit sinnvoll fortgesetzt werden kann. Lehrer sind im traditionellen Schulalltag meist Einzelkämpfer. Bei der Fülle der in der Lernfirma auftretenden Anforderungen ist eine Zusammenarbeit aller beteiligten Kollegen unumgänglich, damit Probleme gelöst, Aufgaben aufgeteilt und Konzepte entwickelt werden. Um Teamfähigkeit zu fördern, muss ein kontinuierlicher Einsatz im jeweiligen Arbeitsgebiet sichergestellt sein; dadurch wird auch die Effizienz erhöht. Ständige, durch Stundenplan bedingte Wechsel innerhalb des Lehrerteams werden dagegen keine vernünftige und fruchtbare Zusammenarbeit ermöglichen.

Eine entscheidende Schwierigkeit liegt darin, dass die im Projekt initiierten Lernprozesse quer zu den etablierten Fächern liegen. Die von dem Projektteam als sinnvoll angesehenen Konzepte sperren sich gegenüber einem rein fächerorientierten Lernen. So etwas geht nicht nur mit einem - im Rahmen eines staatlich geförderten Projektes tragbaren - Mehraufwand an Unterrichtsvorbereitung einher, damit werden auch erhebliche Konflikte mit der traditionellen Lernorganisation hervorgerufen. Unter den gegebenen Voraussetzungen ist die 'Kunst' bzw. das Vermögen engagierter Lehrkräfte gefragt, inhaltliche Gemeinsamkeiten 'von Fach zu Fach durchzuschieben' anstatt 'Grenzen niederzureißen' - was eigentlich notwendig wäre. Kurz, die adäquate Behandlung des Themas Arbeitsorganisation macht eine verstärkte schulinterne Organisationsentwicklung erforderlich (vgl. Fischer u. a. 1998). Eine Prüfung und ggfs. ein Abgleich mit den neu verordneten Lernfeldern konnte während der Projektlaufzeit nicht mehr durchgeführt werden.

Die Innovationen des Modellversuchs Arbeitsorganisation verweisen daher auch auf den dringenden Reformbedarf in der Ausbildung von Gewerbelehrern. Arbeitsprozessorientierte Studieninhalte und kooperationsfördernde Studienorganisation müssen zu tragenden Säulen der Lehrerausbildung werden.

Für die Kooperation mit Unternehmen gilt: Den Lernenden sollte künftig Zugang zu allen Bearbeitungsabschnitten und Stationen des Produktentstehungs- und Auftragsabwicklungsprozesses gewährt werden. Für eine dauerhafte Etablierung arbeitsprozessorientierter Aus- und Weiterbildungskonzepte ist deshalb eine stärkere Unterstützung durch die Betriebe notwendig. Sporadische Betriebsbesichtigungen können kein reelles Begreifen der Aufbau- und Ablauforganisation gewährleisten. Entsprechende Voraussetzungen und Vorgaben sollten unmittelbar Eingang in die Rahmenpläne finden. Eine langfristig tragfähige Lösung kann hier nur in der kooperativen Entwicklung integrierter Berufsbildungspläne für beide Lernorte bestehen. Diese müssen die Möglichkeit Lernort übergreifender Lernarbeitsaufgaben eröffnen (vgl. Gronwald/ Schink 1999, Howe et al. 2000)

Die Erfahrungen aus der Modellversuchsarbeit zeigen aber auch, dass die umfassende Befähigung zur Analyse des Bestehenden, zur Entwicklung eigener Gestaltungsvorschläge und zur Beurteilung von Varianten auf Basis des erworbenen Arbeitsprozesswissens weitere Anstrengungen erforderlich machen. Die weitere Entwicklung kann nur durch gemeinsame Anstrengungen seitens der Wissenschaft, der Politik, der Aus- und Weiterbildungseinrichtungen sowie innovationsorientierter Unternehmen vorangebracht werden. Ihr Erfolg wird u. a. daran zu messen sein, ob das derzeitige Dilemma verschwindet: Bei den Auszubildenden konnten wir eine anhaltende Diskrepanz zwischen ihren geäußerten Einschätzungen zu den erlernten Organisationskompetenzen und deren Nutzung im Berufsleben feststellen. Die erkannten Vorzüge ganzheitlicher und gemeinsamer Prozess- und Problembearbeitung verblassen zu schnell angesichts des notwendigen Arrangements mit etablierten Betriebsstrukturen. Die gesellschaftliche Entfaltung der erworbenen Gestaltungskompetenzen von Fachkräften und Gewerbelehrern erfordert letztlich auch eine breitenwirksame Umsetzung moderner Produktionskonzepte in Industrie und Handwerk.

Literatur

Abel, Th.; Störig, J.: Eine Lernfirma in der Erstausbildung. In F. Stuber/ M. Fischer (Hg.): Arbeitsprozesswissen in der Produktionsplanung und Organisation. Anregungen für die Aus- und Weiterbildung. Bremen: Institut Technik & Bildung der Universität (ITB-Arbeitspapier Nr. 19), 1998.

Böhle, F.; Milkau, B.: Vom Handrad zum Bildschirm. Eine Untersuchung zur sinnlichen Erfahrung im Arbeitsprozess. Frankfurt a.M./ New York: Campus Verlag, 1988.

Böhle, F.; Rose, H.: Technik und Erfahrung. Arbeit in hochautomatisierten Systemen. Frankfurt a.m./ New York: Campus Verlag, 1992.

Dunckel, H.: Bedeutung der Kontrastiven Aufgabenanalyse für Technikgestaltung und Berufsbildung. In: M. Fischer (Hg.): Rechnergestützte Facharbeit und berufliche Bildung. Bremen: Institut Technik & Bildung der Universität (ITB-Arbeitspapier Nr. 18), 1997, S. 117-130.

Fischer, M.: Technikverständnis von Facharbeitern im Spannungsfeld von beruflicher Bildung und Arbeitserfahrung. Bremen: Donat, 1995.

Fischer, M.; Stuber, F.; Uhlig-Schoenian, J.: Arbeitsprozessbezogene Ausbildung und Folgerungen für die Organisationsentwicklung beruflicher Schulen. In: P. Dehnbostel; H. Erbe; H. Novak (Hg.): Berufliche Bildung im lernenden Unternehmen. Berlin: Edition Sigma, 1998, S. 155-172.

Fischer, M.: Von der Arbeitserfahrung zum Arbeitsprozesswissen. Rechnergestützte Facharbeit im Kontext beruflichen Lernens. Opladen: Leske + Budrich 2000.

Georg, W.: Lernen im Prozess der Arbeit. In: H. Dedering (Hg.): Handbuch zur arbeitsorientierten Bildung. München/ Wien: Oldenbourg Verlag, 1996, S. 637-659.

Gronwald, D.; Schink, H.: Lernarbeitsaufgaben in der gewerblich-technischen Ausbildung. Entwicklung am Arbeitsprozess orientierter Schlüsselkompetenzen. In: Die berufsbildende Schule 51 (1999) 7-8.

Howe, F.; Heermeyer, R.; Heuermann, H.; Höpfner, H.-D.; Rauner, F.: Lern- und Arbeitsaufgaben für eine gestaltungsorientierte Berufsbildung. Bremen: ITB 2000.

Kruse, W.: Ausbildungsqualität, Arbeitsprozess-Wissen und soziotechnische Grundbildung. In: Gewerkschaftliche Bildungspolitik 5/1985.

Kruse, W.: Bemerkungen zur Rolle von Forschung bei der Entwicklung und Technikgestaltung. In: Sachverständigenkommission Arbeit und Technik, Universität Bremen (Hg.), Perspektiven technischer Bildung. Bremen, 1986.

Moldaschl, M.: Kooperative Netzwerke - Komplement und Alternative zur Gruppenarbeit. In: E. Scherer; P. Schönsleben; E. Ulich (Hg.), Werkstattmanagement - Organisation und Informationstechnik. Tagungsband. Zürich: vdf, 1996.

Projektgruppe Arbeitsorganisation: Arbeitsorganisation als Gegenstand beruflicher Bildung. Abschlussbericht. Wiesbaden: HeLP, 1998.

Stuber, F.: Rechnerunterstützung für arbeitsprozeßnahes Planen. Software-Innovation im Kontext von Ökonomie, Organisation und beruflicher Bildung. Bremen: Donat 1997.

Stuber, F.; Fischer, M. (Hg.): Arbeitsprozesswissen in der Produktionsplanung und Organisation. Anregungen für die Aus- und Weiterbildung. Bremen: Institut Technik & Bildung der Universität (ITB-Arbeitspapier Nr. 19), 1998.

Ulich, E.; Baitsch, C.: Arbeitsstrukturierung. In: U. Kleinbeck; J. Rutenfranz (Hg.), Arbeitspsychologie. Göttingen: Hogrefe, 1987.

Verzahnung von Schulen, Hochschulen und Unternehmen durch Projektarbeit - das Ausbildungsmodell TheoPrax

Peter Eyerer, Bernd Hefer, Dörthe Krause

Vorwort

Um eine praxis- und systemorientierte technische Ausbildung zu gewährleisten muß eine enge Verbindung zwischen Theorie und Praxis - d.h. eine Verzahnung zwischen Schule, Hochschule und den Unternehmen stattfinden.

Seit über 4 Jahren wenden die Autoren und ihr Team das Ausbildungsmodell TheoPrax an. Der Name symbolisiert eines der Hauptziele von TheoPrax - die Verbindung zwischen Theorie und Praxis. Schwerpunkt ist die Kombination - das gleichzeitige Erlernen - von Theorie und Praxis durch Projektarbeit im Team an realen industriellen und wirtschaftlichen Fragestellungen. Unternehmen geben Aufträge an Schüler- bzw. Studententeams, die betreut werden von professionellen Projektmanagern. In der Regel 5 Monate später werden kreative Lösungsansätze und Ergebnisse den Auftraggebern präsentiert. Fast alle Schüler, Studenten, Lehrer und ebenso die Partner aus Wirtschaft und Industrie waren bisher mit den Ergebnissen der Bearbeitungen zufrieden.

Um auf Dauer erfolgreich Projektarbeit lehrplan- und studienintegriert durchzuführen, ist ein Wandel in der Lehrerausbildung notwendig.

Das im folgenden beschriebene Ausbildungsmodell beschreibt die bisherigen Erfahrungen an Schulen und Hochschulen bei der Anwendung von TheoPrax.

Einführung

Eine Stärke in der deutschen Ausbildung in Schulen und Hochschulen ist die breite und gute Grundlagenvermittlung. Mangel dagegen besteht während der Schul- und Hochschulausbildung in der Möglichkeit dieses Grundlagenwissen lehrplan- und studienintegriert anzuwenden und dabei über das erlernte Wissen hinaus berufsrelevante Fähigkeiten zu erlernen.

In der Regel erleiden die frisch von der Hochschule oder Schule ins Berufsleben einsteigenden Absolventen einen Praxisschock. Lange Einarbeitungszeiten sind die Folge von theorielastiger Ausbildung.

Fähigkeiten, wie Teamfähigkeit, Eigeninitiative, Risikobereitschaft, Problemlösungsverhalten, Kommunikationsfähigkeit und Konfliktmanagment, um nur einige zu nennen, müssen erlernt und trainiert werden. Nur Wissen und Können gemeinsam gewährleisten eine erfolgreiche berufliche Praxis.

TheoPrax

Seit 1996 unterhält das Fraunhofer Institut für Chemische Technologie Paten-schaften zu 6 Schulen in der Umgebung. Die dabei gemachten Erfahrungen so-wie die Erfahrungen, die P. Eyerer an seinem Lehrstuhl in Stuttgart gemacht hat, waren Grundlage zu dem von den Autoren entwickelten Ausbildungsmodell TheoPrax.

Der Name TheoPrax ist die Verbindung zwischen Theorie und Praxis, und ge-nau das ist auch das Hauptziel von TheoPrax - die Verbindung zwischen Theorie und Praxis während der Ausbildung in Schulen und Hochschulen. Theoretisches Wissen wird gleichzeitig und im Team in der Projektarbeit an realen Industrie-themen angewandt. Hierdurch verzahnt TheoPrax Unternehmen, Schulen und Hochschulen.

Seit dem 1.August 1998 ist TheoPrax als Verbundprojekt finanziell gefördert durch drei Ministerien des Landes Baden-Württemberg, dem Ministerium für Wissenschaft und Kunst, dem Wirtschaftsministerium und dem Ministerium für Kultus und Sport. Für weitere 4 Jahre erhält TheoPrax eine finanzielle Förde-rung vom Kultusministerium Baden-Württemberg, insbesondere für die Einfüh-rung der praxisorientierten Projektarbeit während der Schulausbildung an allen Schularten und für die Verzahnung von Schule und Wirtschaft, sowie für die Erarbeitung von Lehrerweiterbildung auf dem Bereich der Projektarbeit.

Das TheoPrax-Zentrum ist im Fraunhofer-Institut für Chemische Technologie in Pfinztal, nahe bei Karlsruhe. Weitere 8 regionale Kommunikationszentren sind in Stuttgart, Berlin, Freising, Ostalb-Kreis, Oberhausen, Aachen, Saarbrücken und Golm entstanden. Sie sind für die regionale Betreuung der Projektarbeit in Schulen und Hochschulen sowie für die Akquisition von neuen Partnern an Schulen, Hochschulen, in Industrie und Wirtschaft vor Ort verantwortlich.

Inzwischen sind mehr als 50 Firmen verschiedenster Branchen, Großfirmen wie auch kleine und mittlere Unternehmen, Wirtschaftspartner im TheoPrax Ausbil-dungsmodell.

Mehr als 40 Professoren aus 4 Universitäten, 8 Fraunhofer-Institute, 2 Max-Planck-Insitute, 14 Professoren an fünf Fachhochschulen, 30 Schulen verschie-dener Schularten und 10 Verbände arbeiten im TheoPrax-Ausbildungsmodell zusammen. Die Zahl der Teilnehmer wächst täglich. Neue Branchen und Diszi-plinen kommen dazu, so dass zunehmend mehr auf die Interdisziplinarität ein-gegangen werden kann.

Wie funktioniert TheoPrax?

Industriefirmen egal welcher Branche, Dienstleister und Kommunen, sie alle haben unbearbeitete Fragestellungen in den Schubladen liegen, die mangels Zeit auf Bearbeitung warten. Diese Fragestellungen werden an das TheoPrax-Zentrum gegeben, dort didaktisch aufgearbeitet und dann den zuständigen Schulen und Hochschulen in unserem Verbund angeboten. Die Themenlisten kommen aus allen Fachbereichen. Da werden zum Beispiel Möglichkeiten für einen kombinierbaren Fahrradspind mit Mülleimerbox gesucht, Faktoren der Kundenzufriedenheit sollen definiert, Möglichkeiten für die Messe der Zukunft ausgearbeitet, Home-diagnostic der Zukunft ermittelt, die Darstellung des Arbeitsgebietes „Prozessanalysenmesstechnik" erarbeitet und Homepageseiten erstellt werden.

Die jeweiligen Fachlehrer bzw. Dozenten entscheiden, ob die Bearbeitung eines oder mehrerer der Themen lehrplan- bzw. studienintegriert stattfinden oder als besondere additive Lernleistung übernommen werden und bieten es den Schülern und Studenten an. Zu den ausgesuchten Themen bilden sich kleine Projektteams aus drei bis fünf Teilnehmern. Sie erhalten Kontaktanschriften der Firma und der dortigen Ansprechperson und müssen nun eigenverantwortlich die ersten Schritte nach "draußen" gehen. Sie erfragen die genaue Problemstellung, die verlangten Inhalte zur Bearbeitung des Themas und machen daraufhin ein Projektangebot, mit Inhalten, Zeitplanung und Kostenkalkulation. Die Projektkosten beinhalten zum Beispiel die Betreuung und das Projektmanagement durch externe Projektmanager der Industrie oder Akademikerinnen während des

Tab. 1: Liste der durchgeführten Projekte

Projekte	Erfolgreich abgeschlossen		Laufend		Offene Themen	
Gesamt	46		27		46	
Davon Schulprojekte	19		8		15	
Davon Hochschulprojekte	27		19		38	
Fachgebiet	Naturwissenschaft/ Technik	Wirtschaftswissenschaft/ Sozialwissenschaft	Naturwissenschaft/ Technik	Wirtschaftswissenschaft/Sozialwissenschaft	Naturwissenschaft/ Technik	Wirtschaftswissenschaft/ Sozialwissenschaft
Schul-Projekte	15	4	3	5	11	7
Hochschul-Projekte	20	7	17	2	43	15
					Das Niveau dieser Themen ist teilweise für Schulen und Hochschulen sowie für beide Fachbereiche.	

Mutterschaftsurlaubes. Die Studenten, die die Betreuung von Schülern oder Studenten jüngerer Semester übernehmen, können ebenso dadurch bezahlt werden. Nach Auftragserteilung beginnt die eigentliche Projektarbeit - manchmal vor Ort manchmal in den Schulen und Hochschulen, je nach Thema.

Bis jetzt sind mehr als 100 Industrieprojekte zur Bearbeitung durch Schüler- bzw. Studententeams dem TheoPrax-Zentrum zur Verfügung gestellt worden. Waren bisher die Projektarbeiten im Hochschulbereich verstärkt durchgeführt worden, so interessieren sich zur Zeit immer mehr Schulen für eine Teilnahme an TheoPrax-Projektarbeit. Die in der Tabelle angegebenen erfolgreich abgeschlossenen oder noch laufenden Projektzahlen werden sich daher für das jetzt laufende Schuljahr stark erhöhen.

Am Ende jeder Projektarbeit steht die Präsentation der Ergebnisse in der Firma vor Lehrern, Dozenten und Betreuern, vor Mitschülern und Kommilitonen. Präsentationstechniken werden geübt und angewendet. Die Schüler und Studenten stellen sich kritischen Nachfragen zu ihren Ergebnissen. Ein Schlussbericht über die Ergebnisse der Projektarbeit geht an die Firma.

Erfahrungen mit TheoPrax

Bisherige Projektarbeiten in Schulen und Hochschulen haben gezeigt, dass die meisten Schüler und Studenten motiviert sind, beides - Theorie und die Praxis - gleichzeitig zu lernen. Die bisherigen Projektarbeiten liefen in der Mehrzahl als additive Arbeiten zum regulären Unterricht. Aber zunehmend mehr Projektarbeiten werden lehrplanintegriert angeboten und durchgeführt, so zum Beispiel in Baden-Württemberg in den Gymnasien im abiturrelevanten Seminarkurs. Inzwischen sind 6 Seminarkurse in einer Kooperation zwischen TheoPrax, Gymnasien und Unternehmen erfolgreich abgelaufen.

Die manchmal notwendige Mehrarbeit der Schüler und Studenten in der Projektarbeit zum Beispiel bei der eigenverantwortlichen Beschaffung von Wissen wird laut Aussagen der bisherigen Teilnehmer durch die Freude an der Arbeit aufgewogen.

Ein Schritt hin zur Projektarbeit - die projektorientierte Gruppenübung

Wem die Einführung von Projektarbeit an praxisnahen Themen mit seiner selbstorganisierten und eigeninitiativen Aktivität durch die Schüler und Studenten ein zu großer Schritt für den Anfang ist, dem empfehlen wir projektorientierte Gruppenübungen als Zwischenschritt. An der Universität Stuttgart veränderte der Autor P. Eyerer seine Vorlesungen in Kunststoffkunde von der Frontalvorlesung über Gruppenübungen bis hin zur Projektarbeit im Team. Studenten müssen in Gruppenübungen kleine Teile von komplexen Projekten erarbeiten. In kleinen 5-er Gruppen werden sie betreut und angeleitet durch die Dozenten und wissenschaftliche Mitarbeiter. Der nächste Schritt dann ist die Projektarbeit an realen Industriethemen. Heute werden 65% der Vorlesungszeit für projektorientierte Gruppenübungen und Projektarbeit aufgewandt.

Seit nun drei Jahren erprobt, eignet sich diese Didaktik auch für jede Schulart. Zu einem bestimmten Thema, beispielsweise nachwachsende Rohstoffe (ein zeitgemäßes Thema für Biologieunterricht, Chemie, Gesellschaftskunde - also fächerübergreifend), gibt die Lehrkraft 30 bis 45 Minuten eine frontale Wissensvermittlung zur Hinführung; danach erarbeiten Schüler/innen oder an den Hochschulen Studierende in Fünfer-Gruppen zu weiterführenden Fragen Lösungen. Alle Hilfsmittel sind erlaubt. Die Lehrer fungieren als Wissensspeicher und Ratgeber. Didaktisches Ziel ist Gruppenarbeit mit all ihren notwendigen Kompetenzen und die Anwendung des aktiven Fragens der Schüler. Am Schluss der Übung präsentiert je ein Teammitglied die Ergebnisse, über die im Plenum diskutiert wird.

Hauptproblem in der Projektarbeit ist die Erstellung des Projektplans. Hier ist Hilfe und die Vermittlung der Arbeitsweisen im Projektmanagement angezeigt. Diese Aufgabe muß von den Lehrern und Betreuern übernommen werden.

Die Rolle der Lehrer

Die Aufgaben der Lehrer sind in projektorientierten Gruppenübungen sowie in der Projektarbeit völlig unterschiedlich im Vergleich zum Frontalunterricht. Über die frontale Wissensvermittlung hinaus leisten sie Betreuung und Moderation. Sie vermitteln schrittweise Projektmanagement und agieren als Trainer für Teamfähigkeit.

Um hier den Einstieg für Lehrer in die veränderte Rolle zu erleichtern, bietet TheoPrax im Bereich Projektarbeit Fort- und Ausbildung für Lehrer an. So führte das TheoPrax-Zentrum in Zusammenarbeit mit dem Staatlichen Seminar für Schulpädagogik in Karlsruhe im Sommer 2000 erstmals ein Kompaktseminar für 14 Referendare/innen zum Thema Projektarbeit durch. Neben wenigen Frontalvorlesungen kamen Gruppenübungen zum Einsatz und als Schwerpunkt die Bearbeitung eines realen Industriethemas in Teams. Für das Wintersemester 2000/2001 sowie Sommersemester 2001 sind Lehr- und Lerneinheiten zur TheoPrax-Methodik im Staatlichen Seminar Karlsruhe angeboten und mit überwältigenden Anmeldezahlen bereits belegt worden. Des weiteren wird ein TheoPrax-Seminar für Lehrer in der Sommerakademie in Flensburg im Sommer 2001 angeboten.

Zusammenfassung

TheoPrax verbindet Schulen, Hochschulen und Industrie durch lehrplan- und studienintegrierte Projektarbeit. Das Ausbildungsmodel TheoPrax realisiert die notwendige Verzahnung zwischen Theorie und Praxis, zwischen Wissen und Fähigkeiten, Ausbildung und Beruf und reformiert die Ausbildung durch die Veränderung der Lehr- und Lernmethoden von der frontalen Vermittlung des Wissens zur Projektarbeit hin. Den Nutzen dieser Veränderung haben wir alle – Schüler, Studenten, Lehrer und Unternehmer.

Literatur

Eyerer, Peter; Hefer, Bernd; Krause, Dörthe: Education model for the integration of schools, universities and companies. Conference on Engineering Education, FHS Mannheim, August 17-19, 1998.

Eyerer, Peter; Hefer, Bernd; Krause, Dörthe: TheoPrax: Erfahrungen mit einem Ausbildungsmodell im Dreieck Schule, Hochschule, Unternehmen. TU Bonn "Aus- und Weiterbildung - Hochqualifizierte Arbeit in der Mikrosystemtechnik im 21. Jahrhundert", June 28, 1999.

Krause, Dörthe; Riehm, H.: Synergieverbund: Theorie + Praxis. In. Lehren und Lernen, Zeitschrift des Landesinstitutes für Erziehung und Unterricht, August 1999, page 14-18

Eyerer, Peter.: TheoPrax - a new education model. School of Engineering, University of Swinburne (IRIS), Melbourne, Australia. November15, 1999.

Eyerer, Peter; Hefer, Bernd; Krause, Dörthe: TheoPrax® - ein Ausbildungsmodell für ein optimales Lernen in Schule und Hochschule. Workshop Berlin "Wissenschaftlicher Nachwuchs-Schule", DFG. November 16, 1999.

Eyerer, Peter; Hefer, Bernd; Krause, Dörthe: TheoPrax® reformiert die technische Ausbildung. GVC-Fachausschuss "Aus- und Fortbildung in Verfahrenstechnik". November 30, 1999.

Eyerer, Peter; Hefer, Bernd; Krause, Dörthe: TheoPrax - Schüler und Studenten bearbeiten industrielle Projekte. 29. Int. Ges. f. Ingenieurpädagogik (IGIP) - Symposium in Biel, Switzerland. March 27-30, 2000.

Eyerer, Peter; Hefer, Bernd; Krause, Dörthe: TheoPrax - Ein Modell für die Verzahnung von Schule und Wirtschaft in Auftragsprojekten. Symposium "Selbstwirksamkeit in Projekten", IGS Flensburg. May 5-6, 2000.

Eyerer, Peter; Hefer, Bernd; Krause, Dörthe: Reformation of technical education by projectorientated education. 2nd Global Congress on Engineering Education. UNESCO International Centre for Engineering Education (UICEE). Hochschule Wismar. July 2-7, 2000.

Eyerer, Peter; Hefer, Bernd; Krause, Dörthe: TheoPrax - Projekte zur Verzahnung von Theorie und Praxis. Fachkräfte für die Mikrosystemtechnik des 21. Jahrhunderts. Forum zur Ausbildung von Mikrotechnologen und Mikrotechnologinnen. VDI/VDE-Technologiezentrum Informationstechnik GmbH, Berlin. July 6-7, 2000.

Eyerer, Peter: TheoPrax- Bausteine für Lernende Organisationen. Klett Cotta Verlag, Stuttgart. July 2000.

Förderung des Interesses an Technik durch technischen Sachunterricht als Beitrag zur Verbesserung der Chancengleichheit

Ingelore Mammes

Zur Chancenungleichheit von Frauen in naturwissenschaftlich-technischen Berufen

Eine Erwerbstätigkeit und eine damit verbundene qualifizierte Berufsausbildung gehört heute ebenso zur Lebensplanung junger Frauen wie zu der junger Männer.

Dabei üben Frauen ihren Beruf nicht nur aus, um wirtschaftlich unabhängig zu sein, sondern auch, um sich vielfältige Lebensperspektiven zu eröffnen. Ihr Berufswahlverhalten beschränkt sich aber auf frauentypische Berufe, von denen naturwissenschaftlich-technische Arbeitsbereiche weitgehend ausgeschlossen sind. Dies reduziert nicht nur die Möglichkeiten der Erwerbstätigkeit und führt dadurch zu einer frauentypischen Arbeitslosigkeit, sondern beschränkt auch den Horizont möglicher Lebensperspektiven.

Tab. 1: Geschlechtsspezifische Verteilung der sozialversicherungspflichtig Beschäftigten nach Berufsgruppen im Bundesgebiet 1999 (Bundesanstalt für Arbeit, 1999)

Berufsgruppe	Frauenanteil insgesamt
Gesundheitsberufe (ohne Ärztinnen)	88,7%
sozialpflegerische Berufe	84,0%
Bürofach- und Hilfskraft	74,0%
Chemiker, Physiker, Mathematiker	17,0%
Techniker	12,3%
Ingenieure	9,6%
Elektriker	5,8%
Tischler, Modellbauer	4,5%
Mechaniker	3,2%

Auch die naturwissenschaftlich-technischen Studiengänge werden von Frauen überwiegend gemieden, obwohl diese seit Beginn des 20. Jahrhunderts immer mehr an gesellschaftlicher Bedeutung gewonnen haben.

In der Ablehnung solcher naturwissenschaftlichen und technischen Berufe durch das weibliche Geschlecht äußert sich eine Geschlechterdifferenz, deren Existenz

Ingelore Mammes

schon in den der Berufstätigkeit vorangestellten schulischen Bildungseinrichtungen erkennbar ist.(Tab. 2)

Tab. 2: Studentinnen im WS1997/98 an der Uni Duisburg (Drube, 1999, S. 5)

Fächergruppe	Frauenanteil insgesamt
Geographie	44%
Mathematik	33%
Physik	17%
Maschinenbau	6%
Elektrotechnik	5%
Schiffstechnik	5%

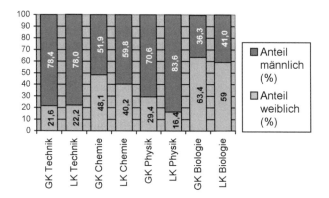

Abb. 1: Grund- und Leistungskurswahl von OberstufenschülerInnen in NRW (Ministerium für Schule und Weiterbildung in NRW)

Auch in den Wahlpflichtkursen der naturwissenschaftlich-technischen Bereiche in den Realschulen sind Mädchen nur selten anzutreffen.

Das Interesse als Ursache geschlechtsspezifischer Berufswahl

Da Interessen einen starken Einfluss auf die Wahl von Berufen, Studiengängen und Fachkursen an Schulen bilden, kann die Ablehnung naturwissenschaftlich-technischer Berufe durch das weibliche Geschlecht auf ein verringertes Interesse an naturwissenschaftlich-technischen Gegenständen zurückgeführt werden. Zahlreiche Publikationen zeigen, dass sich Jungen mehr für Naturwissenschaften interessieren als Mädchen. Dabei ist besonders das technische Interesse bei Mädchen und Frauen geringer als bei Jungen und Männern. Schon im Alter von zehn Jahren zeigen sich signifikante Interessenunterschiede am Gegenstand Technik.

Technisches Interesse äußert sich vor allem durch eine wiederholte Auseinandersetzung einer Person mit dem Gegenstand Technik. Dabei wird Technikkompetenz erworben. Desinteresse an Technik führt dazu, dass sich Personen nur geringfügig oder gar nicht mit Technik beschäftigen und daher auch keine Technikkompetenz erwerben. Dadurch entfallen nicht nur technische Berufe als Erwerbstätigkeit oder Lebensperspektive, sondern auch von Technisierung betroffene Arbeitsplätze.

Technischer »Analphabetismus« hat auch Auswirkungen auf den Alltag, weil alltägliche Handlungen wesentlich durch die Technik mitbestimmt werden. Ohne technische Grundkenntnisse ist die Bewältigung des Alltags daher kaum noch uneingeschränkt möglich.

Technisches Desinteresse führt demnach zu Benachteiligungen, die Anlass geben, nach Erklärungen für Geschlechterdifferenzen im technischen Interesse zu suchen und durch Maßnahmen zu intervenieren, um im Sinne der Gleichberechtigung gleiche Lebenschancen zu schaffen.

Einflussfaktoren auf die Ausbildung von Unterschieden

Aus sozialisationstheoretischer Sicht ist die Herausbildung von Interessen an naturwissenschaftlichen und technischen Gegenständen eingebunden in ein Beziehungsgeflecht vielfältiger Einflussfaktoren. Verringertes Interesse der Mädchen wird dabei auf die geringe Beschäftigung mit Naturwissenschaften und Technik in der Sozialisation zurückgeführt.

Eine Fülle von Forschungsergebnissen weist darauf hin, dass Eltern ihre Kinder nach dem Geschlecht verschieden behandeln. Am Beispiel Spielzeug wird besonders deutlich, dass hier wie in keinem anderen Bereich geschlechtsspezifisch differenziert wird. Mädchen bekommen von ihren Eltern signifikant seltener technisches Spielzeug geschenkt. Sie werden signifikant seltener angeregt, bei Reparaturen zu helfen oder sich mit Physik und Technik zu befassen. Jungen werden dagegen ermutigt, sich mit Naturwissenschaften und Technik zu beschäftigen. Dadurch haben Mädchen deutlich weniger Erfahrungen im Hantieren mit Werkzeug, im Umgang mit technischem Spielzeug und im Ausführen von Reparaturen als Jungen. Deshalb können Mädchen kaum eine Beziehung zur Technik aufbauen. Eine solche Beziehung ist aber die Basis für ein Interesse an Technik.

Der Beitrag der Schule zur Ausbildung der Chancengleichheit

Der Art. 3 Abs. 2 des Grundgesetzes fordert staatliche Interventionen, um bestehende Nachteile zu beseitigen. Als staatliche Einrichtung hat die Schule daher
unter anderem den Auftrag, Chancengleichheit zu realisieren. Dabei kommt besonders der Sekundarstufe I ein berufsvorbereitender Bildungsauftrag zu. Er
beinhaltet unter anderem, dass bei allen SchülerInnen elementare Kenntnisse
und Fertigkeiten ausgebildet werden müssen, die bei geschlechtlicher Chancengleichheit jede berufliche Qualifizierung ermöglichen. Mangelnden Fertigkeiten,
mangelndem technischen Interesse und Wissen muss durch gezielte Maßnahmen
entgegengewirkt werden, um gleiche Berufswahlmöglichkeiten und Lebensperspektiven für beide Geschlechter zu schaffen. Weiterführende Schulen werden
aber auf der Basis bereits bestehender Interessen gewählt und fördern daher vorhandene Interessen, anstatt neue zu wecken.

Die Grundschule als eine für alle gemeinsame Eingangsstufe des Bildungswe-
sens hat die Aufgabe, Fertigkeiten, Fähigkeiten und Kenntnisse möglichst um-
fassend zu fördern. Sie soll besonders das Interesse auch für solche Sachverhalte
wecken, die bislang noch nicht im Erfahrungshorizont der Kinder langen und
mit denen sie noch nicht in Berührung kommen konnten. Dadurch schafft die
Grundschule eine wirkliche Wahlmöglichkeit für den späteren Bildungs- und
Lebensweg und leistet dadurch ihren Beitrag zur Ausbildung der Chancengleichheit.

Ziel der Untersuchung

Ziel war es, zu ermitteln, ob das technische Interesse von Mädchen und Jungen
eines dritten Schuljahres durch planmäßigen technischen Sachunterricht gefördert werden kann. Dabei sollte den sich entwickelnden Geschlechterdifferenzen
im technischen Interesse entgegengewirkt werden.

In einem ersten Schritt wurden Aufschlüsse über den Ist-Zustand des techni-
schen Interesses von Mädchen und Jungen sowie über bereits existierende Un-
terschiede im technischen Interesse zwischen ihnen gewonnen. In einem zweiten
Schritt wurde der Effekt des Unterrichts auf das bereits bestehende technische
Interesse von Mädchen und Jungen sowie sein Einfluss auf die Entwicklung der
Geschlechterdifferenzen ermittelt.

Untersuchungsdesign

Die Zielsetzung der Arbeit machte eine empirische Studie mit explorativem
Charakter, der ein quasiexperimentelles Vor-Nachtest-Design zugrunde lag,
notwendig. Die Verifizierung der Hypothesen erforderte eine Vorerhebung zur
Bestimmung des Ist-Zustandes technischen Interesses, eine Maßnahme zur Förderung des technischen Interesses und eine Nacherhebung zur Überprüfung ih-

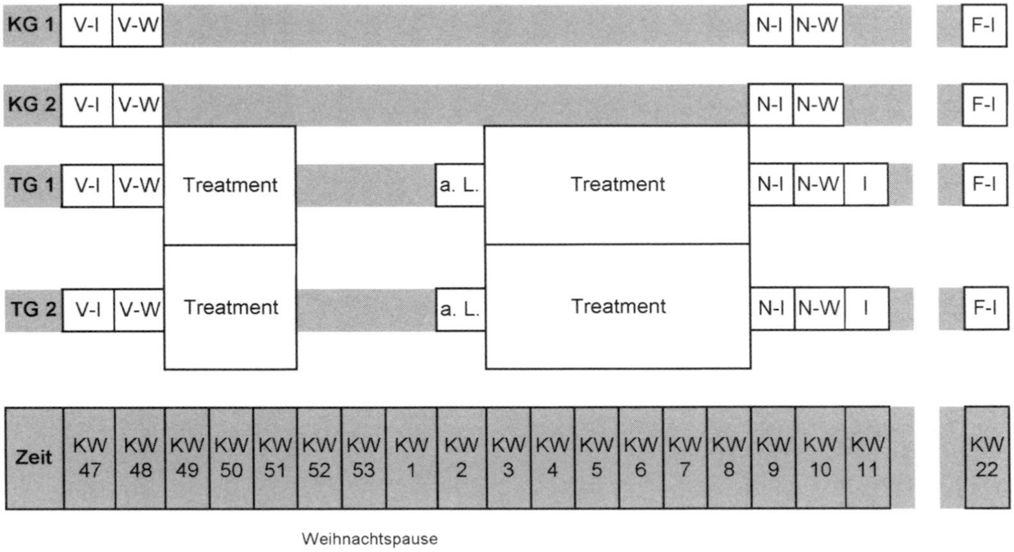

KG 1 | V-I | V-W | | N-I | N-W | F-I

KG 2 | V-I | V-W | | N-I | N-W | F-I

TG 1 | V-I | V-W | Treatment | a. L. | Treatment | N-I | N-W | I | F-I

TG 2 | V-I | V-W | Treatment | a. L. | Treatment | N-I | N-W | I | F-I

Zeit | KW 47 | KW 48 | KW 49 | KW 50 | KW 51 | KW 52 | KW 53 | KW 1 | KW 2 | KW 3 | KW 4 | KW 5 | KW 6 | KW 7 | KW 8 | KW 9 | KW 10 | KW 11 | KW 22

Weihnachtspause

KG 1   = Kontrollgruppe 1
KG 2   = Kontrollgruppe 2
TG 1   = Treatmentgruppe 1
TG 2   = Treatmentgruppe 2
Treatment = technischer Sachunterricht

V-I   = Vorerhebung Interesse
V-W = Vorerhebung Werkfertigkeit
N-I   = Nacherhebung Interesse
N –W = Nacherhebung Werkfertigkeit
I   = Interviews

F-I = Follow-up Interesse
a.L.= Außerschulischer Lernort

Abb. 2: Ablauf der Untersuchung

res vermuteten Effektes. Der Langzeiteffekt des Unterrichts wurde durch eine
Follow-up-Erhebung ermittelt. Die Erhebung erfolgte unter Zuhilfenahme von
Fragebögen, deren Ergebnisse durch Interviewaussagen ergänzt wurden.

Zur Durchführung der Untersuchung wurden vier Klassen aus einem Schulbe-
zirk ausgewählt. Zwei Klassen erhielten technischen Sachunterricht, während
zwei weitere als Kontrollgruppe dienten.

Die Daten der Vorerhebung wurden deskriptiv ausgewertet und auf ge-
schlechtspezifische Interessenlage überprüft. Der Vergleich der Daten aus der
Vor-, Nach- und Follow-up-Erhebung gibt Aufschluss über die Veränderungen
des technischen Interesses und die Verringerung der Differenzen im technischen
Interesse zwischen Mädchen und Jungen. Dabei lässt eine signifikante Mess-
werterhöhung auf den Effekt des Treatments schließen. Sicherheit gewinnen die
Ergebnisse durch den Vergleich mit der Kontrollgruppe.

Ergebnisse der Untersuchung

Das technische Interesse der Schüler wurde mit Hilfe eines Index erfasst, der
sich aus den Indikatorvariablen »Häufigkeit der Auseinandersetzung« mit dem
Gegenstand, »Beliebtheit der Auseinandersetzung«, »Erkenntnisorientierung«
und »Sachwissen« additiv zusammensetzte.

Tab. 3: Gegenüberstellung der Mittelwerte technisches Interesse aus den drei verschiedenen Messzeitpunkten

Index: »technisches Interesse«			
Erhebung Geschlecht	Vorerhebung	Nacherhebung	Follw-up-Erhebung
Mädchen Treatment	63,19	76,90	76,75
Jungen Treatment	87,70	92,07	93,80

Ergebnis: Die Vorerhebung ermittelte, dass sich die Mädchen und Jungen im
technischen Interesse signifikant unterschieden. Durch den Unterricht wurde das
technische Interesse von Mädchen und Jungen signifikant gefördert. Die Differenz zwischen dem technischen Interesse der Mädchen und Jungen verringerte
sich.

Tab. 4: Gegenüberstellung der Mittelwerte Häufigkeit der Auseinandersetzung aus den drei verschiedenen Messzeitpunkten

Index: »Häufigkeit der Auseinandersetzung«			
Erhebung Geschlecht	Vorerhebung	Nacherhebung	Follw-up-Erhebung
Mädchen Treatment	9,50	11,50	11,20
Jungen Treatment	13,96	13,88	13,65

Ergebnis: Die Vorerhebung ermittelte, dass sich die Mädchen und Jungen in der Häufigkeit der Auseinandersetzung mit technischen Gegenständen signifikant unterschieden. Durch den Unterricht stieg die Häufigkeit der Auseinandersetzung bei den Mädchen signifikant an. Dadurch verringerte sich die Differenz zwischen der Häufigkeit der Auseinandersetzung der Mädchen und Jungen.

Tab. 5: Gegenüberstellung der Mittelwerte emotionale Besetzung aus den drei verschiedenen Messzeitpunkten

Index: »emotionale Besetzung«			
Erhebung Geschlecht	Vorerhebung	Nacherhebung	Follw-up-Erhebung
Mädchen Treatment	17,95	25,00	25,35
Jungen Treatment	30,35	32,96	32,46

Ergebnis: Die Vorbefragung ermittelte, dass sich die Mädchen und Jungen in der emotionalen Besetzung technischer Auseinandersetzungen signifikant unterschieden. Durch den Unterricht stieg die Beliebtheit der Auseinandersetzung mit Technik bei den Mädchen signifikant an. Dadurch verringerte sich die Differenz in der Beliebtheit der Auseinandersetzungen mit Technik zwischen Mädchen und Jungen.

Tab. 6: Gegenüberstellung der Mittelwerte Erkenntnisorientierung aus den drei verschiedenen Messzeitpunkten

Index: »Erkenntnisorientierung«			
Erhebung Geschlecht	Vorerhebung	Nacherhebung	Follw-up-Erhebung
Mädchen Treatment	18,15	21,50	25,35
Jungen Treatment	25,42	25,11	27,38

Ergebnis: Die Vorbefragung ermittelte, dass sich Mädchen und Jungen in der Erkenntisorientierung signifikant unterschieden. Durch den Unterricht stieg die Erkenntisorientierung von Mädchen und Jungen signifikant an. Die Differenz zwischen der Erkenntsiorientierung der Mädchen und der Jungen verringerte sich.

In der Vorerhebung konnten keine Unterschiede zwischen dem technischen Sachwissen der Mädchen und dem der Jungen ermittelt werden. Durch den Unterricht stieg das Sachwissen signifikant an.

Schlussfolgerungen

Durch technischen Sachunterricht ließ sich das technische Interesse von Mädchen und Jungen fördern. Das Interesse der Mädchen an technischen Auseinandersetzungen stieg in besonderem Maße an, so dass in die Entwicklung sich ausprägender Geschlechterdifferenzen eingegriffen wurde. Der Effekt des Unterrichts weist darauf hin, dass die Durchführung von Interventionsmaßnahmen zur Nivellierung von Geschlechterdifferenzen im technischen Interesse zu einem möglichst frühen Zeitpunkt erfolgen sollte.

Fazit ist, dass in einer durch die Schule initiierten Auseinandersetzung mit Technik Mädchen und Jungen eine Technikkompetenz erwerben, die sie im Alltag handlungsfähiger macht. Darüber hinaus können sie eine Beziehung zur Technik aufbauen, auf deren Basis sich ein langfristiges technisches Interesse entwickeln kann. Dieses Interesse an Technik hat dann Einfluss auf die später folgende Berufswahl.

Literatur

Bast, C.: Weibliche Autonomie und Identität. Untersuchung über die Probleme der Mädchenerziehung heute. München 1991

Baumert, J.; Geiser, H.: Alltagerfahrungen, Fernsehverhalten, Selbstvertrauen, sachkundiges Wissen und naturwissenschaftlich-technisches Problemlösen im Grundschulalter. Crosstel, North Carolina, USA 1996

Baumert, J. et al.: TIMSS - Mathematisch-naturwissenschaftlicher Unterricht im internationalen Vergleich. Deskriptive Befunde. Opladen 1997

Beinke, L.; Richter, H.: Der Modellversuch »Förderung naturwissenschaftlicher Bildung für Mädchen in der Realschule in NRW« In: Beinke, L.; Richter, H. (Hrsg.): Mädchen im Physikunterricht. Bad Heilbrunn 1993, S. 1 - 26.

Beinke, L.; Richter, H. (Hrsg.): Mädchen im Physikunterricht. Bad Heilbrunn 1992

Bortz, J.; Döring, N.: Forschungsmethoden und Evaluation. Berlin, Heidelberg, New York 1995

Bundesanstalt für Arbeit: Datensatz zur geschlechtsspezifischen Verteilung der sozialversicherungspflichtig Beschäftigten nach Berufsgruppen im Bundesgebiet. Nürnberg 1999

Conrads, H. (Hrsg.): Mädchen in Naturwissenschaft und Technik. Grundlagen und Ergebnisse mit einer sozialwissenschaftlichen Begleituntersuchung von Angelika Conrads, Frankfurt a.m 1992

Drube, B.: Frauen und Technik. Ein Beitrag zur Motivation von Schülerinnen für technische Berufe. In: tu 92/ 2 Quartal 1999, S. 5 - 7.

Eder, F.: Schulklima und Entwicklung allgemeiner Interessen. In: Krapp, A.; Prenzel, M. (Hrsg.): Interesse, Lernen, Leistung. Münster 1992, S. 165 - 194

Fink, B.: Interessenentwicklung im Kindesalter aus Sicht der Personen-Gegenstands-Konzeption. In: Krapp, A.; Prenzel, M. (Hrsg.): Interesse, Lernen, Leistung. Münster 1992, S. 53 - 85.

Hoffmann, L.; Lehrke, M.: Eine Zusammenstellung erster Ergebnisse aus der Querschnittserhebung 1984 über Schülerinteressen an Physik und Technik vom 5. bis 10. Schuljahr. Kiel 1985

Hofmann, L.: Mädchen und Frauen in der naturwissenschaftlichen Bildung. In: Riquarts, K. et al. (Hrsg.): Naturwissenschaftliche Bildung in der Bundesrepublik Deutschland. Band IV. Kiel 1992, S. 139 - 180.

Krapp, A; Prenzel, M. (Hrsg.): Interesse, Lernen, Leistung. Münster 1992

Krapp, A.: Entwicklung und Förderung von Interessen im Unterricht. In: Psychologie, Erziehung, Unterricht 44. München, Basel 1998, S. 185 - 201.

Krapp, A.: Interesse. In: Rost, J. (Hrsg.): Handwörterbuch pädagogischer Psychologie. Weinheim 1998, S. 213 - 219.

Riquarts, K. et al. (Hrsg.): Naturwissenschaftliche Bildung in der Bundesrepublik Deutschland. Band IV. Kiel 1992

Rost, J. (Hrsg.): Handwörterbuch pädagogischer Psychologie. Weinheim 1998

Sachs, B.: Frauen und Technik - Mädchen im Technikunterricht. In: tu 46, 3. Quartal, 1987, S. 5 - 14

Universitäre Lehrerausbildung für Technik-Unterricht in der Sekundarstufe II von Gymnasien

Erich Sauer, Wolfgang Haupt

Übersicht

Als zentrales Element bietet das deutsche Schulsystem das Gymnasium, welches mit der 5. Klasse (Alter 10) beginnt und dem Abitur in der 13. Klasse (Alter 19) endet. Hier werden die Sek. I und Sek. II Stufen abgedeckt. Ein allgemein bildendes Schulmandat existiert in beiden Stufen, wodurch sich Gymnasien von Schulen mit beruflichem Schulbildungsmandat in der Sek. II Stufe unterscheiden.

Um den Technikunterricht in Gymnasien in der Sek. II Stufe zu veranschaulichen, wird ein kurzer Einblick in den Lehrplan für Technik mit den Hauptbereichen Stoff- (ST), Energie- (ET) und Informationstechnologie (IT) gegeben. Danach wird das Kurssystem für die Techniklehrerausbildung mit Zielen, Inhalten und Beispielen an der Essener und Duisburger Universität beschrieben.

Der Status von Gymnasien im deutschen Schulsystem

Schule ist abgeleitet vom griechischen Wort „scholé", welches „Freisein von Geschäften" bedeutet. Die Schulsysteme haben weltweit eine lange und ereignisreiche Geschichte hinter sich, was zur Folge hat, dass sie in den verschiedenen Ländern voneinander abweichen.

In Deutschland, das um 1650 in 360 (!) einzelne unabhängige Staaten geteilt war, war die Nachfrage nach einer allgemeinen Schulbildungspflicht zum ersten Mal in Weimar, der Stadt Goethes, im Jahre 1619 ausgesprochen worden. Jedoch wurde erst ab 1919, lange nach der Gründung des Deutschen Reiches im Jahre 1871, diese Forderung in die Wirklichkeit umgesetzt (Kraft 1991).

Im Jahre 1938 wurde die berufliche Schulpflicht eingeführt. Heute wird die Souveränität bei der Schulbildung den sechzehn Bundesländern überlassen. Hierbei besteht eine gegenseitige Anerkennung von Abschlusszeugnissen zwischen den Ländern.

Zur Zeit dauert die Schulbildungspflicht 12 Jahre: 10 Jahre allgemeine Schulbildung und zwei bis drei Jahre für die berufliche Schule. Bild 1 stellt die formale Struktur des öffentlichen Schulsystems in Westdeutschland dar. Es werden auch die entsprechenden Prozentsätze der Altersgruppen, die 1990 für bestimmte Zweige eingetragen waren, angezeigt (Lehmann 1995, S. 347).

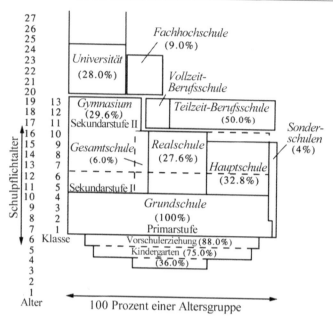

Abb. 1: Deutschland – Struktur des öffentlichen Schulsystems

Nach der Wiedervereinigung im Jahre 1990 durchlaufen die ostdeutschen Staaten noch immer grundlegende Reformen. Zusammen mit den wirtschaftlichen und sozialen Entwicklungen während der letzten 10 Jahre ergibt sich für Gesamtdeutschland ein Prozentsatz von 37 % einer Altersgruppe mit dem Abitur als Abschlusszeugnis. 60 % der Schüler mit Abitur entscheiden sich für ein Universitätsstudium und 40 % wählen eine Berufsausbildung.

Die Gymnasien sind Teil des allgemeinen Schulbildungssystems und haben eine lange Tradition. Ursprünglich standen sie für "klassische" Schulbildung mit Griechisch und Latein. Heute werden alle Fächer in Gymnasien unterrichtet: Moderne Sprachen, naturwissenschaftliche Fächer, auch noch alte Sprachen und in Nordrhein-Westfalen seit 1985 sogar Technik. Die Gymnasien schließen die Sekundarstufe I von den Klassen 5 bis 10 (Alter 10 bis 16) und die Sekundarstufe II von den Klassen 11 bis 13 (Alter 16 bis 19) ein. Die Abschlussprüfung ist das Abitur welches auch die Hauptzugangsvoraussetzung für die Universität ist.

Außer den Gymnasien gibt es die Hauptschule, die Realschule und die Gesamtschule, wobei die ersten beiden aber nur jeweils die Sekundarstufe I abdecken.

Wechseln zwischen diesen Schultypen ist möglich. Die Sekundarstufe II der Gesamtschule ist gleich der Sekundarstufe II des Gymnasiums (Ministerium 1996).

Die Hauptgruppe anderer Schulen, welche die Sekundarstufe II abdecken, sind die Berufsschulen. Jedoch berechtigt die Abschlussprüfung im allgemeinen nicht zum Universitätszugang.

Ziele der Gymnasien

Wie für alle Schultypen der allgemeinen Schulbildung sind die Hauptziele der Gymnasien Bildung und Erziehung.

Diese allgemeinen Ziele werden auf die verschiedenen Schultypen abgestimmt und unterscheiden sich voneinander, was dann die verschiedenen Schultypen kennzeichnet.

Die allgemeinen Ziele der Gymnasien sind in Tabelle 1 (Kultusminister 1981, S. 14-18) gezeigt. Wie deutlich wird, werden die Ziele stark von der Funktion der Gymnasien im Schulsystem beeinflusst: Zugangsvoraussetzung zur Universität.

Tab. 1: Ziele der Gymnasien für die Sekundarstufe II

Allgemeine Ziele	Lernziele
Bildung/Unterricht (Wissenschaftspropädeutische Ausbildung)	- Grundlagenwissen - Selbstständiges Lernen & Arbeiten - Reflexions- & Urteilsfähigkeit - Grundlegende Einstellungen & Verhaltensweisen für wissenschaftliches Arbeiten
Erziehung (Persönliche Entfaltung & soziale Verantwortlichkeit)	- Miteinander kommunizieren - Gemeinsames Arbeiten - Aneignen grundlegender Fähigkeiten der Reflexion und verantwortungsbewussten Verhaltens

Wissenschaftliche Denken wird stark betont, was natürlich wichtige Konsequenzen für den Inhalt und die Methoden des Faches Technik in der Sekundarstufe II der Gymnasien hat.

Die Definition von „Technik" und Technikverständnis

Da das Gymnasium ein allgemeines Schulbildungsmandat hat, kann das Fach Technik hier nicht das Einüben in „speziellen" Techniken zum Ziel haben, wie bei den Berufsschulen. Es muss eine „Allgemeine Technik" sein, welche das Fach auf allgemeiner Ebene umfasst.

Eine Definition, die eine solche „Allgemeine Technologie" beschreibt, ist wie folgt (Tab. 2 (Kultusminister 1981, S. 28)). Diese Definition berücksichtigt, dass Technologie stark mit Wirtschaft und der Gesellschaft im Allgemeinen verbunden ist.

Tab. 2: Technik und Technikverständnis

Technik ist zielorientiert: Die Umwelt wird vom Menschen und für den Menschen geformt
Technik benutzt Stoff (S), Energie (E) und Information (I) wie die Natur
Technik wird unter wirtschaftlichen und sozialen Bedingungen verwirklicht und optimiert zwischen dem technisch Machbarem, wirtschaftlich Akzeptablem und sozial Wünschenswertem
Technik besteht aus Objekten und Prozessen

Um das große Feld der technischen Artefakte zu strukturieren, wird in Nordrhein-Westfalens Sek. II Technik-Lehrplan das Systemmodell verwendet. Dieses ermöglicht einen wissenschaftsorientierten Ansatz zu einer „Allgemeinen Technologie" als Alternative zum wissenschaftsorientierten Ansatz in den „Spezialisierten Techniken" (s. Abb. 2 (Bader 2000, S. 14)).

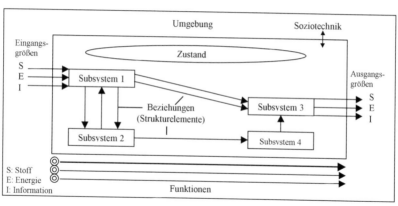

Abb. 2: Modell "System"

Von links treten die Kategorien Stoff S, Energie E und Information I in das System. In den Untersystemen, welche miteinander in typischen Relationen verbunden sind, werden Stoff, Energie und Information gespeichert, transportiert und umgewandelt und verlassen das System auf der rechten Seite.

Jedes System ist in sich selbst ein Untersystem eines anderen, größeren Systems und so weiter. Auf diese Weise ist die Abhängigkeit der Technik von Wirtschaft und Gesellschaft zu veranschaulichen.

Die technischen Methoden in einer „Allgemeinen Technologie" sind im nordrhein-westfälischen neuen Lehrplan wie folgt strukturiert (siehe Bild 3 (Ministerium 1999a, S. 14)).

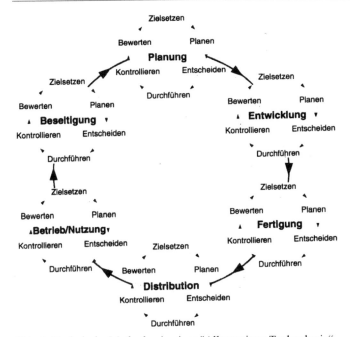

Abb. 3: Technische Methoden in einer "Allgemeinen Technologie"

Die verschiedenen Fächer in der Sekundarstufe II der Gymnasien sind in drei Aufgabenfelder eingeteilt.

- Das sprachlich-literarisch-künstlerische Aufgabenfeld
- Das gesellschaftswissenschaftliche Aufgabenfeld
- Das mathematisch-naturwissenschaftlich-technische Aufgabenfeld (siehe Tabelle 3 (Ministerium 1999b, S. 8))

Die Sekundarstufe II der Gymnasien umfasst achtundzwanzig Fächer, von denen etwa zwölf von den SchülerInnen aus den unterschiedlichen Aufgabenfeldern gewählt werden müssen.

Technik gehört zum dritten Aufgabenfeld. Diese Tatsache zusammen mit dem Ziel der „Wissenschaftsorientierung" in der Sekundarstufe II der Gymnasien hat zur Konsequenz, dass Technik in der Sekundarstufe II der Gymnasien als „theoretisch und experimentell" orientierte Wissenschaft unterrichtet werden muss – in Analogie zu den anderen Naturwissenschaften. Die wirtschaftlichen und gesellschaftlichen Aspekte der Technik sind nicht die Hauptgebiete.

Tab. 3: Aufgabenfelder und Unterrichsfächer in Gymnasien von Nordrhein-Westfalen

I. Das sprachlich-literarisch-künstlerische Aufgabenfeld		
Deutsch	Französisch	Italienisch
Musik	Russisch	Lateinisch
Kunst	Spanisch	Griechisch
Englisch	Niederländisch	Hebräisch
II. Das gesellschaftswissenschaftliche Aufgabenfeld		
Geschichte	Sozialwissenschaften	Recht
Erdkunde	Philosophie	Erziehungswissenschaft
		Psychologie
III. Das mathematisch-naturwissenschaftlich-technische Aufgabenfeld		
Mathematik	Physik	Ernährungslehre
	Biologie	Informatik
	Chemie	Technik
Religionslehre		
Sport		

Somit sind die Ziele der technischen Schulbildung an Gymnasien wie folgt:

• Aneignung technisch wissenschaftlicher Grundkenntnisse und speziellen technischen Wissens

• Einführung in technisches Denken und Handeln

• Aneignung einer Grundlage für angemessenes, reflektiertes und verantwortungsbewusstes Verhalten in technisch orientierten Situationen.

Um diese mit den allgemeinen Zielen und Methoden der Gymnasien zu verbinden, werden für die Arbeit im Unterricht des Faches Technik (Aufgabenfeld III, siehe Tabelle 3) drei Bereiche festgelegt.

Bereich I: Fachliche Inhalte

Bereich II: Lernen im Kontext

Bereich III: Methoden und Formen selbstständigen Arbeitens

Bereich I: Fachliche Inhalte
Die grundlegenden Inhalte des Faches Technik lassen sich auf drei voneinander abgrenzbaren Ebenen beschreiben.

• Wechselbeziehungen soziotechnischer Handlungssysteme mit Natur und Gesellschaft
Aus dieser Perspektive besteht die naturale Dimension von Technik aus den Feldern: Naturwissenschaften, Ingenieurwissenschaften, Ökologie, usw.

• Methoden der Technik im Werdegang technischer Systeme
Typische Methoden der Technik sind z. B.: Experimente (Verändern der Parameter, Optimierung: Diese Experimente sind typisch technisch und nicht

beispielsweise physikalische Experimente, weil sich ihre Ziele von physikalischen Experimenten unterscheiden.), Planung, Herstellung, Analyse von Systemen, usw. All diese Methoden sind Teil der methodologischen Stufen, welche den Lebenslauf „die Geburt, das Leben und den Tod" eines technischen Systems charakterisieren und kreisförmig miteinander verbunden sind (siehe Bild 3).

- Sachsysteme und Verfahren mit ihrer Struktur und ihrer Funktion
Technische Artefakte können als technische Systeme für die Umwandlung, Transport und Speicherung von Stoff, Energie und Information (siehe Bild 2) betrachtet werden. Beispiele werden in Tabelle 4 gegeben (Ministerium 1999a, S. 16).

Tab. 4: Beispiele konkreter technischer Sachsysteme

Funktion ⇒ ⇓ Attribute	Wandlung	Transport	Speicherung
Stoff S	Biogasanlage Thermische Trennverfahren Hochofenprozess	Pipeline, Tanker, Güterfernverkehr Fördersysteme	Hochregallager Mülldeponie Wasserstoffspeicher
Energie E	Thermisches Kraftwerk Photovoltaik Elektrolyse	Stromverbundnetz Fernwärmeverbundnetz	Pumpspeicherwerk Akkumulatoren Speicherheizung
Information I	Codiersysteme Telefon Robotik	Funkverkehr Lichtwellenleiter Datenfernübertragung Internet/Intranet	Festplatte, CD Magnetband SPS

Hier ist es wichtig zu sehen, dass jedes technische System Untersysteme enthält und selbst ein Untersystem eines größeren Systems ist.

Bereich II: Lernen im Kontext
Lernen im Kontext bedeutet persönliche Erfahrungen in das Wissen über technische Systeme und ihre Beziehungen mit soziotechnischen Systemen und der wissenschaftlichen Struktur dieser Systeme einzubinden. Tabelle 5 illustriert ein Beispiel für eine solche Einbindung (Ministerium 1999a, S. 17).

Die Anwendungsfelder der Technik „Versorgung und Entsorgung", „Transport und Verkehr", „Information und Kommunikation" sind Pflichtinhalt für Technikkurse. Sie wurden ausgewählt, weil sie die oben genannten Bedingungen sehr gut erfüllen. In allen drei Feldern werden Probleme des vierten Anwendungsfeldes „Automation" diskutiert.

Tab. 5: Zuordnung der Anwendungsfelder zu den Kategorien technischer Systeme

Funktion ⇒ ⇓ Attribute	Wandlung	Transport	Speicherung
Stoff S	Versorgung		
Energie E	und	Transport und Verkehr	
	Entsorgung		
Information I	Information und Kommunikation		

Bereich III: Methoden und Formen selbstständigen Arbeitens

Wissenschaftspropädeutisches Lernen bedeutet: zu lernen, unabhängig zu arbeiten (=selbstständiges Arbeiten). Um dazu fähig sein zu können, sind grundlegende Kenntnisse über die Systeme und ihre Einbindung in übergeordnete Zusammenhänge erforderlich (siehe Bereiche I und II).

Daher sind die Ziele dieses Bereiches III wie folgt:

- In der Lage zu sein, eine Aufgabe selbständig auszuwählen und zu planen,
- Gebrauch von Methoden, problemorientiert und zeitsparend Informationen zusammenzutragen,
- Informationen und Material auf wissenschaftliche Weise zu strukturieren,
- Bewertung verschiedener Lösungen zu einem Problem,
- Die Lösungen entweder geschrieben oder verbal in klarer Form zu präsentieren.

Kursinhalte und Struktur

Tabelle 6 (siehe Neue Richtlinien (Ministerium 1999a, S. 21)) zeigt eine Liste von möglichen Inhalten für die Kurse (Jahrgangsstufen 11 bis 13).

Für einen Einsatz in den Kursen müssen diese Inhalte gemäss dem vorher Gesagten strukturiert werden. Tabelle 7 zeigt ein Beispiel für den Inhalt: Solar-Wasserstoff-Wirtschaft (Ministerium 1999a, S. 23).

Tab. 6: Zusammenstellung von Beispielthemen

Thema	
1	Mülltrennung
2	Solar-Wasserstoff-Wirtschaft
3	Versorgung mit elektrischer Energie
4	Herstellung von Vergaserkraftstoff aus Rohöl
5	Versorgung einer Region mit Fernwärme
6	Rapsöl als alternativer Kraftstoff
7	Photovoltaik
8	Strom im Verbund
9	Logistik in der Fertigung
10	Die Eisenbahn – ein schienengebundenes Transportmittel
11	Spannungs- und frequenzgeregelte Elektrizitätsversorgung
12	Sicherheits- und Alarmtechnik
13	Telemetrie
14	Vernetzung von Computern
15	Fahrerloses Transportfahrzeug
16	Roboter
17	Automatisierung der Telefonvermittlung

Tab. 7: Thema Solar-Wasserstoff-Wirtschaft

Fachliche Inhalte (Bereich I) Ebene: Sachsysteme und Verfahren mit ihrer Struktur und Funktion	
Energieumwandlung	Solarzellen (physikalische Funktionsweise, technischer Betrieb, Ökobilanz Herstellung/Nutzung) Elektrolyseapparate, Brennstoffzellen (elektrochemische Funktion, technischer Betrieb, Wirkungsgrade)
Stoffumwandlung	Elektrolyseapparate, Brennstoffzellen (chemie-/verfahrenstechnische Prinzipien, Konstruktions- und Betriebskriterien unter stofflichen Aspekten, Kosten) Pipelines, Tankschiffe, Tankwaggons, Tankwagen zum Transport von Wasserstoff Speichersysteme zur Aufnahme von Sauerstoff und Wasserstoff

Lernen im Kontext (Bereich II)	
Ver- und Entsorgung	Energiebedarf (global, regional, lokal, individuell) Regenerative und nichtregenerative Energieträger und ihr Anteil an der Bedarfsdeckung
	Technische, wirtschaftliche und ökologische Aspekte bei der Nutzung photovoltaischer Systeme zur ressourcenschonenden und umweltverträglichen Energiebedarfsdeckung
Methoden und Formen selbstständigen Arbeitens (Bereich III)	
Konstruktionsaufgabe	Konstruktion von Solarmodulen zur Elektrolyse (Parallel- und Reihenschaltung, Bypass- und Überbrückung, Aufständerung und Nachführung)
Projekt	Erstellung einer solarbetriebenen Elektrolyseanlage (Elektrolysevorrichtung, Auffangbehälter, Elektrodenmaterial)
Referat	Wasserelektrolyse Kommentierte Darstellung von Internetquellen zur Solar-Wasserstoff-Wirtschaft

Diese Inhalte können jetzt in eine Sequenzbildung eingebunden werden. Die Kurse selbst sind in "Ebenen" und "Bereiche" strukturiert. Ein Beispiel wird in Tabelle 8 gezeigt (Ministerium 1999a, S. 68).

Tab. 8: Sequenzbildung mit Bereichen und Ebenen für die Jahrgangsstufen 12 und 13

Jahrgangsstufen 12/13	
Bereich	**Obligatorische Festlegungen**
I: Fachliche Inhalte	
Ebene 1: Wechselbeziehungen	Themengestaltung grundsätzlich unter Berücksichtigung der naturalen, humanen und sozialen Dimensionen mit unterschiedlichen Erkenntnisperspektiven
Ebene 2: Methoden der Technik	Thematisierung der Methoden der Technik im Werdegang eines technischen Systems
Ebene 3: Sachsysteme	Thematisieren je eines Themas zu Systemen des • Stoffumsatzes • Energieumsatzes • Informationsumsatzes
II: Lernen im Kontext	Je ein Thema aus den Anwendungsfeldern: • Ver- und Entsorgung • Information und Kommunikation • Transport und Verkehr • Automation

III: Methoden und Formen selbstständigen Arbeitens	• Konstruktionsaufgaben • Fertigungssaufgaben • ein Projekt • eine Exkursion • eine Facharbeit

Eine mögliche Reihenfolge der Kurse für die Jahrgangsstufen 11 bis 13 wird in Tabelle 9 (Ministerium 1999a, S. 72) gezeigt.

Tab. 9: Beispielsequenz 3 für die Kurse der Jahrgangsstufen 11 bis 13

Sequenz 3				
Jg.	Thema	Bereich I: Ebenen	Bereich II: Anwendungsfelder	Bereich III: Methoden
Einführungsphase				
11	Sicherheits- und Alarmtechnik (Quartal)	Methoden der Technik/ Informationsumsatz	Information und Kommunikation	Konstruktionsaufgaben Fertigungsaufgaben
	Eisenbahn (Quartal)	Sachsysteme/Stoffumsatz	Transport und Verkehr	Projekt
	Elektrische Energieversorgung	Sachsysteme/Energieumsatz	Versorgung und Entsorgung	Konstruktionsaufgaben
Qualifikationsphase				
12	Strom im Verbund	Wechselwirkungen/ Energieumsatz	Transport und Verkehr	Facharbeit Exkursion
12	Vergaserkraftstoff	Sachsysteme/Stoffumsatz	Versorgung und Entsorgung	Konstruktionsaufgaben
13	Computernetze	Sachsysteme/ Informationsumsatz	Information und Kommunikation	Fertigungsaufgaben Referat
13	Roboter	Methoden der Technik/Informationsumsatz	Automation	Projekt

UniversitätslehrerInnenausbildung für die Sekundarstufe II an der Essener Universität

Die LehrerInnenausbildung muss die StudentInnen befähigen, mit den Richtlinien der verschiedenen Schulstufen zu arbeiten. Daher ist der Inhalt und die Struktur des Universitätskurssystems für LehrerInnen (Technik, Sekundarstufe II) nach dem Systemmodell strukturiert.

Die Ausbildung ist in zwei Bereiche unterteilt: Grundstudium (Semester 1 bis 4) und Hauptstudium (Semester 5 bis 8) (Universität Essen 1988). Tabelle 10 und 11 zeigen diese LehrerInnenausbildungskurse der neuen vorläufigen Studienordnung der Essener Universität (Universität Essen 2000).

Tab. 10: Teilgebiete und Grundstudiumsvorlesungen der UniversitätslehrerInnenausbildung in Essen

Teilgebiet G1	Teilgebiet G2	Teilgebiet G3	Teilgebiet G4	Teilgebiet G5
Mathematisch-naturwissen-schaftliche Grundlagen der Technik	Theoretische und praktische Methoden der Technik	Grundlegende technische Verfahren und Systeme	Didaktik der Technik	Einführung in die Datenverarbeitung
10 SWS	7 SWS	6 SWS	4 SWS	4 SWS
Vorlesungen über mathematische, physikalische und chemische Grundlagen der Technik	Vorlesungen über Aufbau von Werkzeugen und Maschinen, Grundlagen des Konstruierens und Elektrische Energie- und Sicherheitstechnik	Vorlesungen über Allgemeine Technologie (Stoff-, Energie- und Informationsumsatz)	Vorlesungen und Übungen zur Didaktik	Vorlesungen zu Grundlagen der Datenverarbeitung
3 SWS Technisches Praktikum I zum Stoff-, Energie- und Informationsumsatz aus dem Teilgebiet G 3				

Die Grundstudium umfasst ungefähr 476 Stunden (34 SWS) und das Hauptstudium 378 Stunden (27 SWS) (SWS sind SemesterWochenStunden – die Zahl der Stunden pro Woche. Die Summe der Stunden ist SWS x Wochenanzahl pro Semester mit einem Durchschnitt von 14 Wochen pro Semester).

In den Veranstaltungen dieser Studienordnung werden natürlich die Entwicklungen in der „Technischen Wirklichkeit" berücksichtigt und (siehe dazu Peter Vaill: „Learning as a way of being" (Vaill 1996) kontinuierlich verändert.

Tab. 11: Teilgebiete und Hauptstudiumsvorlesungen der UniversitätslehrerInnenausbildung in Essen

Teilgebiet A1	Teilgebiet A3	Teilgebiet A5	Teilgebiet A7	Teilgebiet B1
Stoffumsatz in technischen Sys-temen	Energieumsatz in technischen Systemen	Informations-umsatz in technischen Systemen	Soziotechnische Systeme	Theorien, Modelle und Methoden der Technik
4 SWS	4 SWS	4 SWS	4 SWS	4 SWS
Vorlesungen über Stoffumsatz	Vorlesungen über Energieumsatz	Vorlesungen über Informationsumsatz	Vorlesungen über technische Systeme mit ihrer Verflechtung zwischen Gesellschaft, Wirtschaft und Umwelt	Seminare über die Praxis in der Schule
3 SWS Technisches Praktikum II in Stoff-, Energie- und Informationsumsatz im Teilgebiet A1, A3 und A5 plus 4 SWS in einem Teilgebiet, das frei gewählt werden kann				

Einzelheiten zu den speziellen Inhalten der Vorlesungen aus dem Teilgebiet A 5 des Hauptstudiums können Wehling (2000), Bhattacharya (2000), Bresges (2000) und Hunger (2000) entnommen werden.

Literatur

Bader, R.: Didaktik der Technik - Zur Konstituierung einer sperrigen Fachdidaktik. in Bader, R. and Jennewein, K. Didaktik der Technik zwischen Generalisierung und Spezialisierung. Frankfurt am Main, Germany: Verlag zur Förderung arbeitsorientierter Forschung und Bildung. 2000

Bhattacharya D.: Optische Nachrichtenübertragung - ein computerbasiertes Modul für einen Kurs „Informationstechnologie" in der gymnasialen Lehrerausbildung, In: Proceedings of the International Conference of Scholars on Technology Education, Graube, G.; Theuerkauf, W.E. (Hrg.) Braunschweig, 2000 CD-Rom

Bresges A.: Die komponentenorientierte Lernumgebung COLEEN als Beispiel einer multimedialen Datenbank für die Techniklehrerausbildung, In: Proceedings of the International Conference of Scholars on Technology Education, Graube, G.; Theuerkauf, W. E. (Hrg.) Braunschweig, 2000, CD-Rom

Hunger A.: Ein Weg zu intensiverer Ausbildung und zu internationalen Karrieren in Computerwissenschaften und Nachrichtentechnik, In: Proceedings of the International Conference of Scholars on Technology Education, Graube, G.; Theuerkauf, W. E. (Hrg.) Braunschweig, 2000, CD-Rom

Kraft, P.: Bericht an das Seminar über einige drängende Fragen betreffs die Entstehung der Schupflicht sowie meine Erforschung derselben in ausgewählten Schriften. 1991, Münster, Germany: http://www.paedagogik.uni-bielefeld.de /agn/pkraft/pflicht/bericht.html (18. Mai 2000)

Kultusminister; Richtlinien für die gymnasiale Oberstufe in Nordrhein-Westfalen - Technik. Düsseldorf, Germany: Der Kultusminister des Landes Nordrhein-Westfalen, Greven Verlag, Köln, Heft 4726 (1981).

Lehmann, R. H.; Germany. In Postlethwaite, T. Neville; International Encyclopedia of national systems of education. 1995, Oxford, United Kingdom: Pergamon, Second edition, 346-355,

Ministerium; Die Sekundarstufe II. Düsseldorf, Germany: Ministerium für Schule und Weiterbildung des Landes Nordrhein-Westfalen, Verlag- und Druckkontor Kamp GmbH, Bochum, 1996

Ministerium; Richtlinien und Lehrpläne für die Sekundarstufe II - Gymnasium/ Gesamtschule in Nordrhein-Westfalen - Technik. Düsseldorf, Germany: Ministerium für Schule und Weiterbildung, Wissenschaft und Forschung des Landes Nordrhein-Westfalen, Ritterbach Verlag, Frechen, 1999a

Ministerium; Die gymnasiale Oberstufe des Gymnasiums und der Gesamtschule. Düsseldorf, Germany: Ministerium für Schule und Weiterbildung, Wissenschaft und Forschung des Landes Nordrhein-Westfalen, 1999b

Universität Essen; Studienordnung für das Unterrichtsfach Technik mit dem Abschluß Erste Staatsprüfung für das Lehramt für die Sekundarstufe II an der Universität-Gesamthochschule-Essen. Essen, Germany: Universität Essen, 1988

Universität Essen; Vorläufige Studienordnung für das Unterrichtsfach Technik mit dem Abschluß Erste Staatsprüfung für das Lehramt für die Sekundarstufe II an der Universität-Gesamthochschule-Essen. Essen, Germany: Universität Essen, 2000

Vaill, Peter B.; Learning as a way of being - Strategies for Survival in a World of Permanent White Water. San Francisco, USA: Jossey-Bass Publishers, 1996

Wehling J.: Lehrerausbildung für das Fach Technik im Gymnasium im Bereich „Informationstechnologie", In: Graube, G.; Theuerkauf, W.E. (Hrg.) Technische Bildung (2001) S. 261ff

Lehrerausbildung für das Fach Technik im Gymnasium im Bereich "Informationstechnologie"

Jürgen Wehling

Technik in der gymnasialen Oberstufe (Sekundarstufe II)

Das neue Curriculum für das Fach Technik in der gymnasialen Oberstufe erwähnt eine richtlinienkonforme Strukturierung für 3 Bereiche, in denen jeweils Themen aus den Gebieten des Stoff-, Energie- und Informationsumsatzes behandelt werden. Hierbei ist für die Jahrgangsstufe 11 eine Obligatorik festgelegt, während für die Jahrgangsstufen 12 und 13 eine verbindliche, progressive Sequenz anzustreben ist, die jedoch nicht für alle Schulen in gleicher Weise verpflichtend ist.

Die o.g. drei Bereiche beziehen sich auf die "Fachlichen Inhalte", das "Lernen im Kontext", sowie auf "Methoden und Formen des selbständigen Arbeitens". Im einzelnen ergibt sich folgendes Bild:

Bereich I (Fachliche Inhalte) schließt drei Ebenen ein: "soziotechnische Handlungssysteme", "Methoden der Technik" und "Strukturierte Sachsysteme".

- "Soziotechnische Handlungssysteme" (Ebene 1) deuten, ausgedrückt durch unterschiedliche Dimensionen der Technik, Perspektiven der Wechselwirkung von Technik mit Natur und Gesellschaft an.
- "Methoden der Technik" (Ebene 2) beschreiben den Werdegang eines technischen Systems von seiner Planung bis zu seiner Beseitigung, wobei eine feste Phasenfolge für eine damit verbundene unterrichtliche Umsetzung gegeben wird.
- "Strukturierte Sachsysteme" (Ebene 3) beinhalten die Funktionen Wandlung, Transport und Speicherung, welche durch eine Umsetzung der Attribute Stoff, Energie und Information in einer entsprechenden Unterrichtsthematik ausformuliert werden.

Bereich II (Lernen im Kontext) verbindet die Anwendungsfelder "Versorgung und Entsorgung", "Transport und Verkehr" und "Information und Kommunikation" mit ihren Funktionen Wandlung, Transport und Speicherung.

Auch hier werden die Attribute Stoff, Energie und Information zur Umsetzung in eine entsprechende Unterrichtsthematik eingebracht.

Bereich III (Methoden und Formen selbständigen Arbeitens) realisiert durch die Handlungsorientierung des Technik-Unterrichts das Prinzip wissenschaftspropädeutischen Lernens, wobei durch die Konstruktions- und Fertigungsaufgabe als technikspezifische Methoden das selbständige Arbeiten gefördert wird. Im Rahmen eines handlungsorientierten Unterrichts ist der projektorientierte Unterricht eins der möglichen Unterrichtsverfahren, die für das Fach Technik von besonderer Bedeutung sind, da hier vielfältige Möglichkeiten der Methoden und Formen selbständigen Arbeitens eingeübt werden können. Auch der Bereich III integriert wieder die Attribute Stoff, Energie und Information.

Informationsumsatz in technischen Systemen - Didaktische Struktur (Schule)

Ausgehend von Bereich I (Fachliche Inhalte) soll mit Schwerpunkt auf Ebene 3 (Strukturierte Sachsysteme) am Beispiel der "Vernetzung von Computern" die didaktische Struktur (Schule) verdeutlicht werden.

Die Ebene 3 des Bereichs I beinhaltet in diesem Fall speziell die Funktionen aus dem Bereich des Informationsumsatzes, nämlich Informationsumwandlung, Informationstransport und Informationsspeicherung. Bezogen auf das gewählte Beispiel lassen sich für diese Ebene die folgenden fachlichen Inhalte konkret benennen:

Informationsumwandlung soll sich im wesentlichen mit Ein-/Ausgabesystemen beschäftigen, wobei z. B. Sende- und Empfangsdioden, die einer Signalwandlung am Lichtwellenleiter dienen, eingesetzt werden können.

Informationstransport ist durch Übertragungssysteme bestimmt, wobei als ein Beispiel für ein leitungsgebundenes System Lichtwellenleiter dienen können.

Informationsspeicherung kann beispielsweise durch eine bestehende Client-Server-Architektur oder auch durch die Datensicherung auf wiederbeschreibbaren CD-RWs (Compact Disk ReWritable) thematisiert werden.

Der Bereich II (Lernen im Kontext) bezieht sich hier eindeutig auf das Anwendungsfeld Information und Kommunikation. In diesem Fall kann die Forderung nach Übertragungswegen mit immer größeren Bandbreiten im Mittelpunkt stehen. Auch hier lassen sich wieder Themenbereiche aus dem Gebiet der Lichtwellenleiter formulieren.

Im Bereich III (Methoden und Formen selbständigen Arbeitens) lässt sich im Rahmen eines projektorientierten Unterrichts zum Thema Lichtwellenleiter eine Konstruktionsaufgabe abfassen, die neben der Konstruktion auch die Fertigung des Modells eines Stufenindex-Lichtwellenleiters zum Ziel hat. An einem solchen Modell lassen sich unter fächerverbindendem Aspekt physikalische Gesetzmäßigkeiten aus dem Gebiet der Optik erklären, ohne die jeweilige Zielsetzung der durch den Technikunterricht initiierten Unterrichtssequenz zu vernachlässigen.

Informationsumsatz in technischen Systemen - Didaktische Struktur

Dem Bereich des Informationsumsatzes in technischen Systemen liegt auf der Basis einer neu konzipierten Studienordnung eine didaktische Struktur (Universität) zugrunde, welche drei wesentliche Eckpunkte zueinander in Beziehung setzt:

Technikwissenschaftliche Grundlagen werden durch das Acronym TIME artikuliert, wobei Telekommunikation, Informationstechnologie, MultiMedia und Elektronik gemeint sind. Diese vier Fachbegriffe stehen richtungsweisend für das neu angebrochene Jahrhundert. Allen diesen Gebieten ist eine rasante technologische Entwicklung gemeinsam. Von "Asymmetric Digital Subscriber Line" (Telekommunikation) über Lichtwellenleiter (Informationstechnologie) und Internet (MultiMedia) zu noch höheren Integrationsdichten von Mikroprozessoren (Elektronik) verlangen diese Gebiete eine permanente Auseinandersetzung mit neuen Strukturelementen. Gleichzeitig ist ein fortwährendes Überprüfen und Verwerfen vermeintlich bewährter Strukturen notwendig. Das ständige Beschäftigen mit zeitrelevanter und somit aktueller Technik wirft Vermittlungsfragen auf, die für unser Fach im Sinne einer informationstechnischen Grundbildung angesprochen werden können. Hierbei sind als Schwerpunkte Informationstechnologie und MultiMedia zu nennen.

Technikdisziplinen im Sinne der neu konzipierten Studienordnung sind die Veranstaltungen zur Datenverarbeitung I bis IV, die in wesentlichen Elementen das o.g. Acronym TIME umreißen. Sie sind ausschließlich im Hauptstudium angesiedelt und enthalten Inhalte aus den Gebieten "Messen, Steuern, Regeln", "Software, Hardware", "Hypertext, Hochsprachen" und "MultiMedia, Netzwerke". Diese vier Veranstaltungen zur Datenverarbeitung bilden die systemimmanente Struktur des Teilgebietes Informationsumsatz in technischen Systemen und dienen dazu, gezielt Inhalte im Rahmen einer informationstechnischen Grundbildung zu vermitteln. Solche Inhalte können dabei jederzeit so flexibel gestaltet werden, dass sie den neuesten Entwicklungen auf informationstechnischem Gebiet Rechnung tragen.

Didaktisch/methodische Fragen implizieren eine Erweiterung der Medien- und Fachkompetenz des Studenten. Mit Erweiterung der Medienkompetenz ist im wesentlichen der Umgang mit den Neuen Medien gemeint, die aus dem Internet, seiner Netzstruktur und den damit verbundenen Sprachen HTML und Java erwachsen. Diese Medien eröffnen völlig neue methodische Ansätze, wie z. B. ein Lernen online unter Verwendung entsprechend konzipierter Lernmodule in einer fächerverbindenden Form von Unterricht. Hiermit ist eine Erweiterung der Fachkompetenz eingeschlossen. Es bietet sich so die Möglichkeit, die jeweiligen monodisziplinären Aussagenbestände eines einzigen Faches umzustrukturieren. Die konkrete Realisierung eines möglichen Projekts basiert auf der Erstellung komponentenbasierter Lernsoftware durch ein speziell konzipiertes MultiMediaModul. Im Hinblick auf einen möglichen Kombi-Kurs Technik-Physik zielt dieses Modul speziell auf eine Vermittlung der technischen und physikalischen Zusammenhänge bei der optischen Nachrichtentechnik.

Informationsumsatz in technischen Systemen - systemimmanente Struktur

Die neue Studienordnung des Faches Technologie und Didaktik der Technik sieht im Teilgebiet Informationsumsatz in technischen Systemen die Veranstaltungen Datenverarbeitung I, II, III und IV vor, die ausschließlich für das Hauptstudium obligatorischen Charakter haben.

Datenverarbeitung I beinhaltet Elemente aus den Bereichen der Mess-, Steuerungs- und Regelungstechnik, wobei es nicht mehr um Grundlagen geht, sondern u. a. um Gegenstände aus dem Gebiet der Digitaltechnik, die hier vertieft behandelt werden sollen. Im Mittelpunkt kann ein Projekt zur rechnergestützten Messwerterfassung bei azimutal nachgeführten Solarzellen stehen.

Datenverarbeitung II behandelt schwerpunktmäßig Hardware, wie z. B. Rechner-Architekturen oder Interface-Schaltungen, wobei vertiefte Kenntnisse aus dem Bereich der Digitaltechnik vorausgesetzt werden. Für spezielle Anwendungen werden Platinen und PC-Steckkarten, sowie kleinere Rechner auf der Basis von Mikrokontrollern entwickelt und eingesetzt. Integrativer Bestandteil dieser Veranstaltung ist die assemblerorientierte Programmierung von 8-Bit-Prozessoren im Hinblick auf eine Optimierung technischer Prozesse aus den Gebieten der Mess-, Steuerungs- und Regelungstechnik.

Datenverarbeitung III und IV tragen den Neuen Medien Rechnung, wobei es im wesentlichen um internetbasierte Inhalte geht. So dient die Veranstaltung Datenverarbeitung III dazu, systemunabhängige Web-Seiten zu erstellen. Hierbei wird vorwiegend mit dem Textsetzsystem HTML gearbeitet, wobei eine systematische Befehls-Erweiterung auch eine Einführung in JavaScript und XML (extendable markup language) vorsieht. Weiterhin werden Elemente von servergebundenen Scriptsprachen wie Perl oder PHP3 und deren Aufrufe behandelt.

Ein Schwerpunkt dieser Veranstaltung ist jedoch die Vorstellung von Java. Diese objektorientierte Programmiersprache wird relativ ausführlich behandelt, da sie eine systemunabhängige Möglichkeit darstellt, interaktive Software zu entwickeln. Hiermit ist eine Möglichkeit gegeben, einzelne interaktive Softwarekomponenten zu komplexeren Modulen zusammenzufassen. Auf dieser Basis lassen sich dynamische Web-Seiten anlegen, die als Ausgangspunkt für den Einsatz einer komponetenbasierten Lernsoftware dienen können.

Während in der Veranstaltung Datenverarbeitung III vorwiegend Elemente aus dem Bereich Software behandelt werden, liegt der Schwerpunkt der Veranstaltung Datenverarbeitung IV im Bereich der Hardware. Hier wird auf der Basis von TCP/IP ein heterogenes Netzwerk geplant, wobei neben mehreren physikalischen Teilnetzen auch unterschiedliche Betriebssysteme eingesetzt werden sollen. In die Planung des Netzwerkes werden Hardware-Elemente, wie z. B. Router, Bridges, Switches, Hubs oder Net-Ports eingebunden. Beim Einsatz unterschiedlicher Betriebssysteme wird unterschieden zwischen client- und serverbasierten Systemen, wobei es im wesentlichen um eine Einrichtung und Administration von servergebundenen Betriebssystemen geht.

Hierbei werden Unterschiede und Gemeinsamkeiten der Betriebssysteme Novell, Linux und Windows NT besprochen. Abschließend soll ein Linux-Rechner als Apache Web-Server eingerichtet werden. Hierbei werden auch die Richtlinien zur Vergabe von Domain-Namen, sowie sicherheitstechische Aspekte angesprochen. Eine Einbindung von interaktiven Elementen in schon existierende, dynamische Web-Seiten (siehe Inhalte von Datenverarbeitung III) schließt die Veranstaltung ab. Multimediale Objekte, wie animierte oder interaktive Grafiken haben hierbei jeweils integrativen Charakter. In diesem Zusammenhang soll auch die Funktionsfähigkeit von komponentenbasierter Lernsoftware geprüft werden.

Komponentenbasierte Lernsoftware

Die in den Veranstaltungen Datenverarbeitung III und IV entwickelte komponentenbasierte Lernsoftware findet ihre konkrete Realisierung im MultiMedia-Modul Lichtwellenleiter. Dieses Modul setzt sich zusammen aus einem allgemeinen Modul und einem speziellen Modul.

Das Allgemeine Modul stellt eine kostenlose Entwicklungsumgebung, die sog. IDE (Integrated Development Environment), zur Verfügung, die für die gebräuchlichsten Betriebssysteme als JDK (Java Development Kit) von SUN geliefert wird. Integriert sind hierbei sog. Java Beans (spezielle Basisroutinen) und das JRE (Java Runtime Environment). Diese vier Elemente stellen eine komplette Entwicklungsumgebung für die Zusammenstellung von Softwarekomponenten zur Verfügung. Mit ihrer Hilfe lassen sich speziell zugeschnittene Module auf der Basis von Java programmieren, die schließlich in einer Toolbox gesammelt werden können. Diese Toolbox stellt dann eine Anzahl von vorkonfigurierten elementaren Komponenten (Modulen) zur Verfügung, aus denen man wiederum neue Komponenten mit komplexerer Funktionalität per drag & drop erzeugen kann. Diese neuen Komponenten lassen sich schließlich als Applets einfach in entsprechende Web-Seiten einbinden.

Das Spezielle Modul stellt eine komplette, systemunabhängige Struktur auf HTML-Basis dar. Hier sind neben den interaktiven Komponenten, die mit Hilfe des allgemeinen Moduls erzeugt wurden, die drei Punkte "Historische Entwick-

lung der optischen Nachrichtentechnik", "Heutiger Stand der Lichtwellenleiter-
technik" und "Physikalische und technische Grundlagen der Lichtwellenleiter"
als Hypertext zu finden. Mit Hilfe des Allgemeinen Moduls lassen sich lediglich
die auf Java beruhenden interaktiven Komponenten generieren. Für eine Einbindung der interaktiven Komponenten sollte ein entsprechender Kontext entworfen werden, der sich so als spezielles, systemunabhängiges Modul darstellt und
an den Lernzielen des jeweiligen Unterrichts orientiert ist. Selbstverständlich ist
diese so generierte Lernsoftware, in diesem Fall das MultiMediaModul Lichtwellenleiter jederzeit online einsetzbar, da es systemunabhängig programmiert
ist.

Literatur

Busch; Ballier; Pacher (Hrsg.), Schule, Netze und Computer. Neuwied, Kriftel
(Luchterhand), 2000
Inhalte der Veranstaltungen Datenverarbeitung III und IV:
http://www.tud.uni-essen.de/wehling/dat3.htm
MultiMediaModul Lichtwellenleiter: http://it.tud.uni-essen.de
Richtlinien Technik, Gymnasiale Oberstufe, Ritterbach-Verlag, Frechen, 1999,
alternativ: http://www.tud.uni-essen.de/curriculum.htm
Studienordnung für das Unterrichtsfach Technik mit dem Abschluß Erste
Staatsprüfung für das Lehramt für die Sekundarstufe II (Sek II) an der Uni-
versität Essen, 2000, http://www.tud.uni-essen.de/stdordnung.htm
Sacher, Schulische Medienarbeit im Computerzeitalter. Bad Heilbrunn, (Klink-
hardt) 2000
Wehling, Homepage des Verfassers:
http://www.tud.uni-essen.de/wehling/wehling.htm

Datenbanken zur Technischen Bildung -
Konzept zur Verbesserung der Qualität der Lehre

Gabriele Graube

Ausgangspunkt

Im Land Niedersachsen kann das Fach Technik als Langfach und als Schwerpunktbezugsfach für das Fach Sachunterricht für Grund-, Haupt- und Realschulen nur an zwei Standorten - an der Technischen Universität Braunschweig und an der Universität Oldenburg - studiert werden. Eine Möglichkeit des Studiums des Faches Technik als Erweiterungsfach für das Lehramt an Gymnasien ist an keinem Standort in Niedersachsen derzeit möglich.

An den Universitäten, auch an denen anderer Bundesländer, existiert ein Grundkonsens über die im Studium für die Fakultas Technik an allgemeinbildenden Schulen zu vermittelnden Inhalte. Hinsichtlich der Ausdifferenzierung der Themenschwerpunkte liegen allerdings unterschiedliche Akzentuierungen. Das ist insbesondere mit der inhaltlichen Breite des Faches und damit zu begründen, dass die Forschungsschwerpunkte in den einzelnen Universitäten unterschiedlich ausgerichtet sind.

Zielsetzung

Ziel ist es, die fachlichen Ressourcen der einzelnen Universitäten zu verknüpfen, um dadurch einerseits die inhaltliche Breite des Faches abbilden zu können und andererseits einen studienort- und zeitunabhängigen Zugriff auf Wissensquellen zu ermöglichen. Unter Berücksichtigung der Besonderheiten des naturwissenschaftlichen/technischen Unterrichtes soll mit der Schaffung von Datenbanken zur Technischen Bildung und dem Zugriff auf deren Inhalte über Internet ein neuer Weg beschritten werden, der es den Lehrenden ermöglicht, das Fachgebiet in der ihm eigenen inhaltlichen Breite zu vermitteln und der es gleichzeitig erlaubt, Studierende in einer Erst- und Weiterbildung in einer großen Anzahl zu erreichen. Die Datenbanken der einzelnen Partneruniversitäten sollen in einem weiteren Schritt zu einem Datenbankverbund zusammengeführt werden.

Die Datenbanken „Technische Bildung" sollen eine wesentliche fachwissenschaftliche und fachdidaktische Quelle[1] für das Unterrichtsfach Technik an sich

---

[1] Der Datenbankverbund stellt eine Quelle zur Technischen Bildung dar, die sich auf alle Schulformen und Schulstufen bezieht. Mit der Einbeziehung der Datenbank der Universität Essen, die für die Fakultas Technik im Lehramt an Gymnasien ausbildet, erhält die Sek II eine (bisher nur ungenügend vorhandene) Kommunikationsplattform. Mit dem Institut für Berufsbildung der Universität Rostock wird insbesondere die Schnittstelle zwischen ge-

darstellen. Es ist darüber hinaus beabsichtigt, einerseits neueste Forschungsergebnisse, die insbesondere über technische Lernprozesse national und international gewonnen wurden, und andererseits Unterrichtserfahrungen der Lehrer in
Form von evaluierten Unterrichtsbeispielen des Unterrichtsfaches Technik in
dieser Datenbank zu erfassen. So ist geplant, von Studenten, Referendaren und
Lehrern erprobte Unterrichtsentwürfe als „methodisches Gitter" in Datenbanken
abzulegen, die dann generell allen Studierenden und Lehrenden zur Verfügung
stehen können.

Die Studierenden sollen durch eine Datenbank „Technische Bildung" bei folgenden Studieraufgaben unterstützt werden:

- Informationen zu einem bestimmten Themengebiet gezielt zu beschaffen und
  auszuwählen
- Referate vorzubereiten und wissenschaftliche Hausarbeiten auszuarbeiten
- Lehrveranstaltungen vor- und nachzuarbeiten
- länder- und schulformübergreifend Inhalte des Lehramtsstudiums Technik zu
  studieren
- weitgehend selbstbestimmt und eigenverantwortlich Teile des Studiums zu
  gestalten

Die Lehrenden sollen bei ihren Lehraufgaben unterstützt werden:

- Fachliteratur zusammenzustellen und aufzubereiten
- Geeignete diskrete (Texte, Bilder) und kontinuierliche (Video, Audio, Simulationen, Animationen) Lehrmaterialien auszuwählen

Nutzen einer Datenbank „Technische Bildung"

Der Nutzen einer Datenbank „Technischen Bildung" lässt sich insgesamt wie
folgt beschreiben:

- Schaffung einer Quelle zur Technischen Bildung an Hochschulen und allgemeinbildenden Schulen
- Effiziente Darstellung der interdiziplinären Struktur und der inhaltlichen
  Breite des Faches und ihrer vielfältigen Medien und Methoden
- Flexibler Einsatz der in der Datenbank enthaltenen Module (einbindbar in
  einen neuen Kontext, inhaltliche Anpassung, zeitlich variabler Einsatz)
- Studienort- und zeitunabhängiger Zugriff von Studierenden und Lehrenden
  über Internet auf die Datenbank für die Gestaltung des Selbststudiums bzw.
  der Lehrveranstaltungen

---

werblich-technischer Berufsausbildung und technischer Bildung mit dem Aspekt der Berufsorientierung berücksichtigt.

- Nationaler und internationaler Wissenstransfer und Erfahrungsaustausch zwischen Universitäten untereinander
- Forderung und Förderung von Selbstlernen und Kreativität im Studium und in der Lehre sowie Entwicklung von Medien- und Informationskompetenz
- Hinführung von Frauen und Mädchen zur technischen Bildung durch einfachen Zugang zu Wissensbeständen
- Weltweite Distribution von Lehrmaterialien
- Möglichkeit des Studienplatzwechsels auf Länder- und Bundesebene durch gegenseitige Anerkennung von Nachweisen
- Einrichtung eines europaweiten oder auch global angelegten Studienganges (mittel- und langfristig)

Dieses Vorhaben entspricht damit den Empfehlungen zur Neugestaltung der Lehrerbildung, die durch den Initiativkreis Bildung der Bertelsmann-Stiftung im April 1999 im vorgelegten Memorandum "Zukunft gewinnen – Bildung erneuern" veröffentlicht wurden.

Inhalt der Datenbank „Technische Bildung"

Die in die Datenbanken „Technische Bildung" einzubringenden Inhalte orientieren sich an den Ausbildungsprofilen der Universitäten. Die Ausbildungsprofile der Universitäten sind in der Regel nicht voll deckungsgleich, besitzen jedoch weitgehend identische Studienbereiche. Dabei erfolgt inhaltlich eine Orientierung an technischen Prozessen und Systemen, die durch die Kategorien Stoff, Energie und Information gekennzeichnet sind.

Die Ausbildungsprofile weisen sowohl fachwissenschaftliche als auch fachdidaktische Bereiche aus, die von den Studierenden studiert werden müssen. Die Vermittlung der Inhalte findet in der Regel in Lehrveranstaltungen statt, deren Formen durch Vorlesungen, Seminare, Übungen, Laborpraktika und Werkstattarbeit gekennzeichnet sind. Der Datenbankverbund zielt nun darauf ab, die Studienbereiche durch multimediale Lehr- und Lernmodule aus der Datenbank „Technische Bildung" zu ergänzen.

Um die Offenheit und die damit verbundene individuelle Gestaltung der Lehre an den beteiligten Universitäten zu gewährleisten, bietet sich eine modulare Aufbereitung der Inhalte an. Die Module können in unterschiedlichen Arten von Lehrveranstaltungen eingesetzt werden und so kombiniert bzw. ergänzt werden, dass sie den jeweiligen Ausbildungsprofilen entsprechen.

Bei der Auswahl der Studienbereiche für die Datenbank sind die Inhalte zu extrapolieren, die für das Studium und damit für die spätere Berufsfähigkeit eines Techniklehrers als besonders bedeutend und grundlegend anzusehen sind. Die zu entwickelnden Module haben daher eine Kernfunktion in dem jeweiligen

Gabriele Graube

Studienbereich zu besitzen und sind daher von den Studierenden in den Prüfungen nachzuweisen.

In der ersten Phase dieses Datenbankverbundes werden die Fachgebiete für die Lehramtsausbildung für das Unterrichtsfach Technik an der Universität Essen und der Universitäten Braunschweig/Oldenburg Datenbanken[2] anlegen, wobei sowohl in Essen als in Braunschweig erste Module und Erfahrungen[3] vorliegen, auf denen dieses Konzept aufgebaut wird.

Die Module, die auch Übungsaufgaben, Unterrichtsbeispiele, in sich geschlossene Lernanwendungen beinhalten können, und auch einzelne Komponenten werden nach studiengangsbezogenen Kriterien kategorisiert und gespeichert. Neben Texten, Grafiken, Animationen und Videos sind in den Modulen auch Simulationen, virtuelle Versuche und Labore sowie Fallstudien vorgesehen. Hierbei sollen vor allem die Möglichkeiten der Erschließung komplexer technisch/naturwissenschaftlicher Zusammenhänge in Hinblick auf mehr Authentizität genutzt werden, eine der Zielsetzungen, die gerade mit den multimedialen Darstellungen eingelöst werden kann.

Beispielhaft wäre eine ActiveX-Komponente, die das Verhalten eines Reglers auf der Basis eines Operationsverstärkers beschreibt und damit gleichzeitig als ein Laborversuch fungiert. Der Einsatz von Videos ist insbesondere für die Darstellung von Fertigungsabläufen intendiert, um insbesondere dem handwerklich/praktischen Anteil der Ausbildung unterstützend gerecht zu werden. Im Rahmen der Bewertung von Technik ist für Fallstudien ebenfalls der Einsatz von Videos vorgesehen.

Die Datenbanken sind als Teil eines Datenbankverbundes zu entwickeln, wobei die Inhalte der Datenbanken sich gegenseitig ergänzen sollen. Die Erreichung dieses Zieles muss allerdings als ein längerer Prozess angesehen werden. Mit der inhaltlichen Aktualisierung und Erweiterung bzw. Pflege wird davon ausgegan-

---

[2] Das Institut Technologie und Didaktik der Technik Universität Essen intendiert, Module zu den Studienbereichen Werkstoffkunde, Energietechnik, Messen, Steuern und Regeln sowie zum Umweltschutz zu erstellen. Die Abteilung Technikpädagogik der TU Braunschweig und das Institut für Technische Bildung der Universität Oldenburg beabsichtigen, Module für die Studienbereiche Fertigungstechnik, Informations- und Kommunikationstechnologie sowie Didaktik des Faches Technik zu erstellen.

[3] Im Institut Technologie und Didaktik der Technik der Universität Essen sind im Rahmen eines vom NRW geförderten Projektes „ Komponentenbasierte Lernsoftware für die Lehrerausbildung" erste Module erstellt worden (http://it.tud.uni-essen.de). Die Abteilung Technikpädagogik der TU Braunschweig erprobt im Sommersemester 2000 den Einsatz eines webfähigen Modules „Erstellung und Einsatz von Webseiten in Lernprozessen", das in der Datenbank des Rechenzentrums der TU Braunschweig abgelegt wurde, im Rahmen eines I&K Seminars.

gen, dass es sich um stetig ergänzende, dynamische Datenbanken an den Universitätsstandorten handelt wird. Dies erfordert auch neue Formen der Zusammenarbeit der Partner eines derartigen Datenbankverbundes.

Hervorzuheben ist, dass eine Abkehr von computergestützter Lehrprogramme generell vollzogen worden ist. In der Datenbank werden also Module, die auch Komponenten besitzen können, abgelegt sein. Mit diesem offenen modularen Konzept der Studienbereiche wird eine Allgemeinverfügbarkeit der Inhalte gesichert, so dass eine Verwendung in beliebigen Lernprozessen möglich und denkbar ist. Darüber hinaus ist mit dem modularen Aufbau die notwendige Anpassung an neueste Forschungsergebnisse relativ problemlos möglich.

Technische Umsetzung

Es ist zu gewährleisten, dass der Zugriff auf die Datenbank orts- und zeitunabhängig erfolgen kann. Um dem gerecht zu werden, soll der Zugriff auf die Module und Komponenten der Datenbank über Internet und die gängigen Browser „Netscape" oder „Internet Explorer" erfolgen. Voraussetzung dafür ist allerdings, dass die didaktisch modellierten Module in webfähiger Form vorliegen.

Vorhandene und neue Wissensbestände müssen daher unter Berücksichtigung der Gestaltungsregeln multimedialer Lernumgebungen inhaltlich strukturiert, modelliert und transformiert werden. Sie sind dabei programmtechnisch in webfähige Formate (HTML, ActiveX, Java, Javascript usw.) zu überführen. Die Anpassung gilt auch für die Komponenten der einzelnen Module. Dabei sind Texte auch als xxx.pdf/rtf, Grafiken/Bilder als xxx.jpg/gif/png oder Videos als yy.mpg zu überführen.

Die Dateien sollen zusammen mit dem Quellcode und den Dokumentationen in Datenbanken auf Webservern der Universitäten gespeichert werden.

Die Datenbank wird beispielsweise auf dem zentralen Datenserver des Rechenzentrums der TU Braunschweig eingerichtet. Hierfür steht eine festgelegte Speicherkapazität mit definierten Zugriffsrecht für die Nutzer der Datenbank zur Verfügung.

Lernarrangement

Mit der Datenbank steht dem Lehrenden für die Vermittlungsprozesse eine Quelle von neuesten fachwissenschaftlichen und fachdidaktischen Inhalten einschließlich der Adressensammlung von Internetquellen zur Verfügung, die es ihm erlauben, neue Wege in den Lehrprozessen zu gehen. Die Komponenten und Module können vom Lehrenden für Demonstrationen von technischen Sachverhalten in Vorlesungen/Übungen/Tutorien genutzt werden. Der Aufbau einer Lehrveranstaltung oder eines Kurses kann von jedem Lehrenden inhaltlich und methodisch frei gestaltet werden. Die inhaltlich abgeschlossenen und variabel kombinierbaren Module stellen lediglich eine Quelle von Informationen für Lehrveranstaltungen, Aufgaben und Projekte bereit.

Dabei ist die Authentizität der Darstellung gerade bei Simulationen technischer Prozesse und Systeme und virtuellen Laboren besser als bei konventionellen Medien. Kenntnisse über technische Zusammenhänge von technischen Prozessen und Systemen können mit Hilfe von Simulationen gewonnen werden, um kognitive Vorgänge zum Entwickeln und Überprüfen von Modellvorstellungen durch Parametervariation handelnd zu erfahren.

Die Studierenden werden durch die unter didaktischen Gesichtspunkten strukturierten Inhalte der Datenbank unterstützt bei der Informationsbeschaffung zu einem vorgegebenen oder gewählten Thema einer Übung, eines Laborversuches, eines Seminarvortrages, einer Aufgabe oder eines Projektes. Beispielsweise können die in der Datenbank vorhandenen Komponenten in die eigene Arbeit integriert werden. Der Informationsbeschaffung und -bewertung wird gerade bei der Entwicklung technischer Handlungskompetenz zunehmend mehr Bedeutung zukommen.

Die Datenbank unterstützt das individuelle Lernen im Selbststudium, in dem das Gehörte und Gesehene vertiefend und ergänzend nachvollzogen werden kann. Die Studierenden erwerben gleichzeitig Medienkompetenz einerseits bei Auswahl und Bewertung von Informationen und andererseits bei der Erstellung von neuen oder verbesserten Komponenten und Modulen im Rahmen von Seminarvorträgen oder Examensarbeiten, die dann in der Datenbank abgelegt werden. Mit einem Modul zur Erstellung und Gestaltung von Webseiten[4] wird dazu die Grundlage für die Umsetzung von Lehr- und Lerninhalten in webfähige Module gegeben.

Partner des Datenbankverbundes

Die ersten Ansätze einer internetbasierten Erst- und Weiterbildung sind nicht nur national, sondern auch international vorhanden. Die offene Gestaltung der Datenbank bietet nicht nur die Nutzung von Erfahrungen und Entwicklungen von Fachgebieten anderer Universitäten, die in den Lehramtsstudiengängen für die Fakultas Technik und insbesondere mit dem Einsatz von Multimedia in der Lehre involviert sind an, sondern sie fordert sie auch.

---

[4] Für die Erstellung der Module wird nicht auf Autorensysteme, wie u. a. Toolbook zurückgegriffen, sondern einer HTML-Programmierung der Vorzug gegeben. Die damit verbundene Orientierung am Open-Source-Modell der Softwareentwicklung trägt dazu bei, dass Studenten die Möglichkeit erhalten, Entwicklungsschritte nachzuvollziehen und gegebenenfalls in Frage zu stellen bzw. zu ergänzen und zu erweitern.

Partner dieses länderübergreifenden Vorhabens sind die Abteilung Technikpädagogik des Institutes für Fachdidaktik der Naturwissenschaften der TU Braunschweig und das Institut für Technische Bildung der Universität Oldenburg. Das
Institut für Technologie und Didaktik der Technik der Universität Essen und das
Institut für Technik und ihre Didaktik der Universität Dortmund, die für die
Ausbildung von Lehrern für die Fakultas Technik in Sek. II bzw. Sek. I verantwortlich zeichnen, werden als weitere Partner im Datenbankverbund vertreten
sein. Das Institut für Berufsbildung der Universität Rostock, das Berufsschullehrer für das Berufsfeld Elektrotechnik ausbildet, hat gleichfalls eine Zusammenarbeit angekündigt. Mit diesen Partnern ist national eine angemessene Reprä-
sentanz der Lehramtsstudiengänge für den Technikunterricht an allgemeinbildenden Schulen und der technisch-gewerblichen Berufsausbildung sichergestellt.

Die länderübergreifende Abstimmung für die Erstellung der fachlichen Module
soll in gemeinsamen Treffen der Partner an den einzelnen Hochschulstandorten
erfolgen. Diese Zusammenarbeit zwischen den Universitäten soll derart erweitert werden, dass auch die von den Studierenden in den Lehrveranstaltungen erstellten Komponenten und Module inhaltlich hochschulübergreifend abgestimmt
werden.

Da auch ein internationales Interesse an einem Austausch von Ausbildungsmo-
dulen besteht, ist in einem Folgeprojekt u. a. in Abstimmung mit der Universität
Marseille, der Universität London und dem Kultusministerium in Chile eine Erweiterung des Datenbankverbundes vorgesehen. Der entstehende Datenbankverbund ist als wesentliche globale Quelle und Forum für die technische Bildung anzusehen. Dieser Schritt erscheint sinnvoll, um das Studium des Unterrichtsfaches Technik, das auch in anderen Industriestaaten stark vertreten ist, zu
internationalisieren.

Zusammenfassung

Die Verknüpfung der fachlichen Ressourcen über einen zu schaffenden Datenbankverbund zur Technischen Bildung kann Synergieeffekte und damit eine
Verbesserung der Studierbarkeit des Faches Technik in quantitativer und quali-
tativer Hinsicht bewirken.

Bei der inhaltlichen Breite der Faches Technik wird es zukünftig nur mit einer
modifizierten Form der Lehre möglich sein, die Qualität der Lehre auf einem
hohen Niveau zu sichern und die Studierbarkeit des Faches zu verbessern. Die
Zugriffsmöglichkeit auf einen studienortübergreifenden Datenbankverbund soll
auf der einen Seite die Studierenden bei der Wahl von geeigneten Studienange-
boten unterstützen, so dass sie bei ihrem Studium zum selbständigen Lernen

motiviert werden. Auf der anderen Seite sollen dadurch auch die Lehrenden bei der Planung von Lehrveranstaltungen unterstützt werden.

Der Datenbankverbund stellt dabei ein breites Spektrum an Modulen mit technischen Inhalten zur Verfügung, der die bestehenden Lehr-, Lernmethoden und -angebote ergänzt.

Nicht nur im Land Niedersachsen und bundesweit, sondern auch weltweit besteht ein großer Bedarf an fachspezifisch ausgebildeten Lehrern im Fach Technik. In den nächsten Jahren kann dieser Bedarf nicht durch Hochschulabsolventen gedeckt werden, so dass eine Datenbank „Technische Bildung" auch zur notwendigen Weiterbildung von Lehrern, insbesondere zur Durchführung des Studiums des Erweiterungsfaches Technik, einen bedeutenden Beitrag leisten kann.

Abschließend ist hervorzuheben, dass dieses Konzept der Einrichtung einer Datenbank „Technische Bildung" offen für den Einsatz in naturwissenschaftlichen Fachgebieten auch der Sekundarstufe II (Gymnasium) ist, wo insbesondere technische Anwendungen im Kontext der Naturwissenschaften vermittelt werden.

Literatur

Dick, Egon: Multimediale Lernprogramme und telematische Lernarrangements. BW Bildung und Wissen Verlag und Software GmbH Nürnberg, 2000.

Fäßler, Viktor B.; Theuerkauf, Walter E.: Multimediale Lernumgebung für den Technikunterricht. - Computergestütztes Informieren, Konstruieren, und Testen als Vorbereitung für das Fertigen eines Transformators. In: Hartmann, Elke; et. al. (Hrsg.): Technikdidaktik. Entwicklungsstand - Theorien -Aufgaben. Zielona Góra 1999

Fäßler, Viktor B.: Entwicklungen von Simulationen für technische Lernprozesse. Frankfurt/M - Bern - New York - Wien . Verlag Peter Lang 2000

Schweres, Manfred; Redeker Georg; Theuerkauf, Walter, E.; Balzer, Hans-Jörg; Rummel, Jörg: Anwendergerechte Unterstützung durch Multimediatechnik im Produktionsbereich. In: Franke, H-J./ Pfeifer, T.: Qualitätsinformationssysteme. München, Wien, Hanser Verlag 1998.

Scheuermann, Friedrich; Schwab, Frank; Augenstein, Heinz: Studieren und Weiterbilden mit Multimedia. BW Bildung und Wissen Verlag und Software GmbH Nürnberg, 1998.

Autorenverzeichnis

Volker Baethge-Kinsky
Universität Göttingen
Friedländer Weg 31
37085 Göttingen, Deutschland
vbaethg@gwdg.de

Prof. Dr. Nico Beute
Cape Technikon
Tennant Street
Cape Town, 8000 Rep. Südafrika
NBeute@ctech.ac.za

Prof. Dr. Olaf Czech
Universität Potsdam
Am Neuen Palais 10
14469 Potsdam, Deutschland
czech@rz.uni-potsdam.de

Prof. Dr. phil. Michael J. Dyrenfurth
Iowa State University
Department of Industrial Education
& Technology
50010 Ames, USA
mdyren@iastate.edu

Prof. Dr. rer. nat. Peter Eyerer
Fraunhofer Institut
für Chemische Technologie
Joseph-von-Fraunhoferstr. 7
76327 Pfinztal, Deutschland
eyerer@ict.fhg.de

Martin Fischer
Universität Bremen
Wilhelm-Herbst-Straße 7
28359 Bremen, Deutschland
mfischer@uni-bremen.de

Dr. Ing. Gabriele Graube
TU Braunschweig
Pockelsstraße 11
38106 Braunschweig, Deutschland
g.graube@tu-bs.de

Prof. Michael Hacker
State University of New York
at Stony Brook
350 Harriman Hall
11794-3760 New York, USA
mhacker@nycap.rr.com

Prof. Dr. rer. nat. Wolfgang Haupt
Universität Essen
Universitätsstr. 15
45141 Essen, Deutschland
wolfgang.haupt@uni-essen.de

Bernd Hefer
Fraunhofer Institut
für Chemische Technologie
Joseph-von-Fraunhoferstr. 7
76327 Pfinztal, Deutschland
bh@ict.fhg.de

Fritz M. Kath
Universität Hamburg
Sedanstraße 19
20146 Hamburg, Deutschland

Prof. Richard Kimbell
University of London
Goldsmiths College
SE 146 NW
New Cross, London, Großbritannien
r.kimbell@gold.ac.uk

Dörthe Krause
Fraunhofer Institut
für Chemische Technologie
Joseph-von-Fraunhoferstr. 7
76327 Pfinztal, Deutschland
dkr@ict.fhg.de

Dr. phil. Peter Kupka
Universität Göttingen
Friedländer Weg 31
37085 Göttingen, Deutschland
pkupka@gwdg.de

Prof. Joël Lebeaume
Lirest Ens, Bat Cournot
61 avenue du Président Wilson
94235 Cachan, Frankreich
joel.lebeaume@orleans-tours.iufm.fr

Prof. Dr. rer. nat. Thomas Liao
State University of New York
at Stony Brook
350 Harriman Hall
11794-3760 New York, USA
thomas.liao@sunysb.edu

Prof. Dr. rer. nat. Jochen Litterst
TU Braunschweig Präsident
Pockelsstr. 14
38106 Braunschweig, Deutschland
j.litterst@tu-bs.de

Dr. Ingelore Mammes
Westf. Wilhelms-Universität
Münster
Institut für Technik u. i. Didaktik
48149 Münster, Deutschland
Luema@aol.com

Prof. Jean-Louis Martinand
Lirest Ens, Bat Cournot
61 avenue du Président Wilson
94235 Cachan, Frankreich
martinan@lirest.ens-cachan.fr

George Mvalo
Cape Technikon
Tennant Street
Cape Town, 8000 Rep. Südafrika
GMvalo@ctech.ac.za

**Prof. Dr. habil. Dr. hc. Peter
Meyer-Dohm**
TU Braunschweig
Am Gutstag 8
38162 Cremlingen, Deutschland
PMD25430@aol.com

Prof. Dr. rer. nat. Rolf Oberliesen
GATWU/Universität Bremen
Wilhelm-Herbst-Straße 7
28359 Bremen, Deutschland
ROOB@uni-bremen.de

Prof. Dr. phil. Felix Rauner
Universität Bremen
Wilhelm-Herbst-Straße 7
28359 Bremen, Deutschland
itbs@uni-bremen.de

Prof. Dr. Ing. Erich Sauer
Universität Essen
Universitätsstr. 15
45141 Essen, Deutschland
erich.sauer@uni-essen.de

Franz Stuber
Bremen University
Wilhelm-Herbst-Str. 7
28359 Bremen, Deutschland
stuber@uni-bremen.de

Prof. Dr. Ing. Walter E. Theuerkauf
TU Braunschweig
Pockelsstraße 11
38106 Braunschweig, Deutschland
w.theuerkauf@tu-bs.de

Jürgen Wehling
Universität Essen
Universitätsstr. 15
45141 Essen, Deutschland
juergen.wehling@uni-essen.de

Dr. Marc V. Wiehn
Hudson Institute
5395 Emerson Way
46226 Indianopolis, USA
marcw@hudson.org

Ralf Tenberg

Multimedia und Telekommunikation im beruflichen Unterricht

Theoretische Analyse und empirische Untersuchungen im gewerblich-technischen Berufsfeld

Frankfurt/M., Berlin, Bern, Bruxelles, New York, Oxford, Wien, 2001.
327 S., zahlr. Abb. und Tab.
Beiträge zur Arbeits-, Berufs- und Wirtschaftspädagogik.
Herausgegeben von Andreas Schelten. Bd. 21
ISBN 3-631-38061-5 · br. DM 98.– / € 50.10*

Die Arbeit setzt sich zentral mit der Anwendung elektronischer interaktiver Medien in beruflichem Unterricht auseinander. In drei Teile gegliedert, erfolgt nach einem Theorieteil die Darstellung und Aufarbeitung eigener sowie externer empirischer Forschungsergebnisse, um dann beide Teilbereiche einer abschließenden und zusammenführenden Analyse zu unterziehen. Der Theorieteil besteht zum einen aus einer umfassenden Analyse der digitalen Medien, zum anderen aus verschiedenen Einsatzszenarien in beruflichem Unterricht, in welchen eine Anwendung von Multimedia und Telekommunikation zunächst konzipiert und sodann aus didaktischer Perspektive diskutiert wird. Im empirischen Teil wird eingangs der aktuelle Forschungsstand aufgearbeitet. Anschließend werden diesen Erkenntnissen vom Autor selbst durchgeführte bzw. betreute empirische Untersuchungen gegengehalten. Jeder dieser beiden Teile kommt zu eigenen Aussagen. So kann als ein Ergebnis des Theorieteils eine strukturierte Gliederung interaktiver Medien in Lern- und Lehrprogramme gelten, welche es erlaubt, einen Zusammenhang zwischen Software und Lehr-Lernform herzustellen. Ein zentrales Ergebnis des empirischen Teils besteht im Nachweis, dass Schüler einem Arbeiten mit Computern in beruflichem Unterricht prinzipiell offen gegenüberstehen, dabei jedoch sehr kritisch auf die für sie erkennbare Lernwirkung – vor allem in Zusammenhang mit dem Praxisbezug – bedacht sind. Als Endaussagen des dritten Teils werden neben einer Vielzahl von Einzelaussagen und Desiderata didaktische Implikationen zusammengefasst, welche für interaktive Medien im Zusammenhang mit beruflichem Lehren und Lernen aus einer Synopse von Theorie und Empirie hergeleitet wurden.

Aus dem Inhalt: Einführung und Zielsetzung · I. Teil: Multimedia und Telekommunikation · Medien in gewerblich-technischem beruflichem Unterricht · Analyse von Medien in gewerblich-technischem beruflichem Unterricht · Gewerblich-technischer beruflicher Unterricht mit Multimedia und Telekommunikation · II. Teil: Feststellungen für den empirischen Teil · Externe Untersuchungen, Eigene empirische Untersuchungen · III. Teil: Zusammenführung von Theorie und empirischen Ergebnissen · Ausblick

Frankfurt/M · Berlin · Bern · Bruxelles · New York · Oxford · Wien
Auslieferung: Verlag Peter Lang AG
Jupiterstr. 15, CH-3000 Bern 15
Telefax (004131) 9402131

*inklusive der in Deutschland gültigen Mehrwertsteuer
Preisänderungen vorbehalten

Homepage http://www.peterlang.de